商業心理學（第二版）

徐西森著

作者簡介

徐西森

學歷： 國立高雄師範大學輔導研究所博士候選人

國立彰化師範大學輔導研究所碩士

美國紐約復旬（Fordham）大學社會福利研究所研究

美國麻州大學波士頓分校諮商與學校心理學研究所研究

經歷： 國立高雄應用科技大學**師資培育**中心專任副教授，教育部輔導
工作南區規劃委員，高雄晚晴婦女協會顧問，一葉蘭協會（台
北、高雄、台南）顧問，高雄市政府公教人力資源發展中心諮
詢委員，救國團台南「張老師」中心指導委員，警政署保五總
隊心理諮詢顧問，高雄社會大學及台塑、統一等企業（訓練課
程）指導教授。

著作： 從事學校教育、犯罪防治、企業諮詢與社會輔導工作多年。著
有「兩性關係與教育」、「人際關係的理論與實務」、「團體動力
輔團體輔導」、「輔導心語：輔導知能與心理成長」、「心靈管理」
偏書及「現實治療法：偏差行為者之輔導策略」、「藥物濫用問
題之預防與處置」、「網路沉迷行為及其徑路模式之驗證研究」
與「諮商督導人員督導關係及其歷程之分析」等研究一百三十

作者序

　　近幾年來，由於受到教育普及、經濟發達與社會變遷等因素的影響，現代人的價值觀、行為反應與生活模式隨之改變。當前企業界也面臨許多困境，諸如：消費者運動浪潮雲湧、勞工權益意識的高漲、社會公害防治的重視、工安事件頻傳、個人自主與享樂主義的盛行、環境保護與經濟發展的矛盾、科技發展的日新月異及國際經濟情勢的挑戰等，導致工商企業的經營益形不易；加上現代人在工作表現與生活適應上的壓力感與挫折感也日漸增加，凡此在在顯示商業心理學的重要性與日俱增，除了國外的研究文獻不斷問世之外，國內大專院校許多商業類科系也紛紛開設此一課程，其中也不乏理工類科或其他科系的學生旁聽選修；同時，企業機構也不斷引進此一學科知識，加強員工的在職訓練。商業心理學已儼然成為新時代的新顯學。

　　商業心理學是一門科學，旨在運用心理學的理論與方法來探討、解決商業情境中各種「人」的問題，包括工作問題、心理問題、消費問題、人際問題及管理問題等。基於個人從事企業員工訓練與學校「商業心理學」課程講授多年之心得，深深體會此一學科對企業經營效能的影響力，以及對現代人職場規劃與生涯發展之重要性，故多方參考中外研究文獻與個人實務經驗，費時兩年，撰寫「商業心理學」一書。本書共計十二章，內容涵蓋工商企業領域內有關個人行為、團體行為與組織行為等三方面的探討。個人行為方面的研究，一則探討員工的工作行為，包括員工的知覺、態度、動機、情緒、人格與學習模式對工作行為的影響，以及員工個人的身心健康；再則研究消費者的消費行為，包括顧客的知覺、動機、情緒、人格與價值觀對消費行為的影

響。團體行為方面的研究，偏重於社會階層與政經文化等因素對個人行為的影響，例如不同的社會階層對個人消費動機與行為模式影響為何；文化族群的特性如何應用在市場區隔中；即使是產品包裝、商品命名及定價等問題也必須考量社會文化與風俗民情等條件。組織行為方面的研究，商業心理學也注重於探討士氣激勵、領導管理、組織氣候、教育訓練、團體動力、人際互動與溝通談判等課題。

本書內容共計十二章。第一章緒論旨在探討商業心理學的意義、內容、重要性、研究方法及其應用發展。第二章研究人類的工作行為與個別差異現象，包括性別、智力、性向、個人特質、工作價值觀與工作行為之相關。第三章人格與商業行為，分別介紹人格的基本概念及其對商業行為的重要影響。第四章介紹態度的基本概念、測量方法及其在商業情境中的應用，包括市場調查、問卷編製與市場分析等。第五章探討動機的基本概念，如何激勵員工士氣與刺激消費行為。第六章情緒與工作行為，重點在於說明如何創造高 EQ 的職場環境與工作人員。第七章知覺與商業行為，主要探討商品廣告、商品包裝與訂價。第八章職場人際與溝通，介紹一些溝通與銷售的技巧、實務，以及如何經營良好的職場人際關係。第九章旨在運用心理學的學習原理，以增進工作行為與掌握消費行為。第十章針對現代人的生活壓力，介紹一些壓力管理的策略與方法。第十一章說明創造力的基本概念、腦力激盪的方法及其在商業情境中的運用。最後，第十二章探討個人的生涯規劃與企業的諮商實務，以增進個人適應與組織發展。

本書得以出版，首先要感謝本人任教學校國立高雄應用科技大學校內同仁的激勵、個人求學歷程中所有師長的指導與長期輔導工作伙伴（維芬、金桃、桂仙、瓊萩等同仁及慧雀、嘉明、汝慧、風雅等同學）的協助；同時，感謝心理出版社、統一企業的支持；更感謝內人淑凰、岳父母、兄弟姊妹、小兒子恆、小女筱淇等家人及焰彰、國榮、志堅等好友的關懷與支持。同時，願以此書獻給永遠活在我心目中的父母，感謝他們的辛勞撫育。最後，感謝所有朋友於本書出版期間的

指教與支持，更感謝我自己的全心投入，勤奮求知；亦期盼各界先進
不吝指正。

徐西森　於高雄
民國九十年十二月

商業心理學

商業心理學緒論

　　現代社會日趨多元化與複雜化。生活其中的現代人,不免感受到瞬息萬變的壓力,此等壓力亟待紓解;相對的,現代人自我意識的覺醒,對群居生活的衝擊,也值得省思。從環境保護到經濟發展,從公權力伸張到人民權益的高漲,從生活步調的緊湊到人際關係的疏離、冷漠,社會多元化的發展也形成了生活複雜化的隱憂。

　　傳統上,以「人盡其才、地盡其利、物盡其用、貨暢其流」的工商業社會也隨之蛻變。自一九三〇年代,福利國家與福利經濟(welfare state and welfare economy)觀念盛行,以迄一九七〇年代,生態學興起,有關環境與生態保護的議題出現,今日檢視人類行為(雇主行為、員工行為、消費行為、人際行為)的全貌,已非「道德學」足以規範、詮釋;伴隨而來,「心理學」(研究個體行為的科學)的積極參與,引導了人類的生活,於是「工業心理學」、「人際心理學」、「企業

心理學」、「管理心理學」、「環境心理學」、「組織心理學」、「商業心理學」、「變態心理學」等應用心理學受到學術界與社會大眾的關注。

　　美國社會學家馬蓋爾（McGuire, J.）認為，多元化的社會使得集中的權力廣泛的擴散與多樣化。同時多元化的社會具有最大的意見、行動與責任的自由，並且提供了一套制衡的模式。由此觀之，今日工商業社會強調的「取之於社會，用之於社會」的目標，有助於擴大企業的經營觸角與人際互動的格局，減少財富集中、貧富不均、勞資衝突、產業衝擊的弊端。換句話說：現代多元化的社會，積極引進「應用心理學」，將有助於減少工業、商業與企業的「功利」色彩，增加「人性化」的空間。

第一節　工業、商業與企業

　　「工業」一詞，係指對原料的加工，運用人力、物力、財力，在工業環境關係中，完成生產、分配、貨物使用及社會服務之工作，達成組織目標。簡而言之，「工業」是一種製造產品的行為與活動，它是一種高度勞力密集的活動，是一種將原料作成產品的過程，也是一種從原料的提煉到零件的製造、加工、生產，並將其包裝成為可利用物資的行業。它是商業與企業發展的基礎。「工業」一詞，含義甚廣，舉凡「財貨與勞務的生產與分配」皆為其範疇，早期工業注重機器運作與產品製造，今日的工業則強調以「組織」為整體，發揮「人」的最大效能，「工業心理學」乃因應而生。

　　工業心理學（industrial psychology）乃研究工業組織內人類工作行為之科學，屬於行為科學的範疇。一九三〇年代前，工業心理學注重

工作方面物質誘因的探討，包括工作訓練、疲勞、職業病、照明與通風設備、員工心理測驗、勞工工時與時動研究、工業安全等問題的探討。

一九三〇年代至一九六〇年代期間，工業心理學注重於非物質因素的研究，重視勞雇關係、員工態度、士氣調查、諮商晤談、行政評鑑、工程心理等課題。直至一九六〇年代以後，工業心理學始偏重於員工的高層次需求滿足、行政訓練、組織氣候、問題解決及有效的組織變遷、工作壓力等問題的探討（Maier,1973）。一般而言，工業上一些傳統的問題，包括員工安置、甄選（招募）、訓練、激勵、工作分析、工作行為等，都是工業心理學家研究的範圍；相對的，上述問題也都依附在整個組織的社會系統中，故也引起組織心理學家的重視，而有「工業與組織心理學」的興起（Saal & Knight,1995）。

「商業」一詞，具有以商品或勞務為交易之意。我國漢朝「白虎通義」一書有言：「商之為言章，章（彰）其遠近，度其有亡（無），通四方之物，故謂之商也。」是故，商業係指一切供銷商品從事貿易的營利事業。我國商業登記法第二條規定：本法所稱商業，謂經營下列各種業務之獨資或合夥之營利事業：農林業、畜牧業、漁業、礦業、水電煤氣業、製造業、加工業、建築業、運送業、金融業、保險業、擔保信託業、證券業、銀行業、當業、買賣業、國際貿易業、出租業、倉庫業、承攬業、打撈業、出版業、印刷製版裝訂業、廣告傳播業、旅館業、娛樂業、飲食業、行記業、居間業、代辦業、服務業及其他營利事業等三十二種。換句話說：凡以營利為目的，藉由一切合法的行為，產生交易與消費的事實，皆可謂之為商業。所以**商業乃是財貨與勞務的交易與服務**。商業必須具備下列四個條件：㈠須合乎善良風俗；㈡須具有合法手段；㈢須產生交易行為；㈣須出於交易雙方的自由意願。

傳統上，商業的行為與功能注重於繁榮經濟、穩定物價、溝通文化、調劑盈虧，以為國家累積財富，為股東獲取利潤，為員工提供工

作及生活場所的薪津福利；今日商業活動的功能則強調提昇員工的工作安全感與成就感，滿足消費大眾的財貨與勞務。換句話說，商業的主體從過去以財貨商品的「品質第一」，轉而為財貨與勞務並重的「服務至上」。今日為了因應「消費者導向」取代「生產者導向」的發展趨勢，「商業心理學」遂成為新時代的新顯學。

商業心理學（business psychology）係由工業心理學演進而來，隸屬於行為科學的一支，係研究人類個體及團體組織從事商業活動時心理反應與消費行為的科學，亦即「將心理學及其相關學科的知識，應用於商業的情境中，以促進個人的成長適應與組織的效能發展」。商業心理學的內容，包括探討個人的知覺、人格、態度、學習、動機、情緒以及社會階層、群體文化等因素對商業行為的影響。有些學者認為：商業心理學即是研究企業行銷上人類行為現象的科學（林欽榮，民82），足證商業與企業之密切關係。

「企業」即生產事業，昔日被視為是一種人性、商業性、功利性的經濟組織，它是一種有計畫性的組織，結合工業與商業，將組織多元化的運用。它利用土地、勞動、資本，將工業的產品與商業的勞務，有計畫的加以運用。在人類交易的過程中，早期的商業活動只是扮演一個低供需的角色，企業不過是用來服務社區而已。直到十八世紀，資本主義結合產業革命，催化了農業經濟，導致商業活動的蛻變，於是人類邁入了「高科技的企業社會」——高度生產、消費與全面化的商業活動。綜觀人類發展史，每個人的生活幾乎離不開企業活動的範疇。目前企業與社會各環節的關係，實際上包涵了一個極其複雜的環境。

「企業是指財貨與勞務的營運與管理」，它是一種私人性、商業性的組織總體，以利潤為導向，包括獨資商業及大型股份有限公司，其中也涵蓋了中小型獨資、合資或股份有限公司。現代的企業與整個社會環境是息息相關的，從「社會契約」（social contract）的觀點而言，企業與社會的關係自有其一套雙向了解或期待的角色；再從「社

會責任」（social responsibility）來說，企業對社會有經濟責任、建設責任、回饋責任、服務責任、法律責任與倫理責任等義務。

美國經濟學家卡洛（Carroll, s.）認為，今日由於社會大眾的消費意識覺醒、傳播工具的發達與報導，加上民眾愈來愈高的生活期望，以致於現代企業遭受到許多批評，包括企業不能適時的表現自己，不能即時行善，經常製造能源短缺的情況；此外，有些企業的權力泛濫與自主過度、官商勾結、產品品質不佳、企業行為不當等，在在導致了社會大眾的反感，此乃企業必須正視的課題。

無可否認的，工業、商業與企業和人類的生活息息相關。就經濟領域而言，商業是屬於經濟體系的重要單元，它與工業、農業構成人類經濟活動的三大要素，並且與工業合稱為企業，二者都是土地、勞力、資本與管理等變項的組合。此外，若就生產、分配、交易或消費的經濟活動而論，工業注重生產與分配，商業注重交易與服務，企業則是四者的統合運作，如圖 1-1。

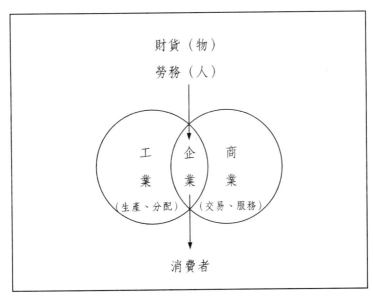

圖 1-1　工業、商業與企業三者的關係

第二節　商業活動與人類生活

　　人類生活離不開商業活動的範疇。從生到死，從早到晚，從家庭到社會，人無時無刻不處在消費的情境中。此刻，不妨回想一下，每個人在一天當中可能的生活模式與經驗……

　　清晨，一覺醒來睜開眼睛，腦海中浮現的第一個問題：早餐吃什麼？自己動手下廚或出外購買？預算多少？合乎經濟效益嗎？

　　盥洗時，想到牙膏快用完了，需要再採購，品牌為何？個人嗜好？何時購買？

　　出門後，自己駕（騎）車？或搭公車？搭便車？預算多少？時間效益？

　　上班時，推銷人員上門，是否購買？較店面銷售便宜多少？

　　中午用餐，想改變至西餐廳消費習慣嘗試到自助餐館進食？選擇用餐場所的標準為何？消費預算多少？

　　下午工作時，同事商量借錢週轉一下，風險多大？利息多少？若不方便借，會損及朋友情誼嗎？

　　臨下班前，單位主管指示會計人員加班處理年度預算，留不留？主管的態度堅決，若拒絕加班擔心破壞勞資關係；但加班費不高，不具吸引力，而且下班後，還要去收（互助會）會錢，怎麼辦？陷入兩難，如何取捨？

　　晚上，與家人共進晚餐，子女抱怨菜色不佳，缺乏食慾。

然而，近日因颱風來襲，菜價高漲，眼見家用超支，內心憂慮，腦海中不免盤算如何開源節流？

就寢後，心想明天又有一堆事務等待處理：繳交保險費、汽車定期保養、赴銀行辦水電轉帳、到工廠提貨、月底盤存清貨……，就這樣不知不覺的走入夢鄉。

每個人在日常生活中，或多或少會有上述的經驗與壓力。我們都是生活在「高頻率的消費時代」中。

人類的消費行為深受經濟環境的影響。經濟環境不限於財貨勞務的生產與分配、交易與銷售，更重要的是對消費者心理與行為的了解，掌握其內在需求，提供完善與快速的服務，以創造企業合理的利潤；此外，社會大眾也要學習認識「行銷文化」，了解銷售人員的促銷方式與成本效益的觀念，以保障個人消費福祉。換句話說，買賣雙方是整個商業活動的主體，雙方多一份了解，多一份共識，自然也就可以營造「顧客至上，利潤第一」的良性商業環境。

任何一項商業活動均涉及許多重要因素，包括資本財、勞工、原料、價格水準、生產力、企業家、經理人、消費者、政府的財政及稅捐政策等，其中勞工、消費者（顧客）是最值得關注的對象，因消費者是企業廠商的衣食父母，沒有消費者，企業就難以生存，商業活動與交易行為自然就無從發生。至於勞工（員工）乃是企業單位的生產主力、營運尖兵，是故，勞工（員工）的素質、人數及其工資、工時等等影響工作行為與成本利潤的因素，也要加以了解。美國過去曾發生許多企業因工資成本的上揚，導致其產品外銷困難的實例。

是故，為了要掌握員工、勞工、消費者與企業人，就必須藉由心理學及相關學科的知識與方法來研究人類的工作行為、消費行為與一切的商業活動。例如想要掌握消費者，企業人就必須徹底了解消費者的需求，哪些財貨勞務才是消費者想要且樂意花錢購買的；除了獨佔性大且需求彈性小的商品之外，價格也可能受競爭性及消費性等因素

影響而降低，商品價格降低相對的會增加成本、減少利潤，甚至影響勞工的工時、工資及企業人的利益；此外，即使是非營利性的事業，也有其消費者，同樣涉及商業活動的內涵，例如學校的顧客是學生，教會的顧客是信徒（教友），醫院的顧客是病患及其家屬，戶政、地政、監理處等政府機關的顧客是社會大眾。

　　惟有從心理學、政治學、管理學等行為科學的角度去探討人類行為與商業活動，方能增進勞資關係，確保消費福祉，促進經濟發展，提昇生活品質。

第三節　商業心理學的內容

　　商業心理學（business　psychology）係由工業心理學演進發展而來。影響工商心理學發展的代表人物，首推二十世紀初美國的史考特（Scott, W. D.）、貝罕姆（Bingham, W. V.）及莫爾（Moore, J.）等人。史氏最大貢獻乃是將工業心理學應用於商業推銷與廣告設計中，貝氏與莫氏則長期從事工商心理學的教學與學術研究。

　　早期工業心理學的研究僅僅是應用心理學的原則、原理及技術於工業的領域中，當工業心理學發展至相當階段後，便推廣至研究廣告及商品推銷等問題，並繼續將研究範圍擴展到商業人員的甄選、訓練與督導。爾後，一九二〇年代，商業溝通與動機心理學方面的研究盛行；一九四〇年代工程心理學注重人與機器方面的互動研究；一九六〇年代人類工程學、組織心理學方面的研究蓬勃發展。上述工業心理學的研究領域皆已涉及商業活動內容，實際上已勾繪出商業心理學的範疇。

　　商業心理學乃本世紀六〇年代新興之科學，屬於行為科學的一支，

為應用心理學的一門學科。心理學是一門「研究個體行為的科學」，商業心理學則是一種探討人在商業情境中一切心理現象與行為反應的科學，包括消費行為、銷售行為、工作行為、管理行為等。換句話說，商業心理學企圖以心理學上的原理法則來解釋商業市場上各種現象及消費者的購買行為。商業心理學是工業與組織心理學家在觀念和方法上的「一般稱呼」，約有百分之七的心理學家投身於此一領域的研究（洪英正及錢英芬，民81）。此外，人力資源專家、企業管理人員及人群關係訓練師也是研究商業心理學的工作者。

　　總而言之，商業心理學是一種有關人類行為的應用性、系統性知識，用來增進員工的工作滿足與生產力；它是將心理學及其相關學科的知識應用於商業情境中，以促進個體發展與組織效能。上述定義，有助於界定商業心理學的內容與了解商業心理學的研究目的，如圖1-2。

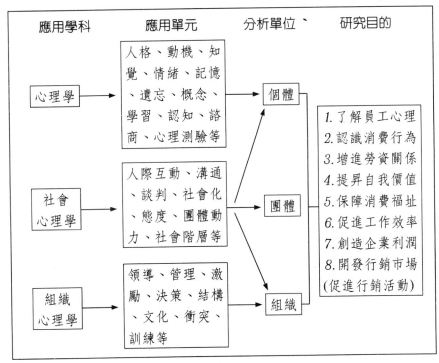

圖1-2　商業心理學的內容

　　圖 1-2 說明商業心理學乃是運用**心理學**之動機、知覺、興趣、價值觀、概念、學習原理、人格、情緒、記憶與遺忘等單元，探討**個人**在商業情境中的心理與反應；同時，運用**社會心理學**之人際互動、社會化行為、溝通協調、態度改變、團體結構、社會階層與文化等單元，探討**團體**在商業情境中的行為反應；以及運用**組織心理學**之激勵、決策、結構、領導、管理、訓練等單元，探討如何催化商業情境中的**組織**動力。

　　商業心理學應用了心理學及相關學科的原理原則，研究人類個體及團體組織在從事商業活動時的心理與行為反應，其目的不僅在於關心個體（員工、雇主、經理人、消費者），也重視團體組織（企業環境、群體行為、團體動力、組織氣候）。目前，國內企管顧問、企業人士及消費大眾具有商業心理學及應用心理學知識者，已有日漸增多的趨勢，商業心理學儼然成為一門新興的專業；同時，國內各大專院校商業類科系也普遍開設商業心理學的課程。一般而言，研究商業心理學旨在了解員工心理、認識消費行為、增進勞資關係、提昇自我價值、保障消費福祉、促進工作效率、創造企業利潤、開發行銷市場（促進行銷活動），進而全面帶動經濟發達與產業發展。

一、了解員工心理

　　產業界想要提高工作效率，就必須考量員工的甄選、任用與安置的問題，除了要設法改善工作條件，使員工在工作中獲得個人的成就感與滿足感之外，更重要的是管理者須了解員工的心理與行為，包括其內在需求與外在條件。商業心理學企圖應用「差異心理學」研究的成果（即人事心理學）及「知覺心理學」研究的成果（即工程心理學）來了解員工的工作行為，包括個人在工作情境中的動機、態度、情緒及團體士氣等。

二、認識消費行為

　　由於行銷導向風氣的興起，消費者行為的研究及探討已經獲得工商企業者的重視。廠商不再盲目地生產，一切財貨、勞務的製造與分配係以消費者的滿足為依歸。換句話說，現代社會是以「消費者導向」（consumer-oriented），取代傳統社會的「生產者導向」（producer-oriented），消費者消費不再是「有什麼買什麼」，而是「要什麼有什麼」。商業心理學則是應用行為科學的概念來了解、解釋及預測消費者的行為，試圖掌握顧客個人的特性，包括消費的動機、知覺、性格及學習等因素，進而探討社會階層、團體及文化因素對消費行為的影響。

三、增進勞資關係

　　人與人之間交往相處，貴在相互了解，惟有多一份了解，才能擴大共識面，縮小差異面，減少不必要的誤解與衝突。因此，在商業情境中，勞方與資方雖有共同的利益（利潤與福利）目標，然而因雙方之立場、角色、價值觀與產業行為等條件的差異，極易產生勞資對立、衝突。近年來勞工權益意識抬頭，傳統「默默耕耘」的勞工朋友，也不免頻頻「走上街頭」，資方無法再以強勢的資源分配者自居，有時也必須放下身段「平起平坐」的傾聽勞工心聲。是故，商業心理學旨在運用心理學的知識與方法，了解人類（包括雇主與員工）的心理與行為，提振工作士氣，增進勞資關係的和諧。

四、提昇自我價值

　　根據薛恩（Shein,1965）的人性假設，員工約可分為四種類型：㈠

實利人（rational-economic man）：員工的工作行為是在追求個人本身最大的利益，工作的動機是為獲得經濟報酬；㈡社會人（social man）：人是因社會需求而引起工作動機的，並且藉競爭與合作的人際互動方式，來獲得工作滿足感與他人的認同感；㈢自我實現人（self-actualizing man）：人從工作中獲得成熟與發展，能力也隨之開發，進而提昇「獨立」、「自主」的自我價值感；㈣複雜人（complex man）：人的需求、能力不同，人是複雜多變的，個人工作的滿足與貢獻取決於當事人本身的內在需求與外在組織環境的交互關係。

由此觀之，現代人的工作行為與消費行為，不再只是單純的一種經濟行為、商業行為；商業心理學即在探討如何協助員工在工作情境中，發揮個人專長，學以致用，工作的有尊嚴、有價值；同理，消費者可從行銷活動中，獲致適切的財貨與勞務，以滿足個人需求，提高個人的形象與價值。

五、保障消費福祉

基本上，在整個商業情境中，消費者與銷售者會產生一種親密的互動關係，如圖 1-3。銷售者把財貨與勞務提供給消費者，然後從消費者處獲得金錢或和金錢等值的利益；為了持續獲得此一利益，銷售者必須不斷製造財貨、勞務的資訊並將之傳達予消費者，以影響消費者直接或潛在的消費行動。由於銷售者普遍存在著此一「功利導向」的行銷目標，消費者若對財貨勞務等資訊缺乏了解，極易損及本身的消費權益；加上消費者與銷售者彼此之間聯結管道有限，「申訴無門」，也易造成消費者與銷售者間不平等的互動關係。是故，商業心理學旨在協助消費者了解行銷策略與銷售技巧，增進商業行為的資訊，進而確保個人權益，增進消費福祉。

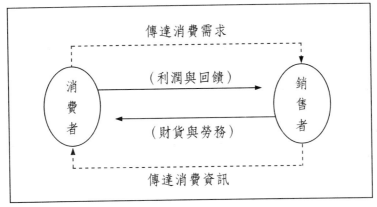

圖 1-3　消費者與銷售者的互動關係

六、促進工作效率

　　前述商業心理學的內容係指應用心理學及其相關學科的知識於商業情境中，進而了解員工的心理與行為，包括探討人類個別差異對工作行為的影響，了解工作中的人際關係，研究領導行為與團體士氣，討論職業倦怠與壓力調適的方法，學習企業諮商的知能等。從企業管理的角度而言，管理者若能了解員工心理，就能預測進而掌握每位員工的工作行為，有效控制影響工作因素，促進員工的工作效率。

七、創造企業利潤

　　企業利潤不僅限於考量機器設備的採購與運作、收入與支出的損益平衡分析等問題，企業利潤也不只是注重現金預算、投入及費用預算、時間空間材料及產品預算、資本支出預算等問題的探討，更重要的是整體績效的控制，包括政策、工資工時、人員的甄選與訓練、組織的研究發展、產品品質的管理、成本與價格的控制等。商業心理學

雖未提及「財物管理」、「成本會計」等專業知識，惟其工作效率、人際互動及人力資源管理等內容的探討結果同樣影響企業的營運績效。商業心理學即在協助工商企業界，在人事管理上能落實「選、用、訓、核」四大工作，使能進退有序、任用得宜、訓練充實、考核公平，以便發揮人力效能，創造企業利潤。

八、開發行銷市場

今日的企業環境係以「消費者導向」來取代「生產者導向」。企業的繁榮與工商業的發達，惟有不斷開發新產品與新市場，方能刺激消費者的購買慾望與消費行動。基本上，消費者的個別差異性，往往影響生產者財貨勞務方面的製造與分配、銷售者的交易與服務；是故，廠商必須有效區隔市場、發展行銷學術、提高銷售效率，以開發行銷市場。商業心理學企圖從人類行為的研究，引導企業者及銷售者了解、預測與掌握消費者，同時，運用相關學科（社會心理學、組織心理學、管理學等）的知識與方法，來探討消費心理與行為，解決銷售問題，開發行銷機會。

綜合上述論點，商業心理學實為近代新興的一門重要科學，它研究從事商業活動的組織及人群，運用心理學及其相關學科的知識與方法，來探討商業情境中各種「人」的問題。商業心理學旨在「增進個人效能」，包括了解員工行為、認識消費行為、增進勞資關係、提昇自我價值與保障消費福祉；同時，也在「增強企業效能」，包括促進工作效率、創造企業利潤、開發行銷市場與帶動經濟發展。商業心理學與市場學、廣告學、經濟學、社會學與人類學等行為科學也有密切相關。惟有持續開拓學術領域的研究探討，精進商業活動的技術方法，方能促進產業升級，提昇企業競爭力，繁榮社會，發達國家。

第四節　商業心理學的研究方法

　　商業心理學是一門科學，旨在探討並解決商業情境中各種「人」的問題，已如前述。現代科學的最大特徵有二：其一為客觀性（objectivity），其二為驗證性（verifiability 或 testability）。前者是指科學家研究問題時採用的方法、測量記錄、使用的工具及解釋事象時所用的語文等，都有一定的程序、標準和方式，絕不能憑個人的意願去改變，或憑主觀見解去解釋。後者是指科學的理論是可以驗證的，科學的結果是可重複的。同理，商業心理學乃是透過科學研究的原則與方法來探討商業情境中人員的問題，而非僅是實務經驗的累積與觀察的結果。

一、研究法則

　　人類行為的個別差異性甚大，其變化較自然科學複雜許多。因此，任何涉及人類行為的研究，只能根據外顯行為間接推理以解釋其內在的心理活動。商業心理學為了達成「解決人類在商業情境中各種問題」的目標，必須透過科學性的研究法則來探討問題，此一法則包含四個步驟：1.確認問題；2.運用方法；3.分析討論；4.應用結果。

　　商業情境中人員的問題，多半是來自於工作的實際表現與預期目標之間產生差距，例如員工工作績效不彰，可能肇因於工安意外事件多、員工士氣低落、對工作不滿、無法滿足自己與顧客的需求等等。惟有先確切的指出問題的根本原因，並運用方法來加以改善，才能提振工作士氣、促進工作效率。研究方法在問題的解決、知識的發展與應用上，扮演著非常重要的角色，透過科學研究、統計分析後的結果，

才能構成商業心理學研究的重要論點，無論是理論性或實徵性的研究結果，對商業活動與問題的處理，皆有其一定的價值，據此以形成工作方法、政策及行動方案，例如了解員工的學習原理，以擬訂員工訓練方案；探討消費者的行為，以訂定行銷策略或促銷計畫；認識人類的知覺與態度，以研擬廣告設計及問卷調查等。商業心理學研究的結果，可由專業人員來實施應用，也可由其他人士來加以推廣，包括專業經理人、心理學家、人事人員、督導人員、銷售人員等。換句話說，商業心理學之「問題－方法－結果－應用」的研究法則，有助於發展學術研究，激勵人員士氣，解決企業問題，促進經濟發展。

二、研究方法

人類的行為複雜多變，為期有效了解、預測與掌握，不能侷限於某一學科或技術的研究，因此，有許多的科學方法被用來探討人類的心理與行為，常見者包括：實驗法（experimental method）、評定法（rating method）、調查法（survey method）、晤談法（interview method）、個案研究（case study）、問卷法（questionnaire method）、投射法（projective technique）、觀察法（observational method）、社交測量法（sociometric technique）、測驗法（test method）等。其中經常應用在商業心理學的研究方法則以觀察法、實驗法、調查法等為主要：

(一)觀察法（Observational Method）

觀察法是觀察者以視覺、聽覺或其他輔助的視聽器材來觀察、記錄與分析受觀察變項的一種技術，此法雖非最嚴謹的科學性研究法，但卻是最原始且應用最廣的方法。觀察法可分為「自然觀察法」(naturalistic observation）與「控制觀察法」（controlled observation）二種。前者係在自然的情境下蒐集資料，觀察者並不影響受觀察者，甚至受觀察者也不知道有人正在記錄、分析其行為，因此所獲得的資料較為

真實自然，例如觀察員工的工作行為與顧客的購物行為，以改進工作方法或擬訂行銷策略；後者則是在預先設置的情境中進行觀察，屬於嚴密而精細的控制方法，控制觀察法所獲得的資料若非「隨機取樣」，則其解釋、推論宜慎重，例如觀察折扣期間的貨品銷售量與顧客消費的模式，以擬訂「折扣促銷」計畫。觀察時必須注意時間取樣不能有誤差，否則會影響結果的客觀性。

一般而言，觀察者的角色依其觀察行為的介入與否，可區分為「參與式觀察者」（participating observer）與「非參與式觀察者」（non-participating observer）。前者係觀察者直接且實際的參與在受觀察者中或受觀察的情境裡，被觀察的人較自在，不會感受太大的壓力，甚至難以察覺觀察者的存在；後者則是觀察者不直接加入在受觀察的情境中，只在另一位置角落或另一空間，藉助單面鏡、錄影機等器材去觀察、記錄受觀察者的行為，使觀察過程「接近自然狀態」。

無論是參與式或非參與式的觀察，基本上，觀察者都不能過度解釋所記錄、觀察到的現象，也就是觀察者重在掌握「是什麼」（what），而不是「為什麼」（why）。同時，觀察所得的資料必須具有準確性、代表性，不宜「斷章取義」、「以偏概全」。此外觀察行為要先界定，觀察宜隨時記錄在事先準備的觀察表上，並利用電動器材輔助，例如錄音機、錄影機等，以便獲得更多客觀的資料，惟須事先告之受觀察者，詢其可接受的觀察方式或配合研究設計。同時，適當的採用時間隨機取樣（time random sampling）的設定方式，以便觀察到受觀察者的「常態」行為。

(二)實驗法（Experimental Method）

實驗法是一種嚴謹精確的科學研究方法。實驗法乃是研究者在一定的控制情境下，有系統的探索自變項（X），觀察和測量其對依變項（Y）所產生的影響結果。換句話說，實驗法不只在了解「是什麼」的問題，也在於探討「為什麼」的因果（X→Y）關係問題。研究者根

據其實驗（研究）計畫，控制或操縱一自變項（independent variable），又稱為實驗變項（experimental variable），以觀察、記錄與分析因自變項而產生對依變項（dependent variable）的改變情形，例如在同一企業體系中，不同的領導管理模式（X）對員工工作行為與組織氣候（Y）的影響。

　　實驗法雖然在科學研究上是一種應用最廣、成效最大且研究結果最精確的方法，惟因其涉及較為複雜的統計學與研究法等知識，在企業界除了少數的專業研究人員之外，一般的從業人員較少採用此法來研究商業行為。換句話說，實驗法在學術領域的研究較多，反而在工商實務的研究應用相當有限。實驗法依實施場地性質的不同，可分為「實驗室實驗（laboratory experiment）」與「實地實驗（field experiment）」二種。前者應用於特定的情境或實驗室中；後者則在實際的工作場地中進行實驗，亦即在實驗室以外的實際生活空間中實施研究，例如直接在工廠內研究工作行為或直接在商店裡探討消費行為。由於實地實驗干擾變數較多，必須進行長期研究而且要有周詳的計畫，以維持實驗變項不變的條件，故實施上也有其困難，工商心理學上著名的霍桑研究，探討影響員工工作行為的因素，其實地實驗費時逾八年（1924~1932），先後歷經五個研究階段，動員龐大的人力（學者）物力，始告完成。

(三)調查法（Survey Method）

　　調查法乃是針對特定的研究主題，蒐集母群體中具有代表性樣本的意見反應。其中「代表性的樣本」來自於隨機取樣（random sampling）或分層隨機取樣（stratified random sampling），以確認樣本的意見反應足以反映母群體的感覺想法。調查法常見有問卷法（questionnaire method）與訪談法（interview method）二種，前者係將研究主題之調查內容編製成一種嚴謹的、可供量化分析的問卷表，並將之郵寄或面交予代表性樣本填寫反應。後者則是調查人員將預定調查的內容，在

面對面的情境下詢問代表性樣本，以蒐集代表性樣本的意見資料。

　　調查法通常研究的是被調查者的資料事實（informational facts）與心理事實（psychological facts）之間兩變項的關係。前者包括受調查者的性別、年齡、血型、居住地區、出生序別、宗教信仰、教育程度、社經地位、職業職務等屬於個人的背景資料；後者包括受調查者對本項調查主題的感覺、想法、態度、信念、期待、建議、行動等心理反應。例如某家化粧品公司，以郵寄問卷方式，調查消費者使用不同品牌化粧品的經驗感受（心理事實），同時了解使用該公司化粧品顧客的年齡層、社經地位及所得水準（資料事實），以及二者之間的相關，據以作為擬訂該公司化粧品行銷策略與促銷計畫的參考。

　　調查法在企業界的應用相當普遍，特別是在探討消費者的心理與行為方面，一方面是因調查法可以大規模進行資料的蒐集，較少受時間、地域的限制，另一方面則在於此法的統計分析較為簡便，易於操作、了解。惟因調查時所用的問卷編製不易，其信度、效度難以確立，加上取樣的「代表性」問題，以致於調查法所獲得的結果資料，較不似實驗法或測驗法的精確，因此調查研究在結果的推論與運用上宜慎重，例如選舉期間，候選人自辦的民意調查即有相當的爭議性。

㈣測驗法（Test Method）

　　測驗法是指運用標準化、科學化的心理測驗來探討人類的心理特質與行為反應，據以作為人事甄選、安置、評量及任用等參考，或作為一般自我了解與生涯規劃的工具。常見的心理測驗類型包括人格測驗、智力測驗、性向測驗、興趣測驗及成就測驗等。科學心理學的特徵之一乃是對個體行為從事量化的精密研究，而心理測驗就是一種能使人類行為量化的主要工具，心理學家採用測驗法研究心理學的問題，有時候是要研究個體在某一方面的個別差異情形，有時則在於探討兩種或多種行為之間的關係，例如 S-R 法則、O-R 法則及 R-R 法則（詳見本書第二章）。

測驗法或稱心理測驗法（psychological test method），一稱測量法（measurement method），亦即可藉精密的測量儀器來評量個體心理特質的一種方法。測驗法在心理學上的應用，歷史相當悠久，目前也普遍地被運用在心理輔導、臨床醫學、學校教育等領域中，此法已被視為是一項重要且強而有力的心理性、診斷性與評量性的工具，其編製、設計、實施、分析及解釋、報告都有其標準化的程序與方式。在企業界方面，測驗法較常用於對員工心理特質與行為反應的了解（較少用於消費者行為調查、社會現象反應評估等群體心理特質的探討），例如企業管理者可運用心理測驗來了解員工、安置員工，或作為員工心理輔導、生涯輔導與企業諮商的參考。

一般而言，無論是觀察法、實驗法、調查法、測驗法或其他心理學研究法，皆各有其特點與限制，因此在使用上都必須配合研究的主題、目的、性質、計畫及研究人員的條件，甚至考量經費預算與研究對象。此外，人類的心理特質與行為反應個別差異性甚大，而且複雜多變，為期達成商業心理學的研究目的，適當的採取多種不同的技術與方法來進行商業活動的研究實有其必要，例如欲了解「員工的工作態度與心理需求之間的關係」，一方面可先採用測驗法來評量員工內在的心理需求且將之分組；再以實驗法來探討不同心理需求的員工，是否影響其不同的工作態度。惟有不斷精進研究發展，方能掌握新時代新人類的脈動，促進商業心理學未來的發展與應用。

 ## 第五節 商業心理學的應用與發展

商業心理學乃近代新興的一門科學，它是為了因應工商業時代的

發展趨勢而研發的一門專業知識。商業心理學旨在使用有關人類行為的知識體系，來促進個人的滿足感與工作表現。商業心理學乃是有系統的應用心理學、市場學、社會心理學、組織心理學、行銷管理等行為科學的理論與技術，來解決人類在商業情境中的各種問題，包括工作問題、消費問題、銷售問題、壓力問題與人際問題等。

商業心理學的知識與方法目前已被廣泛地應用在工商企業等領域中，針對個人行為、團體行為、組織行為等三方面加以研究。**關於個人行為方面的研究**，一則探討員工的工作行為，包括員工的知覺、態度、動機、情緒、人格與學習模式等變項對工作行為的影響，以及員工個人的身心健康；再則研究消費者的消費行為，包括顧客的知覺、動機、情緒、人格與價值觀等因素對消費行為的影響。

商業心理學在**團體行為方面的研究**，偏重於社會階層與政經文化等因素對個人行為的影響，例如不同的社會階層對個人消費動機與行為模式的影響；文化族群的特性應用在市場區隔中；即使是產品包裝、商品命名及定價等問題也必須考量社會文化與風俗民情等條件。

至於在**組織行為方面的研究**，商業心理學也注重於探討士氣激勵、領導管理、組織氣候、教育訓練、團體動力、人際互動與溝通談判等課題。基本上，「組織行為」（organizational behavior）乃是有系統地研究人類在組織中所表現出來的行動和態度。研究商業心理學的目的，不只在滿足個人內在的需求，也在於提昇企業的效能，因此商業心理學也針對組織內之工作設計、組織決策、角色地位、規範制度、團體結構等變項與企業效能之間的關係加以研究。

近年來，由於受到教育普及、經濟發達與社會變遷等因素的影響，現代人的價值觀、行為反應與生活模式隨之改變。當前企業界也面臨許多困境，諸如：消費者運動浪潮雲湧、勞工權益意識的高漲、社會公害防治的重視、工安事件的頻傳、個人自主與享樂主義的盛行、環境保護與經濟發展的矛盾、科技發展的日新月異及國際經濟情勢的挑戰等，工商企業的經營益形不易；加上現代人在工作表現與生活適應

上的壓力感與挫折感也日漸增加，凡此在在顯示商業心理學的重要性與日俱增，除了國內外的研究文獻不斷問世之外，國內大專院校許多商業類科系也紛紛開設此一課程，同時企業機構也不斷引進此一學科知識，加強員工的在職訓練。商業心理學已儼然成爲新時代的新顯學。

今後，商業心理學的發展必須注意其整體系統的開發，學者認爲須加強下列重點（林欽榮，民82）：㈠整體性：科技的整合；㈡全面性：宏觀的角度；㈢開放性：資訊的交流；㈣客觀性：多元的分析；㈤創新性：精益又求精；㈥經濟性：最大的效益。基於上述特性，商業心理學未來的發展必須重視商業理論的系統化、商業組織的彈性化、商業管理的專業化、商業行爲的人性化、消費行爲的大眾化、次級團體的動態化、社會階層的具體化及商業市場的國際化。惟有如此，商業心理學的研究與發展，才能滿足人類內在的心理需求，帶動社會經濟的發達。

摘　要

Notes

1. 「工業」係指財貨與勞務的生產與分配，「工業心理學」乃是研究工業組織內人類工作行為的科學。「商業」係指財貨與勞務的交易與服務，「商業心理學」乃是研究企業行銷上人類行為現象的科學。「企業」係指財貨與勞務的營運與管理。三者關係密切。

2. 人類生活離不開商業活動的範疇。從生到死，從家庭到社會，人無時無刻不處在消費的情境中。

3. 商業心理學乃是工商心理學演進與發展的結果。影響商業心理學發展的代表人物，首推二十世紀初美國的史考特（Scott）、貝罕姆（Bingham）及莫爾（Moore）等人。

4. 商業心理學乃是將心理學及其相關學科（社會心理學、組織心理學等）的知識應用於商業情境中，以促進個體發展與組織效能。

5. 研究商業心理學的目的在於了解員工心理、認識消費行為、增進勞資關係、提昇自我價值、保障消費福祉、促進工作效率、創造企業利潤及開發行銷市場等。

6. 商業心理學是一門科學，其研究方法主要有觀察法、實驗法、調查法及測驗法等。

7. 商業心理學的知識與方法，目前已被廣泛地應用在工商企業等領域中，針對個人行為、團體行為與組織行為等三方面來加以研究。

8. 商業心理學的未來發展必須重視商業理論的系統化、商業組織的彈性化、商業管理的專業化、商業行為的人性化、消費行為的大眾化、次級團體的動態化、社會階層的具體化及商業市場的國際化等。

個別差異與工作行為

「人是什麼？」

「什麼是人？」

　　有關人的研究，是一門嚴謹專業的學術，長久以來一直引發哲學家、科學家、人類學家、心理學家及社會學家等學者的探討興趣；它也是一個實際生活的焦點，舉凡親子關係、兩性關係、師生關係及勞資關係等人際互動，亦都涉及人性與人生的內涵。商業心理學研究的對象是人，研究的目的旨在增強個人的滿足感、價值感與企業組織（團體）的工作效能，是故，在探討商業心理學的同時，有必要先了解人類行為的全貌，進而研究人類的個別差異與工作行為之間的關係。

　　人是理性與感性兼具的動物，具有人性尊嚴、良心自律、認知識見、利用厚生、權力制衡、美感陶融、適應容忍等特性。因人有人性

尊嚴，故在職業環境中期待工作有成就感、受人尊重；因人有良心自律，故在企業體系內能分層負責、盡心竭力的工作；因人有認知識見，故在現實生活裡能夠創新方法、精益求精，獲得快樂成功的人生；因人懂得利用厚生，故能克服外在資源環境的限制，創造有利的生活條件；因人善於權利制衡，故在組織運作上才能避免人際紛爭與人事弊端，經營互助合作的工作模式；因人性喜美感陶融，故在消費過程中注重商品特性及感官享受；因人能適應容忍，故往往在工作困境或人際衝突中知所進退且能自我調適。

人一生中總離不開「生老與病死」、「悲歡與離合」、「人運與宿命」、「競爭與互助」、「戰爭與和平」等人生吊詭。值得深思的是，**究竟人性特質為何？**

「人喜歡被了解。」

「人喜歡自己的意見為他人所接受。」

「人喜歡無拘無束。」

「人喜歡真誠與開放。」

「人喜歡互信的感覺。」

「人喜歡他人的鼓勵與讚美。」

「人喜歡好逸惡勞。」

「人喜歡不受威脅，希望有安全感。」

「人喜歡自己有參與的經驗和感覺。」

「人喜歡我說你聽。」

「人喜歡被重視。」

「人喜歡有機會發揮自我，能實現自我。」

…………

人性與人類行為的研究，有助於廠商掌握顧客，主管了解部屬，員工相互支持，消費者認識商業行為。若能了解人類行為發展的歷程

與模式，便可作爲預知、分析與解釋人類行爲的依據；同時，探求影響人類行爲發展的有關因素，也可作爲解釋人類個別差異現象的參考。基本上，商業心理學家一如心理學者般，必須重視探討人類行爲發展的原理原則，從而建立系統的理論，以作爲整個商業行爲研究的基礎，例如人類的消費心理與行爲究竟是受遺傳與成熟等主觀因素的限制，抑或是受到學習經驗與成長環境等客觀條件的影響，便是一項值得關注的課題。個體行爲固然依其生理基礎而有「共通性」的發展；但是人類行爲是複雜多變的，個體與個體之間行爲反應的「差異性」自然也相當大。本章即在於探討人類行爲的個別差異性及其與工作行爲的關係。

第一節 人類行爲的研究

　　有關人類行爲的研究理論甚多，諸如強調個體內在認知結構影響人類行爲反應的「認知論」；重視刺激與反應聯結對人類行爲影響的「增強論」；以及主張性與潛意識等建構而成的人格系統爲決定人類行爲主要依據的「心理分析論」等等。基本上，所謂「行爲」（behavior）是指一連串的活動（action）或反應（response）。人類的行爲乃是個體與環境交互作用而產生的結果，舉例而言，一個人的購物行爲，一部分取決於個人的自我特質：包括個性、習慣、態度、興趣、經濟狀況及當時的身心狀態等；另一部分則決定於環境的特性，包括當時的天氣、購物地點舒適與否、交通狀況、商品陳設景觀、他人意見及消費資訊等。此二者也會相互影響，有時環境不但會直接影響個人行爲，而且還會改變個人的某些特性，例如個人工作價值觀（重視金錢或成就感等）可能受到父母管教經驗及家庭社經地位的影響；相反的，

個人也可能改變會影響自己行為的環境，例如發揮個人創意，佈置商品陳列處，以刺激消費者的購買慾等。換句話說：**人類的行為是個體與環境交互作用的產物**。

一、人類行為的通性

人類行為的發展具有連續性與階段性的特徵。前者意謂人類行為的發展有其先後連貫性，過去的行為習慣是現在行為發展的基礎，未來的行為發展又是現在行為反應的延續。後者說明了個體行為的形成與改變，呈現階段性的發展現象，例如幼兒期、兒童期、青春期、青年期、中年期、老年期等人生不同的發展階段各有其不同的發展現象。一般而言，個人的行為發展具有下列特徵（張春興，民 72）：1.幼稚期長可塑性大；2.早期的發展是後期發展的基礎；3.發展常遵循可預知的模式；4.共同模式下有個別差異；5.連續歷程中呈現階段的現象。

此外，人類的行為尚具有其他共通性：個體的行為都是有原因的、有動機的、有目標的、有變化的、有方向的。人類的行為都是受到刺激（stimulus）影響所產生的一種反應（response）組型。此等「刺激」包括個體內在的心理狀態與外在的環境條件。動機、需要、人格、情緒、認知、態度與價值觀等是屬於內在心理狀態的刺激；氣候、經驗、圖片、聲光、文字及人際互動等是屬於外在環境條件的刺激。外在刺激的強弱與個人內在需求的強度變化也會影響個體行為的形成與改變。

心理學家研究發現，人類的社會行為有八種主要的通性，如圖 2-1（游伯龍，民 76）。了解人類行為的共同型態，有助於我們表現更適當的行為，促進良好的人際關係，使我們能學人之長，補己之短，揚己之長，克己之短，進而實現自我理想；相對的，了解人類行為的基本特徵，愈能促進商業活動，掌握人類的消費行為與工作行為。有關人類行為的八大通性，說明如下：

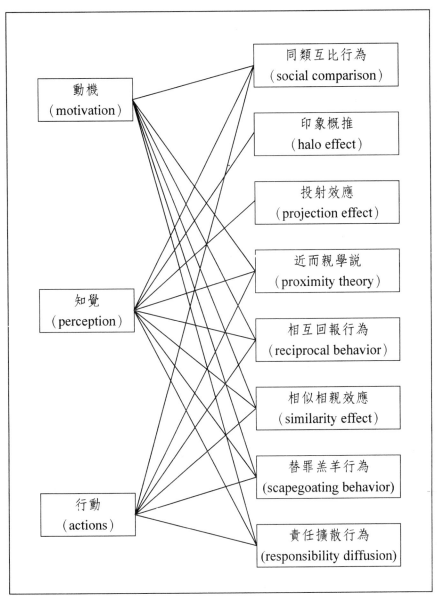

圖2-1　人類行為的通性與動機、知覺、行動的相互關係圖

（資料引自：游伯龍，民76，頁160）

有線相連者代表與之有相對應的關係

(一)同類互比行為

人們為了達到其理想的生活目標,隨時都需要了解自己的現狀,尤其需要了解自己在社會的位置。當缺乏判斷的客觀信息、標準和有效方法時,就常常透過與他自認為同類的人之比較,來確定自己的現狀和社會位置,這就是人際間的同類互比行為。例如某員工自覺受到「同工不同酬」的委屈,向公司經理申訴反映。這是員工經過比較後所產生的情緒和行為反應。

(二)印象概推行為

人們在判斷別人時有一個傾向,首先把人分成「好的」和「不好的」兩類。當一個人被列為「好的」部分時,一切好的品性便加在他的身上;相反的,如果一個人被歸於「不好的」部分時,那麼一切不好的品性則會加在他的身上。例如某先生和同事們在家裡討論一些問題,他的太太也提出一些見解。同事們覺得這位太太的建議對公司的短期目標是有利的,但對長期目標較為不利。於是她的先生就插話說:「婦人家,見識短,大家聽聽就算了。」這位先生的話就犯了以偏概全的錯。

(三)投射效應行為

人們往往有一個強烈的傾向,當他們不知道別人的情況時(如個性、愛好、思想等),就常常認為別人具有與他自己相似的特性。易言之,當人們需要判斷別人時,往往會將自己的特性「投射」給別人,想像其他人的特性也和自己一樣。例如不承認自己喜歡逛街購物,卻表示是同事想要逛街而請其陪伴。

(四)近而親行為

人與人之間住得相近的,要比那些住得較遠的,更有可能成為親

朋好友。例如在同一部門工作的員工，理論上要比不同部門的人員更加友好相識。換句話說，距離的遠近，是影響人們友誼形式、相互喜歡的一個重要因素。

(五)相互回報行爲

社會上的人往往有一種傾向，喜歡那些他自認爲喜歡他的人，討厭那些他自認爲討厭他的人。社會上這種事例很普遍，假如某人知道你對他好，他也會對你好；他認爲你不喜歡他，他也會不喜歡你；他知道你關心他，他也會關心你；他知道你打擊他，他也會設法報復你等等。這種相互回報行爲和中國人流行的「投之以桃，報之以李」的行爲相似。

(六)相似相親行爲

人們普遍認爲，相似的人要比不相似的人更容易互相喜歡和親近。這類社會現象很多，例如從年齡來說，小孩子往往喜歡小孩子，年輕人往往喜歡年輕人，而老人則往往喜歡和老人在一起，這就反映了年齡相似的人往往容易互相喜歡。這也說明了爲何女性商品經常邀請形象良好、身心健康的婦女名人來做爲廣告代言人。

(七)替罪羔羊行爲

當人們煩悶或惱怒時，在不知道煩悶的根源，或知道根源但不敢對根源進行攻擊時，往往傾向於尋找類似根源的代替品進行發洩或出氣，這就是替罪羔羊行爲或羔羊代罪行爲。例如被上司責罵，不敢反擊，於是將氣發洩在部屬身上，部屬成了出氣筒；又如某小集團大搞貪贓枉法之事，事情敗露後，小集團的頭目爲了避免東窗事發，心裡難堪，於是「捨車保帥」，把一、兩個小嘍囉拋出來，然後將一切罪過都加在小嘍囉身上，小嘍囉成了大頭目的替罪羔羊。

(八)責任擴散行為

當人們在一起做事而又沒有明確的個人責任時,有些人在一定程度內會失去他個人的責任感。任務出現後,認為別人應該而且會設法分擔他的責任,即使當時他是單獨在工作,他也認為分擔與降低個人責任是理所當然的,這就是「人群中的責任擴散」行為。例如某公司員工罷工,他們在公司門口示威時,有的帶著面罩進行破壞,主要目的是使當局沒法確定身分,追查責任。一些恐怖組織或暴力團體在幹他們的勾當時,也有類似做法,或者穿著同樣衣服,或者戴著同樣面具,……這也是為了把責任擴散,造成「法不罰眾」的事實。

上述八項人類行為的通性,僅是就人類行為的共同現象加以探討,任何行為科學的研究,都不應忽略其個別差異性,而且必須以心理學的理論做為依據,否則容易曲解了人類行為的全貌。

二、人類行為的研究法則

人類行為是受到刺激影響而產生的一種反應,也可以說人類行為是一連串刺激與反應聯結的結果。每個人處在同一特定環境內,可能受到不同刺激的影響,刺激強弱有別,個人的反應也可能有所不同。因此,「面對同一刺激,不同的個體可能產生不同的行為反應」,例如可口的麵包,甲看見了可能會購買來享用,乙可能會覺得噁心反胃;相反的,「面對不同的刺激,不同的個體也可能產生相同的反應」,例如有益的讀物與不良書刊,甲乙兩人都想閱讀。因此,所有人類行為的形成與改變涉及心理學上的三個基本變項:刺激(stimulus,簡稱S)、個體(organism,簡稱O)、反應(response,簡稱R),以及三者彼此之間的交互作用關係所形成的行為法則:

(一) S-R 法則

此法則係指刺激情境的變化，乃是構成個體行為變化的原因。所以刺激是因，反應是果，亦即刺激屬於自變項，而反應屬於依變項。例如工作環境（S）愈安全，員工工作效率（R）愈高。S-R 法則是當代心理學應用最廣的人類行為法則。

(二) O-R 法則

此法則係指個體本身條件的變化就是構成其行為變化的原因。換言之，個體某種行為的出現或改變，純係由於個體自身或個體之間改變的結果。例如生病的員工（O）其工作行為的效率（R）自然降低。

(三) S-O-R 法則

此法則強調個體行為的形成與改變係受到外界刺激及個體內在結構二者交互作用的影響。換句話說，刺激能否引起個體反應，仍取決於個體內在需求、動機、情緒及認知等因素。例如廉價促銷的優良商品（S），消費者有需要使用（O），才會去購買（R）。

(四) R-R 法則

此法則強調個體兩種行為之間存在有共變的關係，其中之一變化時，另一種行為也將隨之改變。換句話說，R-R 法則只能顯示兩種行為間存有關係，但不能確定兩者之間的因果關係。例如當其他條件恒定時，跑得快的人跳得也遠，但不能說跑得快一定跳得遠；同理，勞力者食量大，但無法證明勞力者的食量一定大。

上述人類行為的法則，亦即心理學的法則，有助於了解、預測及掌握人在商業情境中的心理與行為，包括員工的、雇主的、消費者的及業務員的行為。惟任何人類行為的法則與共通特性的運用，皆不應

忽略人類行為的複雜多變性與個別差異性，否則僵化固著的「行為科學」不但不能增進人類的生活效能，甚且為人類的生活招致更多的困擾。相同的，惟有了解人類行為的共通性與差異性，方能促進工作行為，增強工作效率。

第二節 工作行為的分析

　　人類的行為有其共通性，也有其差異性，一如前述。個體行為的差異性係由許多因素促成的。個人因素方面，包括刺激的不同、動機的不同、情緒狀態的不同、認知思考的不同、挫折忍受度的不同、學習經驗的不同及遺傳條件的不同等，凡此皆可能產生不同的工作行為；團體組織的因素方面涉及工作環境、工作方法、工作條件、組織氣候、人際互動、領導管理、獎懲制度和文化規範等的不同。

　　每個人在不同的工作環境中，自然會有不同的工作行為反應。有關工作行為分析（the job behavior analysis，或稱工作分析）的研究，最早始自泰勒（Taylor, F. W.）的工時研究，其後有吉爾伯斯夫婦（Gilbreth, F. & Gilbreth, L.）的動作研究，始逐漸發揚光大。早期的研究，基本上注重在具有重複性工作的分析。所謂「工作分析」係指對某項工作以觀察或會談的方式，獲得有關工作內容與相關資料，以製作為工作說明，便於研究、蒐集與應用的程序，其目的在促進工作效率。

　　一般的工作分析較常用觀察法（observation method）、實驗法（experimental method）、問卷法（questionnaire method）、晤談法（interview method）等方法。從準備工作分析（例如查閱文獻資料）、安排工作分析（例如安排人員工作說明）、規劃工作分析（例如制訂執行工作計畫、進度）及進行工作分析等。一項完善的工作分析須包含四

項資料：1.工作人員做什麼？2.工作人員如何做？3.工作人員為何做？4.有效工作必備的技能為何？依此工作分析的結果，以建構有效的工作行為，並做為工作評價、薪資調整、人才選用、訓練發展與方法改進、工作簡化與督導指導、績效考核與升遷調職等參考。

　　人類的個別差異性具體顯現在工作行為中，影響工作效率的因素包括個人變項、情境變項、組織及社會變項等三大方面，如圖 2-2（鄭伯壎及謝光進，民 69）。茲分述如下：

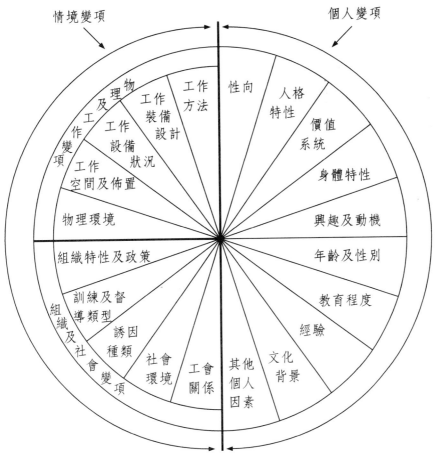

圖 2-2　影響工作效率的因素

（資料引自：鄭伯壎、謝光進，民 69，頁 28）

(一)個人變項 (Individual Variables)

　　舉凡個人的智力、性向、人格特質、價值系統、身體特徵、興趣、動機、性別、年齡、教育水準、工作經驗、成長背景及其他個人變數等，皆會影響其工作行為表現。

(二)情境變項 (Situational Variables)

　　諸如工作方法、工作設計、工作裝備、工作設備狀況、工作空間、工作安排、物理環境及其他工作變數也會影響工作效率。

(三)組織及社會變項 (Organizational and Social Variables)

　　包括組織的特性、獎懲制度、出缺勤管理、社會環境、法令政策、人際互動、溝通網路、工會關係、訓練及督導類型等，常常也會對個體的工作行為產生直接的影響。

　　上述變項的交互作用結果對個人的工作行為具有絕對性的影響。泰菲因（Tiffin, J.）與麥克米基（McCormick, E.J.）等學者研究、測量人類行為和工作有關的各種變項，並且將之量化以計算出每個變項對行為的影響力，二人編寫出下列預測工作行為的方程式：

$$B = (Wa \times Va) + (Wb \times Vb) + (Wc \times Vc) + \cdots\cdots + (Wn \times Vn) + K$$

B：代表工作行為（以數字表示，例如單位時間的生產量）
a,b,c……n：代表變項
Wa,Wb,Wc……Wn：代表每個變項的加權值（計算後決定之）
Va,Vb,Vc……Vn：代表每個人在各變項的數值（例如性向測
　　　　　　　　驗的分數，或工作亮度的燭光數等）
K：代表常數

依照上述公式，在工作績效方面，我們可用單位時間生產量來表示；個人變項方面則以測驗分數及個人受教育的年限來表示；而情境變項方面，可用亮度為多少燭光及工作團體的人數來表示。當我們在測量一群人的行為及各變項之後，我們馬上能夠算出各變項的加權值（W）及常數（K）。當然，也許各變項之間有交互作用存在，但交互作用的效果並不能以上述方程式來表示。因為上述方程式只顯示了各變項對行為的加性效果而已，而沒有乘性效果。所謂交互作用，在此舉一個例子來說明，例如在大家都沒有工作經驗的情形下，性向對工作績效的影響力極大；然而，當大家都是老手時，性向則不太會影響工作績效，這表示過去經驗與個人性向的交互作用，對工作績效有影響。遺憾的是，上述公式無法顯示此等交互作用的乘性效果。

總之，影響工作行為的效率因素甚多，包括團體組織因素與智力、性向、性別、人格、興趣等個人因素。有關個人特質對商業活動的影響，將分別於本章及本書各章節中加以探討。

 ## 第三節　智力、性向與工作行為

「智力」（intelligence）、「性向」（aptitude）以及「成就」（achievement）三個名詞，有些學者將之嚴謹的區分，但亦有人認為它們是相通的。基本上，吾人可將此三者統稱為「能力」（ability），但為便於研究實用，「性向」是指學習的潛能，代表個人可能的發展能力；「成就」是指學習的結果，代表個人學習過後的成果；「智力」較接近於普通的性向，亦即涵蓋一個人的性向發展與成就表現。目前許多新的心理測驗多用學習能力測驗的名稱來取代性向測驗，由此可以了解「性向」與「成就」已不易加以區分，而將之統稱為「能力」。

　　值得我們注意的是，「智力」究竟是以智力測驗的總分來代表，或應以每一分測驗的分數來說明一個人的智力。過去，學者經常以IQ來代表一個人的智力，使人誤解人的智力可以採取某個分數或總分來代表，例如「比西智力量表」就存在此種問題；而「魏氏智力量表」就比較沒有此種困擾，因它不僅是得到某個總分，同時也可以獲得一些分測驗分數來了解個體某些方面的能力。因此我們宜從多角度來探討一個人的能力，而應避免僅從單一總分來觀察人的學習能力，此點正是「性向測驗」編製的目的。

　　眾人皆知，人類的智力發展受到遺傳、學習、成熟與環境的影響，大致有三點重要的發展特徵：1.智力的發展速率、停止與個人年齡及智力的高低有關。智力高者發展的速率快，停止的時間晚；智力低者發展速率慢，停止的時間早；2.一般常人的智力發展，約自三、四歲至十二、三歲之間呈等速進行，之後改為負加速進行；3.早期的研究多發現智力發展約在十五歲至二十歲之間停止；最新的研究則發現人類的智力發展約在二十五歲達到頂峰。

　　從理論上講，兒童時期與青少年時期，因個體身心發展尚未臻成熟，故其生理（含智力）、心理、社會關係及行為發展等的變化性較大，個別差異性也較大；至於青年期之後，個人的智商應該相當穩定，否則它就不能代表個人的智力，而且也失去預測的價值。美國心理學家推孟（Terman, L.M.）以智力測驗測量過二至十八歲的幼兒與少年，樣本有 2,904 人，其統計所得分數，如表 2-1（Hilgard & Atkinson，1969），亦可一窺人類智力的分布趨勢。

表 2-1　人類智力商數分類表

智商 IQ	種　　　類	百分比
140 以上	極優異（outstanding）	1%
120 — 139	優異（superior）	11%
110 — 119	中上（high average）	18%
90 — 109	中材（average）	46%
80 — 89	中下（low average）	15%
70 — 79	臨界（borderline）	6%
70 以下	心智不足（mentally retarded）	3%

　　人類的智能結構涵蓋多方面的能力或性向，包括：1. G 因素（general learning ability）：普通推理能力（詞彙測驗、空間知覺測驗、算術推理測驗）；2. V 因素（verbal aptitude）：語文性向（詞彙測驗）；3. N 因素（numerical aptitude）：數目性向（數目計算測驗、算術推理測驗）；4. S 因素（spatial aptitude）：空間性向（空間知覺測驗）；5. P 因素（form perception）：形式知覺（工具辨認測驗、圖形配對測驗）；6. Q 因素（clerical perception）：文書性向（校對測驗）；7. K 因素（motor coordination）：動作協調（記號速寫測驗）；8. F 因素（finger dexterity）：手指的靈巧（裝配測驗與拆卸測驗）；9. M 因素（manual dexterity）：手的靈巧（安置測驗、轉換測驗）等。

　　人類智力的差異，可能受到文化水準、社會背景或人格特質等系統不同的影響，同時顯現在性別差異、種族差異、職業團體差異與教育團體差異等方面上。此外，人類的智力也會影響其工作行為表現，包括在不同的職業分類上。在任何社會裡都有職業分類的事實，有了

職業分類後，社會上參與各種職業的人，無形中也被分了類。某些人之所以參與某類職業，可能基於兩種原因：一是由於自己主動的選擇，另一是由於被動的社會選擇。無論何種選擇，不同的職業需要不同的能力是一個公認的原則。因此，職業類別與智力差異的研究，多年來已成為心理學家們所感興趣的主題之一，特別是在職業分工益趨分化的工商業社會裡。

　　從社會環境的觀點看，不同的職業團體，可能各自具有影響智力的團體性因素。以往心理學者們在這方面的研究很多，例如美國學者詹森（Johnson,1948）從英美兩國的比較研究中，說明了各類職業間智力的差異情形；其研究結果見表 2-2（張春興，民 72）。此外，我國學者（林義男，民 62）也曾以國中學生為對象，研究國中生智力的差異與家長職業的關係（詳如表2-3），更間接顯示人類智力與職業、遺傳及環境等因素的相關。

表 2-2　職業類別與智力差異的關係

	類別	專業人員	半專業人員	工商界從業者	半技術人員	技工	勞工	農民
美國	業者智商	120	113	108	104	96	95	94
	子女智商	116	112	107	105	98	96	95
英國	業者智商	132	117	109	105	84	96	缺
	子女智商	115	113	106	104	96	95	94

（資料引自：張春興，民 72，頁 349）

表 2-3　國中生智力的差異與家長職業的關係

類別	專業及高級行政管理人員	半專業及次級行政管理人員	技術工人及基層行政管理人員	半技術工人及小本商人	勞力工人
人　數	198	495	772	1238	1123
子女智商	103	102	98	95	87

（資料引自：張春興，民 72，頁 350）

　　至於個人「性向」與其工作行為的關係，學者的研究相當有限。「性向」即個人的潛在能力或專長，性向測驗可用來測試個人工作的潛在能力，包括手指靈巧度、數字能力、操作力、手眼協調力、運動力、機械推理能力、文書速度、空間關係及邏輯分析能力等。一般而言，一個人若是具有該項工作的專業能力與性向潛能，必能有助於個人工作效能的提昇。常見的特殊性向測驗有四大類：1.機械能力性向測驗（mechanical aptitude tests）；2.心理運動能力性向測驗（psycho-motor aptitude tests）；3.視覺技能測驗（visual skill tests）；4.其他特殊性向測驗（other specialized aptitude tests）。

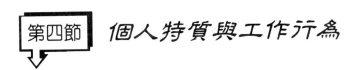

第四節　個人特質與工作行為

　　人類個別差異性特質甚多，在在影響個體在商業情境中的表現及其工作行為，個人特質包括智力、性向、興趣、人格、態度、知覺、情緒、動機、自我概念與學習行為等科學性研究變項，以及年齡、體重、性別、血型、星座、身高、價值觀與出生序等尚未經科學研究證

實之影響工作行爲的變項。前者與商業行爲之關係將分述於本書各章，本節僅針對其他變項簡述其與工作行爲之相關並作爲未來研究之參考。

一、年齡

年齡反映在工作行爲上的意義，不僅限於法律對工作年限的規範，諸如童工問題、屆齡退休問題等；也不單指年齡顯現在生理成熟度上的差異，例如十三歲進入青春期，四十五歲進入生涯穩定期（Super, 1953, 1984）等；更重要的是「年齡」可能代表一種工作經驗豐富與否的「年資」及社會化學習結果的「心理成熟度」等特質。專業上年資的長短可能影響個人的工作表現，特別是工作能力的純熟度。至於「心理成熟度」的特性更可能影響個人在工作中的人際關係，人際能力的良窳在企業界的人事考核、職位陞遷及職務調整上，一直被視爲是重要的指標之一。至於年齡差距是否會影響企業人的人際互動與合作關係，甚至形成所謂「代溝」的困擾，從許許多多生活的實例，包括親子關係、兩性關係、師生關係及勞資關係等人際互動的發展來觀察，年齡雖非構成人際障礙的主因，但「年齡」仍會反映出人與人之間在態度、價值觀、社會經驗等心理成熟度上的差異。

二、身體特徵

身體特徵包括身高、體重、儀表、身材、體型、體能及肢體反應等。一般職業對於身體特徵的限制皆是考量其對工作效率的影響，例如機械操作方面的工作對肢體殘障者較不適宜，公共交通工具駕駛人員不可能錄用視障或聽障者，科技業從業人員必須考量其智能與教育條件，金融業與服務業方面，對於第一線工作者的儀表也有相關的規定。當然，身高太矮或太高、體重太重或太輕、體型太胖或太瘦，甚至身材好壞也都可能影響一個人的職務角色與工作行爲。不同類型的

職業對員工的身體特徵都有不同的需求與考量。

三、性別

性別對於工作行為的影響，不僅反映在男女的生理狀況上（包括第一性徵、第二性徵方面），例如女性的情緒常隨著月經而有週期性的變化（陳家聲，民 82）；更重要的是性別反映出男女雙方心理特質的差異導致不同的工作能力表現。儘管今日「兩性平權」的觀念已相當普遍，昔日女性「在家從父、出嫁從夫、夫死從子」的生涯觀也隨之改變，女性生活空間不再侷限於家庭中，然而受到社會對男女性別角色期待的不同和性別教育的不同等影響，男女兩性的行為表現仍有其差異性。

一般人認為男性長於技能學習，女性則擅於語文學習，但是根據心理學實驗顯示：男性除了體能優於女性，而能擔任大量技能性操作與勞力性工作之外，不管技能學習或語文學習上，男女兩性都無太大差異。因此，構成男女兩性在學習能力或工作行為上的差異，**社會因素的影響反而重於性別本身的因素**。不過男女兩性不同的心理特質與角色發展仍是一個存在的事實，所以不同的職業類型與工作能力也會顧及性別的因素，例如總機、出納員、導遊、護士、模特兒、播音員、美容師、幼教老師及交通工具服務員等工作，通常女性人員多於男性；反之，技士、郵差、工程師、業務員、高危險性工作人員、交通工具駕駛員等職業，男性工作者往往也多於女性。

四、血型

血型的個別差異性反映在工作上的表現，雖然缺乏系統性科學實驗的證明，也缺乏任何生理方面的研究證據，惟經由歸納法方式統整而出的資料顯示：血型與職業仍有其一定的相關。一般人最常見的血

型包括Ａ型、Ｏ型、Ｂ型與ＡＢ型。綜合學者的看法，血型與工作行為的關係概述如下：

㈠Ａ型

Ａ型的人個性隨和、細心、沈靜，但行動較固執，也易感情用事、缺乏果斷力，所以較易受環境影響，一點小事情都會有敏感的反應。正因如此，Ａ型的人可能會因受到環境的刺激而發揮自己的能力以致功成名就；但相反的，也可能因環境的左右，而萎靡不振。Ａ型的人理智常易受情緒的影響，情緒好時理智也特別好，工作起來較得心應手；情緒低落時，理智較少，工作容易不順利。

Ａ型的人喜歡一個人單獨默默地工作，能力也會因而提高，可達成更佳的工作業績，且不會以現實上的利益來選擇職業，而是以自己的愛好與能力為選擇職業的要素。即使是一個完全陌生的世界，他也有勇於參與的勇氣，因為Ａ型的人大都認為只要自己有興趣，肯努力，職業適性自然會產生。

㈡Ｏ型

Ｏ型的人，自信心強、遇事冷靜、理智，凡事都講求客觀、證據，因此在求證一件事時，Ｏ型人比任何血型的人，都重視客觀的常識；但Ｏ型的人態度傲慢，缺乏與人相處的融洽心、謙讓心，易傾向為個人主義。Ｏ型的人對於所決定的事，一定會不顧一切地採取行動。一般來說，Ｏ型的人理智力量能刺激其身體上的精力，使其行動方式與智慧思考完全配合一致，提高工作的效率，且使其所作所為都能朝理想的方向前進。

Ｏ型的人，在得知某一新方法、新知識、新觀念後，就會仔細思索這一新法或新知，並從各個角度來檢討、分析，充分地研究應如何的運用、利用。不過，Ｏ型的人也不會立即把此一新知、新法實際加以利用，而是在隔了一段時間之後，發掘出它的缺點，加以排除，盡

量地採取其優點，才用於現實情境中，以成為自己處理事物的有力武器。O型的人能將最低限度的知識，應用到最大的限度，因而較具有創造力。

(三)B型

B型的人坦白、活潑、好動、敏感、思想開朗、社交廣闊；但意志不堅、沒有耐性、大膽但不慎重、喜歡誇張、善變、愛說話，而且常有主觀的言行，本身卻不自覺。遇事雖勇於採取行動，但常因過於魯莽、缺乏慎重而失敗。

B型與O型相同，都不太會受到周圍環境的影響。當自己的言行受到控制或被迫必須做某事時，一定會想盡辦法去改變這種環境，而不會順應去做某事或說某話，如果實在沒有辦法改變環境時，就會設法逃避現實。B型的人反應快速，不太在意別人的看法，行事常常我行我素。這種B型的言行，常因時間的不同，而有完全不同的表現，即使是讓他做同樣性質的工作，也會因時間的不同，而表現不同的成績，其工作表現，較難使人預估結果。

(四)AB型

AB型的人直覺非常敏銳，同時也很正確。待人親切，做事慎重，且富有同情心，常自我反省；但性情易變、個性急躁、說話嘮叨，一旦遇到挫折，情緒不穩，會莫名奇妙地發脾氣。在情感與理智能維持均衡時，AB型的人做事會朝著目標前進，因而功成名就。

AB型的人對於事物非常客觀，判斷態度也很合理，同時具有果斷力，無論是在那一職業上服務，都會顯得幹勁十足，且能夠將清晰的頭腦運用在工作上，這是AB型的一大優點。AB型的人在做任何事之前，會盡可能地由各方面來檢討，一旦遇到反對意見，也會仔細地分析應該如何處理。做任何事會不惜一切地盡自己的力量，態度雖然很慎重，但絕不是消極，也不是保守，甚至他的行動是走在時代的

最前端。

上述血型與工作行爲的相關，係研究人際關係學者根據生活經驗的觀察並歸納文獻資料統整所得的結果，因缺乏科學驗證，故只能做爲個人生涯抉擇與人際互動評量之參考，不宜主觀引用判斷。

五、星座

近年來，星座的研究風氣相當盛行，尤其是受到喜歡新奇刺激的年輕人歡迎。星座所顯現的個人人格特質之差異，相當引人矚目；一如「血型」般，星座與工作行爲之間的關係雖也缺乏系統性的調查研究證實，惟從其受到許多不同社會階層人士的重視程度，仍可一窺其價值，世人雖未必「盡信其有」，也不妨視之爲「未盡其無」的予以參考。茲將星座對工作行爲的影響及其人格特質分述如下：

(一)水瓶座〔1月20日～2月18日〕

喜歡思想自由，再加上本身不喜歡受他人支配，故適合從事藝術、文化創作，以發揮才能。喜歡運動及參加活動，是個活力充沛的人，又兼具有領導能力，適合舞台的表演工作。待人親切，在團體中是個靈魂人物，話題豐富、反應快，但缺乏行動力，很注重私生活及個人空間。

(二)雙魚座〔2月19日～3月20日〕

看到別人有困難無法坐視不管，一定會伸出援手，但常拿自己的熱臉去貼人家的冷屁股，所以有時不宜過度發揮同情心，以免吃力不討好。由於雙魚座者是個想像力強、感受性敏銳的人，所以頗有藝術方面的天份，如果能專心往這方面發展的話，必有相當的成就。此星座較適合美術家、政治家、藝術家等工作。

（三）牧羊座〔3 月 21 日～4 月 19 日〕

　　爽朗活潑，做事情非常積極主動，但有時會因沒有充分思考而顯得太過於衝動。天性富有正義感並且不服輸，精明能幹，因此事情大多做得很成功，加上牧羊座天賦率直，因此在團體的人緣不錯，適合需要動腦筋的職業。

（四）金牛座〔4 月 20 日～5 月 20 日〕

　　從好的角度來看是個秉持原則，有自己風格的人；從壞的角度來看是頑固不知變通的人，只求平穩、安定的生活。為人沈著、意志堅定、慎重、溫和、很少動、少說話、做事慢慢的，很有金錢觀念，認為錢是保障生活的要素，行事過度向錢看齊。

（五）雙子座〔5 月 21 日～6 月 20 日〕

　　擁有明顯的「雙重人格」，有時活潑開朗、衝勁十足的去完成艱鉅的工作，有時又很悲觀而遲遲不前的躲在一角。因興趣廣泛且善變，對平淡的工作會感到枯燥乏味而厭倦，故喜歡有挑戰性且新奇的工作。因本身機智頭腦冷靜，再加上口才好，適合從事拓展外交、人際關係及可善用口才的工作。

（六）巨蟹座〔6 月 21 日～7 月 22 日〕

　　具有令人讚賞的推理能力和分析能力，獨立敏感、防衛能力強、情緒起伏大、關心別人，但不喜歡受人指揮。常憑第一印象就下結論，對人的好惡感很強烈，同時也喜歡從事神祕或神靈之研究，適合此星座的工作有律師、醫藥、教師、藝術方面和任何有關家庭生活的職業。

（七）獅子座〔7 月 23 日～8 月 22 日〕

　　愛出鋒頭，喜歡引人注意，無法忍受平凡而平淡的生活，希望有

豐富而與眾不同的人生，所以應從事能發揮自我，且更能受人矚目的工作，進而滿足自己強烈的表現慾。果斷力強且充滿自信，適合在團體中擔任領導指揮的工作。

(八)處女座〔8月23日～9月22日〕

處女座的人較內向、害羞、不喜歡出風頭、不喜歡指揮別人，習慣於自己安安靜靜腳踏實地的完成份內工作。假如處女座者是爲人上司，則對事不馬虎，但很囉嗦，總是叮嚀個不停，交代事情非常詳細，還會吹毛求疵、追求完美，他可頭頭是道的把每一種解決方式的優缺點詳細的說給部屬聽，每種方式可能遇到的阻礙和結果都會作精確的預估。處女座的缺點是謹慎小心的個性，缺乏一種激勵人心的氣質。

(九)天秤座〔9月23日～10月22日〕

天秤座的人有穩重的性格、公平的態度，會獲得周遭的人肯定。雖然工作能力可能不強，但能活用品味與善於社交手腕，因此無論從事任何工作都能受到大家喜歡。興趣對天秤座來說是其次的問題，因爲理性的他會客觀的選擇最有利的事業，但是工作夥伴是否能和諧的與之相處，卻是他認爲最重要的事。天秤座的人非常害怕孤軍奮鬥的感覺，希望事事都有人商量，不會霸道和一意孤行，需要別人的認同，很民主但太過於考慮各方面的周全，有時總是難以明快的作決定，在抉擇時容易搖擺不定，這是天秤座的缺點。

(十)天蠍座〔10月23日～11月22日〕

對於喜歡的事情非常熱中，不分日夜的拼命去做，可是對於不喜歡的事情則碰也不碰，處世態度比較極端一點；天蠍座的人如果能客觀一些，並努力去接受許多的事情，自然就能開拓自己的視野，增廣自己的見聞。此星座較合適的工作是廣播事業、律師等。

(十一)人馬座〔11月23日～12月22日〕

人馬座一稱「射手座」，誠實而有同情心，並有很好的幽默感、靈活的想像力，因此擁有許多喜歡他的朋友。適合自由業、服務業等工作。

(十二)摩羯座〔12月23日～1月19日〕

他是一個做事有計畫的人，常計畫在一定時間內要達到什麼目標，較不憑感覺做事，而是實際去力行事情。喜歡社會地位，在高階層的社交場合常可發現他的存在，但其人生觀認爲凡事應從基層努力做起，結交朋友亦是如此，所以也是工作狂的代表。

六、出生序

日常生活中，常聽人提及長子較獨立、果斷、性喜支配；老么親和力佳、做事較被動、需要人照顧；獨生子孤獨、早熟或叛逆、退化。如此的評估說法與教養經驗似乎意味著出生序別的不同也會影響其人格發展與工作行爲。然而，此等說法迄今也都缺乏實驗性或系統性的研究支持。出生序是否影響其工作表現，尚未有定論，惟出生序的差異伴隨父母管教經驗的不同，影響個體人格發展與人際互動關係，卻也是不爭的事實，甚而間接導致個人在工作情境中的表現與消費行爲的模式。茲綜合專家學者的看法，分別比較長子女、么子女、序中子女、獨生子女、雙胞胎等不同出生別之一般特徵、工作表現及諮商意見，詳見表2-4。表內所述僅具參考性質，不宜片面武斷採信，須待進一步研究證明。

表2-4 不同出生序別者之行為發展比較

項目	一般特徵	工作表現	諮商意見
長子女	1.在傳統家庭中,具有重要地位。 2.慣於保護別人、照顧弱小。 3.善於負責任及擔任領導者。 4.高成就感、嚴謹、自制和不貪玩。 5.渴望他人支持、肯定和尊重。 6.外表高傲、渴求自信。 7.難以認錯和接受批評。 8.專橫式的愛管閒事。	1.重視獨立性、位高權重的工作。 2.全心投入工作,甚至「廢寢忘食」。 3.在工作與消費行為上,傾向支配性。 4.不輕易求助他人。 5.相信自己多於信任他人。 6.渴望在工作表現上獲得讚美。 7.強調自律、一絲不苟。 8.保守缺乏創造力。	1.生活輕鬆一下。 2.調整對自我及他人的期待。 3.多表達自己的內在需要。 4.為人再多感性一點。 5.知錯並不意味失敗。 6.享受一下被人照顧。
序中子女	1.在傳統家庭中,常感覺遭受不公平待遇。 2.有時成為手足的「代罪羔羊」或父母的「出氣筒」。 3.心思敏感,擔心受人冷落。 4.缺乏獨立與主動性。 5.害怕失敗,做事少貫徹始終。 6.雖較懂事,但生活困擾多。 7.能體諒他人,生活適應力佳。	1.心思細密,善於談判、溝通。 2.學術成就較低,學習效能有限。 3.有抱負,善於與他人打交道。 4.有智慧、耐心,具有挫折容忍力。 5.了解他人需要,可適任中級主管。 6.缺乏有效執行監督工作的能力。 7.渴望受人關注,適宜公眾娛樂事業。	1.多善待自己一下。 2.多改變認知思考,不必鑽牛角尖。 3.確認自己的內在需要並勇於爭取。 4.多承擔風險、責任。 5.不要被掌聲所迷惑;不要被噓聲所擊落。

(續下表)

么子女	1.任性而成為享樂主義者。 2.享受生活樂趣而成為樂觀主義者。 3.略有反社會規範（紀律）傾向。 4.為人不講原則、因循苟且。 5.因受寵愛，輕易可滿足個人需求。 6.撒嬌、告狀、偽裝成受害者。 7.無憂無慮，愛開玩笑。	1.事業心及企圖心不強。 2.不喜勞力性工作，性喜休閒事業。 3.在音樂、語文與藝術方面的工作表現傑出。 4.能與他人合作，人際關係良好。 5.無法有效地訓練他人與維持風紀。 6.性喜刺激冒險，可從事高風險投資的事業。	1.不必與他人比較（特別是表現傑出的兄姊），來證明自己的價值。 2.接受自己的能力限制。 3.嘗試獨立自主地生活。 4.調整自我的期待。 5.不必太為別人而活。
獨生子女	1.兼具成就過人的長子（女）與嬌生慣養的老么等特質。 2.早熟，易失去純真和樂趣。 3.害怕受人批評，易自暴自棄。 4.渴求成功，具有豐富想像力。 5.興趣廣泛，難與同年齡者共事。	1.有時被動，須人督促工作與學習。 2.努力工作以渴求他人的肯定。 3.沒有耐心，厭惡工作缺乏效率的人。 4.求完美，不願同流合污。	1.多參加社交活動。 2.學習獨處，不內疚。 3.學習照顧別人，獨立做生活決策。 4.調整對自己和他人的期待。
雙胞胎	1.在家庭中及社會上享有特殊地位。 2.不喜與「另一方」比較。 3.與人溝通，言詞簡要。 4.親和力強，人緣佳。	1.喜歡與人競爭。 2.渴望獲得工作上的突破。 3.性急、做事有效率。 4.性喜出風頭，團體中常喜歡指導他人或成為公眾人物。	1.揮去「另一方」的陰影。 2.多建立自我的獨特風格。 3.多充實求知，以吸引他人（不限於雙胞胎的儀表）的注意。

第五節 工作價值觀的探討

「價值觀」是指個人對人、對事、對物的一種心理傾向，它是個體認知結構或信仰體系的一部分，也是個人為人處世行為的準繩。

價值觀與「意識」（consciousness）關係密切，價值觀有助於個人決定如何運用社會環境，如何建構外在環境。基本上，價值觀是個人評定及選取生活意義的標準，因此針對同一事物，因人、因事、因時、因情境的不同，其價值認定的結果自亦不同。價值觀也可以用來決定個人生命中追求的各種事物或目標的先後次序。心理學家格林（Green, G.W.）認為：「人格是個人的價值觀及其社會化而生之種種特性的總和」，故人格類型：推理型、經濟型、審美型、社會型、政治型和宗教型等六類也可使用來作為價值觀方面測量的依據（余昭，民70）。茲分述如下：

1. 推理型：注重觀察、了解和推理。客觀、行為規律、熱烈求知。
2. 經濟型：注重生產與貨殖，重視實際及財貨。
3. 審美型：注重心靈與內在美，重視生活情趣與美感。
4. 社會型：注重人際關係，重視同情、寬恕、正義的行為。
5. 政治型：注重權力與成就，重視人際支配法則與領導管理。
6. 宗教型：注重精神生活，重視人際和諧、國際和平，抑制人的慾望。

價值觀基本上是一種文化的產物，它與態度並無明顯的界定與區分，有時態度就是價值觀的論斷前提。**價值觀亦被視為一種概括性的態度**，價值觀會影響人類的態度與行為。換句話說，價值觀也是個人態度的延伸。價值觀的形成來自於個人成長背景（例如家庭的社經地

位、父母的管教方式）、學習經驗（例如就讀科系、參加社團或工讀經驗），甚至整個社會環境（例如社會風氣、大眾傳播媒體的影響）。

每個人生活在目前的社會環境中，各有其愛好的事物、期求的目標以及個人的理想與抱負，凡此皆構成個人的價值系統。不同的價值觀，塑造不同人格類型的人，選擇不同的生活方式、不同的處事行為態度及人際交往模式，甚至在面臨個人職業選擇與生涯抉擇時，價值觀也扮演了非常重要的主導力量。此等與職業有關的價值系統，即謂之為「工作價值觀」。

工作價值觀是指一個人在工作上所追求的條件、程度及其抱負水準。易言之，工作價值觀反映出一個人事業企圖心的強弱、內在心理需求的層次及人生處世哲學的差異。工作價值觀的項目相當多，每個人所重視的也不盡相同，例如：健康、責任、尊重、平安、快樂、權力、和諧、成就與財富等。一般而言，協助個人職業抉擇與生涯規劃的工作價值觀，可區分為十大類，如表 2-5 所示。

由於現代社會變遷快速、資訊科技發達，社會價值多元化的結果，導致人類正面臨嚴重的價值衝突、價值混淆，於是「價值澄清法」廣泛地被運用於教育、輔導與人事管理等領域中。價值澄清法是用以協助個人察覺並確定自己或他人的價值，使人類生活有目標、有建設性；它是一種方法或歷程，主要採取問答或活動的方式，透過檢視、省思、抉擇與行動等過程來引導個人覺察自己的思想、情感及行為，以培養其澄清自我價值觀的能力，進而能夠運用在工作與生活裡，促進健全的發展與適應。

表 2-5 工作價值觀的分類

價值類別	說　明
自　　主	工作能允許個人按照自己的想法去做，而且進度的快慢由自己決定，不必受到他人的干涉或監視。
聲　　望	工作能帶來他人對自己的尊敬和重視。但與地位或權力方面的事無關。
待　　遇	工作可獲得較好的收入，也能使自己擁有心理想要的東西。
安　　定	工作能使自己有安全感，即使是在經濟不景氣時，也能保有固定的工作、職位或收入。
服　　務	工作的目的或價值，能使自己為社會大眾的福利盡一份心力。
同事關係	工作中能和上司合理而融洽地相處，同時也能和自己喜歡的夥伴互相交往。
休　　閒	工作的同時能過著自己喜歡的生活方式，也能自由參加各種有益身心的活動。
管　　理	工作中自己負有策劃和分派他人工作的責任，也要督導他人完成工作任務。
變　　化	工作不是一成不變的，在工作中可嘗試各種不同經驗的機會。
環　　境	工作環境不會太熱、太冷、太吵或太髒，而能在適宜的環境下進行工作。

　　由上觀之，工作價值觀乃是個體自工作有關的活動中獲得想得到的事物，其構成來自於個人的內在動機、功利性、與同事的關係、生涯及資源的適切性等層面。一般而言，個人的工作價值觀深受其所處環境（國家、地區、家庭、企業等）的影響，不同地區的工作者，可能擁有不同的工作價值觀，表 2-6 係台灣與大陸地區企業員工對工作

表 2-6　台灣與大陸地區企業員工對工作價值觀之重視順序比較表

順序	台灣地區(人數:1026)		大陸地區(人數:2739)	
	價值觀項目	平均數(標準差)	價值觀項目	平均數(標準差)
目的性工作價值觀（個體工作的目標）				
1.	生活的安定與保障	5.34(0.77)	自尊心	5.21(0.85)
2.	和諧的人際關係	5.26(0.78)	生活的安定與保障	5.07(0.91)
3.	自尊心	5.22(0.82)	和諧的人際關係	5.05(0.81)
4.	成就感	5.22(0.81)	發揮個人專長	5.05(0.88)
5.	自我成長	5.17(0.87)	獨立自主	4.96(0.94)
6.	發揮個人專長	5.14(0.84)	自我成長	4.88(0.89)
7.	獨立自主	4.97(0.90)	個人理想的實現	4.88(0.96)
8.	符合個人興趣	4.95(0.94)	成就感	4.81(0.98)
9.	個人理想的實踐	4.92(0.95)	發揮創造力	4.80(0.95)
10.	發揮創造力	4.91(0.90)	符合個人興趣	4.77(1.02)
11.	財富（經濟報酬）	4.79(0.91)	財富（經濟報酬）	4.72(0.98)
12.	追尋真理與知識	4.73(0.96)	追尋真理與知識	4.61(1.02)
13.	服務社會	4.57(0.95)	國家民族的發展	4.59(1.06)
14.	國家民族的發展	4.51(1.09)	服務社會	4.38(0.96)
15.	權勢	4.30(1.07)	名望與社會地位	4.01(1.17)
16.	名望與社會地位	4.26(1.08)	權勢	3.79(1.23)
工具性工作價值觀（個體為達成工作目標所採用的手段、方法）				
1.	負責任	5.36(0.72)	信用	5.40(0.72)
2.	信用	5.33(0.76)	負責任	5.30(0.79)
3.	效率	5.28(0.75)	忠誠	5.22(0.83)
4.	團結合作	5.25(0.78)	效率	5.19(0.79)
5.	知恥	5.18(0.83)	團結合作	5.15(0.79)
6.	忠誠	5.18(0.80)	知恥	5.14(0.91)
7.	隨和	5.13(0.80)	有禮貌	5.13(0.80)
8.	謹慎	5.12(0.80)	穩重	5.05(0.81)
9.	勤勞	5.10(0.81)	學識	5.01(0.88)
10.	理性思考	5.06(0.78)	寬容雅量	4.94(0.86)
11.	自我約束	5.05(0.80)	毅力	4.89(0.87)
12.	耐心	5.04(0.80)	勤勞	4.89(0.87)
13.	寬容雅量	5.04(0.80)	謹慎	4.89(0.88)
14.	有禮貌	5.00(0.88)	理性思考	4.85(0.89)
15.	穩重	4.99(0.82)	謙虛	4.81(0.89)
16.	毅力	4.99(0.84)	自我約束	4.75(0.94)
17.	求新求變	4.96(0.88)	耐心	4.73(0.91)
18.	謙虛	4.95(0.84)	求新求變	4.71(0.97)
19.	尊卑有序	4.81(0.98)	隨和	4.68(0.98)
20.	學識	4.77(0.91)	節儉	4.46(1.04)
21.	節儉	4.75(0.92)	尊重傳統	4.18(1.09)
22.	尊重傳統	4.50(1.07)	尊卑有序	4.17(1.17)

（資料引自：黃國隆，民85，頁42）

價值觀重視順序的比較（黃國隆，民85）。由此顯示，不同工作環境的個體，其所重視的工作價值觀雖有不同，但因人性需求有其共通點，因此一般員工所重視的工作價值觀也有其相似處，值得領導主管重視。

不論是年齡、身體特徵、性別、出生別或工作價值觀，在在影響個人的工作行為與生涯發展；儘管有些影響層面尚待進一步驗證，惟個體內在特質與外在條件影響其行為表現，早為心理學者的研究所證實。因此，惟有充分了解員工、消費者的特性及其個別差異，才能改善人際互動與工作方法，增進個人成長、工作滿足感與企業效能。

摘　要

Notes

1. 人是理性與感性兼具的動物，具有人性尊嚴、良心自律、認知識見、利用厚生、權力制衡、美感陶融、適應容忍等特性。

2. 人類的行為是個體與環境交互作用的函數。人類的行為都是有原因的、有動機的、有目標的、有變化的、有方向的。

3. 人類行為具有下列共通性：同類互比行為、印象概推行為、投射效應行為、近而親行為、相互回報行為、相似相親行為、替罪羔羊行為及責任擴散行為等現象。

4. 心理學的基本變項有三：刺激（S）、個體（O）與反應（R）。三者交互作用形成人類行為法則（心理學法則）：S-R 法則、O-R 法則、S-O-R 法則及 R-R 法則。

5. 每個人在不同的工作環境中，會有不同的工作行為反應。最早的工作行為分析始自泰勒（Taylor）的工時研究。

6. 工作分析包括四個步驟：(1)準備工作分析；(2)安排工作分析；(3)規劃工作分析；(4)進行工作分析等。

7. 影響工作效率的因素有三大類：(1)個人變項：人格、性向、經驗、價值觀、興趣、動機及身體特徵等；(2)情境變項：工作方法、工作設備、空間佈置及物理環境等；(3)組織及

Notes

社會變項：組織特性、政策制度、訓練督導、誘因種類、工會關係及社會環境等。

8. 智力、性向與成就三者統稱為「能力」，皆會影響個人的工作行為。人類智力的差異，可能受到文化水準、社會背景或人格特質等系統不同的影響，同時顯現在性別差異、種族差異、職業團體差異及教育團體差異上。

9. 年齡、身體特徵、性別、血型、星座及出生序別等個人特質差異可能影響一個人的工作行為。

10. 工作價值觀乃是一個人在工作上所追求的條件、程度及其抱負水準。工作價值觀反映出一個人事業企圖心的強弱、內在心理需求的層次及人生處世哲學的差異。常見影響個人工作行為的價值觀有：自主、聲望、待遇、安定、服務、同事關係、休閒、管理、變化及環境等。不同的工作環境、居住地區，個人的工作價值觀也會有所差異。

第三章

人格與商業行為

　　日常生活中，我們經常使用「江山易改，本性難移」這句話來形容一個人的人格個性很難改變。人之所以有別於其他動物，乃在於人類的行為較少受制於生理特性與生物因素，反而受到心理特質的影響較大。人類行為往往不受原始動機（生理性動機，例如食物、饑餓、性）所限制，而能將學習得來的行為模式加以具體化，進而與他人產生溝通與互動。舉例而言，一位飢腸轆轆（生理需求）的學生絕不會公然在課堂上、在未經許可下，當著老師的面大吃大喝，而會考慮到個人的求知或成績、面子等因素；假如這位學生實在很難控制個人生理性需求時（例如排泄、病痛），他也會學習以適當的態度言詞來表達其身心狀態，以獲得師長的諒解與支持。換句話說，人類行為雖有其複雜性，行為的成因相當多且因人而異，但是人類行為經常受到其人格與動機等內在心理因素的影響則是不爭的事實。

人格是個人的一種特點，一種組織，也是一種心理現象。人格長期以來一直是心理學家研究的焦點之一。人格心理學就是在心理科學的領域內，探討、理解人的行為，闡述人類本性的心理分析。人格作為心理學的分支內容，旨在探索人類的行為，包括理論和實務等研究，並將研究結果運用在各個不同領域中，舉凡教育、政治、經濟、軍事、醫療、法務、社會等層面，無一不涉及人類「人格的問題」，而有「教育人格」、「政治性格」、「領導風格」、「經濟特質」、「職業性格」、「醫德」、「社會化」等專業的探討。在商業情境中，領導者的人格特質會影響其管理行為，消費者的人格特質會影響其消費行為，員工的人格特質會影響其工作行為。人類的人格個性在在影響了其生活適應、行為表現與人際互動關係。

第一節 人格的基本概念

人類有關人格方面的研究，由來已久。最早的記載多見諸於哲學、文學和傳記小說中之素描；爾後，始出現對人格心理方面的解釋和分類。我國先秦時期，諸子百家的學術思想，已蘊涵對人性人格的探討，例如：老子的「滿招損，謙受益」、「自制者強，強行者有志」，指出了人格涵養的方法；孔子的「性相近也，習相遠也」、「君子坦蕩蕩，小人常戚戚」，說明了不同人格者的不同習性；孟子的「有德者方能有樂」、「善不可失，惡不可長」，強調人類的本性存善；荀子的「君子生非異也，善假於物也」、「人之性惡，其善者，偽也」，反映出人性本惡的論點；莊子的「大道不稱，大辯不言，大仁不仁，大廉不嗛，大勇不忮」，顯示人際互動的進退依據；韓非子的「取人之長，補己之短」及鄭人買履之寓言故事，主張人類必須於主觀情勢

與客觀環境中定向；此外，我國〈內經靈樞篇〉也依人的體質區分「陰陽二十五人」。至於其他古籍或傳記小說，對人格修養與至性至情方面的敘述也著墨甚多。

在西方，早在公元前四百年時，古希臘學者希波克拉底（Hippcrates）即提出體質類型論，建立了人格特質和身體型態的立論基礎。爾後，約在公元前一百五十年，蓋倫（Galen）指出人格體型的四種類型成為西方最早的「氣質分類」；約在公元前六十年西賽祿（Cicero）發表近似現代人格心理學的論點，強調人格乃是個人生活中的角色特質及其工作中的個人特質之總和。此外，許多著名的心理學家皆曾對人格進行研究，諸如：霍布斯（Hobes）、達爾文（Darwin）、佛洛依德（Freud）、榮格（Jung）、阿德勒（Adler）、羅吉斯（Rogers）等人。

一、人格的意義

「人格」（personality）一詞的涵義，至今眾說紛紜，不同的學者有不同的定義。儘管人格的含義甚多，然而學者的立論觀點，約可歸納成兩大特色：一者強調人格是指人的特性，是人的一種心理現象。人的心理現象尚包括動機、情緒、感覺、知覺、記憶、思考、學習、態度等，人格是其中之一；其二，強調人格乃是心理學的分支之一，這也是心理學內容中，較明確、具體且為大眾所支持的一項研究領域，人格心理學就是在心理科學的領域內探討、理解人的行為，闡明人的本性之心理學分支。

人格一詞源自拉丁文的「面具」（persona）。面具是在戲台上扮演角色所戴的特殊臉譜，它表現了劇中人物的特性與身份。我國京劇的臉譜：生、旦、淨、末、丑等角色皆反映了劇中人物的性格和特點。由此觀之，人格不僅代表個人內在的真實自我，也成為個人外在生活舞台的角色行為與人際模式，例如形容某人個性「外向」，不僅說明

此人內在的心理現象，也解釋了其人際互動的狀態。人格與「品格」（character）不同，後者涉及道德判斷的問題，意指「一個人遵守社會規範，行為符合社會角色的程度，以及因此所獲得的綜合性評價」；而人格是人的特點，一種心理現象，一種內在組織結構。因此，品格縱有高下之分，人格卻無等級之別。

　　所謂「人格」乃是指個人在對人、對己、對事物乃至整個環境適應時所顯示的獨特個性；此一獨特個性係由表現於身心各方面的特質所組成，而這些特質又具有相當的統整性與持久性。由此觀之，人格涉及兩個重要概念：「個性」與「特質」。人格近似於個性，一個人的個性只有一個，人格也只有一個（分裂人格乃是一種病，非常人之人格狀態）；然而，組成一個人個性（人格）的特質卻有很多，包括生理的、外在的特質（儀表、精神、健康、年齡、職業等）及內在的、心理的特質（興趣、理想、態度、動機、情感等）。因此，在人際互動的相互介紹或自我介紹中，吾人經常以身心（內外在）兩方面的特質形容他人或自己，例如「他是一位健康、活潑、高大、幽默、無不良嗜好的人」。基本上，「人格」多由內在的心理特質所組成，具有相當的持久性與統整性；換句話說，外在條件可能會隨時空異動而改變，但個人的內在特質卻不隨意、不輕易的改變。舉例而言，一位情緒穩定的主管，是指他在大部分的時間、大多數的場合都表現得情緒穩定，有相當的持久性；一位身體健康又身心成熟的員工，不僅對人熱誠、對工作投入，同時，對外在事物也較具有廣泛的興趣和較強的求知動機，對個人的生涯發展也有周詳的規劃並能彈性變通的適應生活。因此，人格具有相當的一致性。

二、人格的特性

　　人格乃是一個人內在特質的總稱，代表一個人的個性與行事風格，因此，人格有其持久性與統整性。又因人生多變、人心難測，是故，

人格也有其複雜性與獨特性。一個人的人格特質極易影響其行為反應與生活習性，包括消費行為、工作行為與人際行為等。人格的主要特性有：

(一)複雜性

人類的行為複雜多變，而且人有個別差異，加上個人的人格乃是由許多的心理特質組合而成；因此，人格的內涵極其複雜，難以準確測量評斷，更無法粗略的以一項「內向或外向」的指標來形容之。

(二)獨特性

任何人的遺傳條件與生長背景皆有所不同，因此，人格的塑造與行事的風格，也不盡相同。從生物科學的觀點而言，人與動物雖可「複製」，但內在的個性卻很難完全「移植」，例如同卵雙胞胎外型雖相似，但二人之人格個性卻有極大的差異。換句話說，人格正是一個人的「獨特商標」。

(三)持久性

所謂「江山易改，本性難移」，一個人的人格特質不太容易隨時空環境改變，除非是個人的強烈自省或遇到重大挫折。換言之，一個人的人格在不同的時空下應有其穩定性、一致性與持續性。當一個人瞬間予人「判若二人」之感時，未必是一件好事（演員或具有特殊目的的人除外），人格分裂或個性善變有時是心理違常的一種癥兆，值得注意。

(四)統整性

人格是由許多的特質組合而成，惟此等特質彼此相互激盪、催化，共同影響一個人的行為表現。心理學家格拉塞（Glasser, 1960）即認為「人格就是個人整體自我運作的總和。包括理智性的功能、情感性的

功能,以及每個個體獨特的反應模式。」一位身心健康的人,其人格應具有相當的彈性與統整性,如圖 3-1 之 A;反之,病態的人格往往較為脆弱、缺乏彈性,無法統合的調適外界環境的變化,如圖 3-1 之 B。

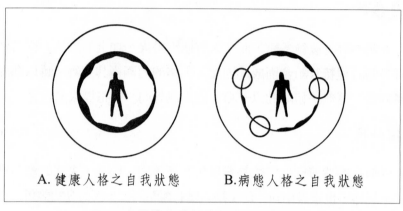

A.健康人格之自我狀態　　　B.病態人格之自我狀態

圖 3-1　健康和病態人格之自我狀態圖

(資料引自:Glasser, 1960, p.70)

三、人格的發展

　　人格是由遺傳、文化、家庭、社會環境等因素交互作用而決定的。遺傳限定了人格發展的範圍,在這個範圍內,人格的特徵才由環境因素來決定。決定人格的各個成因占多少分量,端視個人所處的環境及探討的角度而定,例如西方人觀察東方人,認為東方人看起來大同小異;然而,東方人自己看東方人,不同國度的人差異性其實也很大。同理,同一家庭的人,其人格特質較其他家庭中人來得相似;同一文化背景的人,其人格發展較其他不同文化背景的人接近;同一社會階層的人,其行為差異較不同社會階層的人變異性小。因此,不同時空的交互作用下,形成不同的人格發展。一個人的人格特質深深受到其遺傳、環境、學習及成長經驗等因素的影響。

　　健康人格與病態人格之間的差異（正常的人與不正常的人之區別），不論是以統計學、社會標準、生活適應或主觀感受等層面來評量，往往只是「程度」上的差異，例如後者常沈溺於幻想、缺乏動機、行為失序。雖然一般人偶爾也會有幻想、動機弱或行為失控等情形，但在程度上較輕微，並不影響其人際關係與生活適應。基本上，人格違常是一種長期性社會適應不良的癥候。人格違常若屬於嚴重程度，須經精神科醫生根據個案情形加以診斷後，方能確定。一般人不宜隨便濫用精神醫學名詞，諸如雙重人格、人格分裂、「雙面亞當」等，以免引起不必要的困擾、誤會與不良的後遺症。

　　綜合心理學者的研究發現，一位身心健康的人，其人格特質與行為表現有如下的特徵：

(一)真切與務實

　　在團體中，一個健康的人不但能知道自己應該做什麼，別人及社會對自己的要求是什麼，並且妥善的處事待人，以達到現實環境對自己的要求。

(二)自知且自勵

　　一個適應良好的人，不但能了解自己的能力、條件，而且還了解自己的情緒與動機。惟有按照自己的能力與條件去安排自己的生活和職業，方能創造成功的機會。

(三)自動與自制

　　身心健康者的行為是獨立自主的，能做到有所為與有所不為。他有自己明確的行為標準，自己認為是好的就主動的去從事、去參與，自己認為是壞的就自我控制，縱有外誘亦不為所動。

(四)自重與自尊

　　心理健康者不但欣賞自己、接納自己、體認自己的價值，而且在社會活動中也會感受到自己與別人居同等的地位，表現出不退縮、不畏懼的心理。

(五)情感與友愛

　　有良好的人際關係，對別人施予感情，也能欣賞並接受別人的感情，並與人保持深厚友誼，凡此皆爲心理健康的象徵。

(六)積極且努力

　　無論待人、處事、求學都積極而且努力，特別是樂於工作並能欣賞工作上的成果。工作對身心健康的人而言，不是負擔而是樂趣。

四、人格理論

　　儘管人格的定義莫衷一是，儘管人類的行爲複雜多變，但爲了使人格的概念與範圍明確，以作爲人格研究與測量的基礎，長期以來許多心理學家即不斷專注於人格的形成、結構、功能與改變等主題之探討，以及人格與外顯行爲、人際互動關係等層面之研究，並且提出了多種不同的人格理論。其中，影響層面廣大且較重要的人格理論有下列四種：

(一)特質論

　　採取多種特質以解釋人格結構觀點者，以美國著名心理學家奧爾波特（Allport）在一九三〇年代所倡導的人格理論爲代表。依其見解，人格結構中包括有兩種特質：一種是個人特質（individual traits）；一種是共有特質（common traits）。所謂特質，奧爾波特認爲是個人於現

實環境中刺激反應時的一種內在傾向，此種傾向乃是由於個人的遺傳
與環境兩方面的因素相互影響而形成。因此人格特質對個人行為而言，
實具有動機作用。人與人之間的差異主要決定於個人特質，因為個人
特質是個人在獨有的條件下所形成，是有別於他人的。所以個人特質
又稱為獨有特質（unique traits）。此外，因為在同一種族、同一文化
型態、同一社會生活方式之下的人，在種族遺傳與人格形成過程中，
大體上也會受到類似因素的影響，所以在人格結構中也存有共同的部
分，此種共同的特性即為共有特質。不過，研究人格差異時仍以個人
特質為主。

　　除了奧爾波特以外，美國心理學家卡泰爾（Cattel）也把人格特質
分為兩類：一類為表面特質（surface traits），另一類為潛源特質（
source traits），前者是表面的，後者是內蘊的；內蘊的潛源特質乃構
成人格的核心。

(二)心理分析論

　　在所有人格理論中，內容最複雜且影響最大者，當推奧國精神醫
學家佛洛依德（Freud）在本世紀所創的心理分析論（Psychoanalytic
Theory）。

1. 人格的結構

　　按佛洛依德的看法，人格是一個整體，在這個整體之內含有相互
影響的三個部分：本我、自我與超我。此三者交互作用所形成的內在
動力，就支配了個人的行為。

　　(1)本我（id）：本我是人格結構中最原始的部分，其內包括一些
　　　　生物性或本能性的衝動，其中又以性衝動與攻擊衝動兩者為主，
　　　　佛洛依德稱此性衝動為「慾力」（libido），外在的或內在的刺
　　　　激都有可能促進慾力增加，慾力增加時就會增加個人的緊張與
　　　　不安。為了減低緊張，本我乃趨向立即尋求滿足，藉以發洩原
　　　　始的衝動。所以本我乃是受「唯樂原則」（pleasure principle）

的支配。由本我支配的行為，不但不受社會規範、道德標準的約束，甚至由本我所支配的一切都是潛意識的，不為個人所自知覺察。

(2)自我（ego）：隨著年齡的增長，個體配合對現實環境的認知，於是在本我之外增加了自我的成分。在自我階段，因為個體的原始性衝動需要滿足，就必須與周遭的現實世界相接觸、相交往，因而形成自我適應現實環境的作用。因此，人格的自我部分係受「現實原則」（reality principle）所支配。自我的主要功能有四：

①獲得基本需要的滿足以維持個體的生存。

②調適本我之原始需要以符合現實環境之條件。

③管制不為超我所接受的衝動。

④調節並解決本我與超我之間的衝突。

(3)超我（super ego）：超我在人格結構中屬於個體行為管制系統的最高層級，超我是個人在社會化的歷程中，將社會規範、道德標準、價值判斷等內化之後形成的結果。它具有下列三種功能：

①管制不容於社會的原始衝動。

②誘導自我，使其能以合於社會規範的統整目標代替低層次的現實目標。

③引導個人朝向理想目標努力，以達成完美的人格。

2.人格的發展

根據佛洛依德心理分析論的觀點，人格發展必須經過五個時期：

(1)口腔期：嬰兒自出生到週歲的行為發展階段稱為口腔期（oral stage）。此期間嬰兒的活動大部分以口腔為主，並由口腔獲得基本需要的滿足。值得注意的是，嬰兒口腔活動若受到過分的限制，將會影響其以後各期的發展而產生人格「滯留現象」（fixation），進而產生口腔性格（oral character），此性格的

人，往往傾向於具有悲觀、依賴、猜忌等特質。

(2)肛門期：嬰兒約值兩歲期間，是為人格發展的肛門期（anal stage）。幼兒藉由排泄以解除內急壓力並得到快感、滿足。若父母訓練兒童排泄過分嚴格時，則會使其情緒受到威脅恐懼，並影響其性格發展，可能導致兒童將來冷酷無情、頑固、剛愎與暴躁，甚至生活秩序紊亂。

(3)性器期（phallic stage）：兒童約在三至六歲時，會以自己的性器作為獲取快感的中心。此時在行為上最顯著的現象：一方面開始模擬父母中之同性別者，另一方面以父母中之異性者為「求愛」的對象。換言之，男童在行為上模倣父親，但卻以母親為愛戀的對象，此稱為「戀母情結」（Oedipus complex）。女童在行為上模倣母親，但卻以父親為愛戀對象，此稱為「戀父情結」（Electra complex）。以上二者統稱為「戀親情結」（Oedipus complexs）。

(4)潛伏期（latency period）：兒童到六歲以後，其興趣不再侷限於自己的身體，轉而注意自己四周環境中的事物，並企圖對付甚至操縱環境中的事物。在這段時期內，兒童與異性間的關係較疏遠，團體活動時都是男女分別組群，甚至壁壘分明，互不往來。

(5)兩性期（gender period）：到了十二、三歲以後性器官成熟，由兒童期進入青春期，自此以後的需求對象異性化，因而對異性發生了興趣，喜歡參加兩性組成的活動，而且在心理上逐漸發展出與性別關聯的事業計畫、婚姻理想。至此，性心理的發展即告成熟。

　　佛洛依德的人格理論對後世人格心理學的影響甚大，尤其是其性與潛意識的主張，更是引發學界很大的爭議；然而，無損於其人在心理學界的地位。事實上，許多著名的心理學家皆為佛氏弟子，或曾與

其共事，不少人皆受其影響，例如佛洛姆（Fromn）、阿德勒（Adler）、榮格（Jung）等人。

(三)自我論

在諸多重要的人格理論中，「自我論」（self-theory）可說是晚期發展的一種理論；興起於五十年代的美國，盛行於六十年代，在人格理論與應用心理學方面都發生很大的影響。提倡自我論的學者中，首要人物為美國心理學家羅吉斯（Rogers）與馬斯洛（Maslow）二人。自我論有兩個主要觀念：一為自我觀念（self-concept），一為「自我實現」（self-actualization）觀念，茲分述如下：

1. 自我觀念可歸納為四個特點：(1)個人對自己的了解和看法稱為「自我觀念」，其中包括「我是個什麼樣的人」與「我能做什麼」，擴而大之包括個人的知覺、意見、態度、價值等，合而構成具有獨特個性的我；(2)自我觀念是主觀的，個人對自己的看法未必與自己所具備的客觀條件相符合；(3)個人時時以自我觀念為依據，評量自己處事待人的經驗。假如個人所經驗的與自我觀念不符合，即會產生焦慮，焦慮累積過多，難免引起情緒的困擾；(4)自我觀念可隨個人經驗的增加而改變，而且由自我觀念發展形成高層的「社會我」（social self）與「理想我」（ideal self），其中與理想我相對的是「現實我」（real self）。

2. 自我實現乃是指人類具有一種「自我導向的潛力」（potential of self-direction），個人不但賴此為生，而且由之促動生長，充分實現個人遺傳限度內的一切可能。一個人必須順乎個人的自我導向，以便自己能做適當的「自由選擇」（freedom of choice）。即使自我觀念與現實經驗不協調而引發困擾時，個人也將靠此種內在的潛力，自行調整以促進身心健康、社會和諧。

(四)社會學習論

社會學習論（Social Learning Theory），係以學習原理為基礎解釋人格的形成與改變，人類通常分兩個層次來塑造人格：第一個層次是根據史金納（Skinner）等人的操作制約學習與行為塑造；第二個層次是根據認知原理解釋人格，亦即個人經由對別人的模倣、認同而後內化的方式來形成個人獨特的人格。

1. 操作制約學習

個體在某一情境中出現一種自發性的反應或行動，此一自發的活動會帶來一種結果，結果可能是痛苦的、厭惡的；亦可能是愉快的、滿足的。結果的滿足或厭惡決定了對個體活動具有正向或負向的增強作用。正向的作用產生行為反應，負向的作用消弱行為的反應。制約學習一經成立後，個體所學得的活動也具有類化現象；如經久不予增強，即將出現消弱現象，該行為不再產生。此等持續性的行為反應塑造了個體的人格。

2. 模倣與認同

學習情境影響個人行為改變的事例，只能用來說明人格形成的最簡單歷程，而且在此類情境下，個人行為所受的影響多屬「外控」（external control）。社會學習理論注重由「外控」變為「內控」的行為歷程，稱為內化（internalization）。內化現象有兩種重要的學習歷程：一為模倣（imitation），一為認同（identification）。模倣也就是倣效的意思，倣照別人的言行舉止去做，期使自己的行為表現與被模倣者相同。認同是進一步或深一層的模倣，是學習行為內化的歷程。個人對楷模的行為經模倣而內化認同之後，學得行為即成為其人格的一部分。

五、人格的研究與測量

　　有關人格方面的科學性研究迄今已有逾百年的發展歷史，各種著名的大型理論或片段式的小型模式在在激盪了人類對人格研究的好奇與興趣，人格也是心理學各分支研究中的重要焦點。綜觀人格心理學重要的著作論述，大致可以發現人格心理學的研究趨勢：1.重視人格差異性的研究；2.企圖探討人類穩定性、持久性的特質；3.發展各種測量工具；4.重視人格動力的研究；5.強調培養健康（成熟）人格的方法；6.落實人格心理學的應用。

　　為使人格心理學能應用於實際的生活中，心理學家不斷的研究開發各種人格測量（評估）的方法與工具。早期人格測量傾向於非科學性的技術，包括卜測星相、推斷命理、面相術、骨相學、掌紋術等；也有的人是以個人生活經驗來衡量人格，例如觀察他人行為傾向、特殊表現、字跡分析、語音分析、習性情態分析等。晚近，人格的測量始綜合前述方法，再憑藉科學性的歸納、驗證、分析而發展出各種具備信度、效度與常模的人格測驗。

　　目前人格測驗的種類相當多，概分為兩大類：自陳式測驗（self-report test）與投射式測驗（projective test）。前者的內容通常包括一系列的問題，每一問題陳述一種行為特徵，要求受測者按照自己的實際情形作答，此種型式的人格測驗，受試者作答與施測者計分皆方便，廣為大眾所採用，惟易為受試者察覺題意而影響其測試態度，測試結果有時不夠客觀。投射式測驗乃是為了補救自陳式測驗的缺失。此法乃是向受試者提供一些未經組織的刺激情境，讓受試者在不受限制且不易察覺測驗目的的情形下，自由表現出他的反應。藉此無確定意義的刺激情境，引導出受試者個人內在的心理狀態。常見的投射式人格測驗有「羅氏墨漬測驗」（Rorschach Ink Blot Test）與「主題統覺測驗」（Thematic Apperception Test，簡稱TAT）。此類測驗固有其優點，

亦即容易真實地測量受試者的反應；惟因評分缺乏客觀、計分不易量化、不易解釋測驗結果且理論深奧，因此較不為社會大眾所採用，一般多用於專業醫療機構。

自陳式人格測驗種類繁多，包括「明尼蘇達多相人格測驗」（Minnesota Multiphasic Personality Inventory，簡稱 MMPI）、「艾德華個人興趣量表」（Edwards Personal Perference Schedule，簡稱 EPPS）、「加州心理量表」（California Psychological Inventory，簡稱 CPI）、「卡氏十六種人格因素問卷」（Cattell's Sixteen Personality Factor Questionnaire，簡稱 16PF）等。國內常見可用的人格測驗，詳見表 3-1。任何人格測驗或心理測驗的使用皆必須考量測驗的目的、對象、過程，以及施測者的專業知能與倫理道德，以免測驗工具被誤用、濫用，引發不良的後遺症。同時，必須尊重智慧財產權，不可私自抄襲、翻印與摘錄使用之。

第二節　人格與消費行為

人格不僅是個人內在的一種心理現象，同時也會反映在個人的行為表現及生活適應上。每一個人的人格特質不同，其所表現的消費行為也有差異。個人的人格發展受到遺傳、環境、學習、成熟等因素的影響，換句話說，個人的消費習性也深受其家庭環境與社會風氣等層面的影響，每一個人的消費行為在在顯現其人格特徵與興趣、價值觀等特質的不同。因此，廠商有時也將消費者的人格特質用以作為市場區隔的基礎。

表 3-1　我國常見之人格測驗概覽

測驗名稱	開發出版單　位	適用對象	修訂完成日期	修訂或編製者	備註
賴氏人格測驗	心理出版社	國中至大專	82.09	賴保禎	
卡氏十六種人格因素測驗	台灣開明書局	高中至成人	60.05	劉永和梅吉瑞	
高登人格測驗(甲)	中國行為科學社	高中至成人	65.01	路君約	
高登人格測驗(乙)	中國行為科學社	國三至成人	67.02	盧欽銘	
身心健康調查表	中國行為科學社	高中至成人	67.02	賴保禎	
曾氏心理健康量表	中國行為科學社	大學	73.05	俞筱鈞黃志成	
兒童自我態度問卷	中國行為科學社	國小四年級至六年級	76.10	郭為藩	
修訂孟氏行為困擾調查表(國民中學用)	中國行為科學社	國中	59.12	胡秉正何福正	
修訂孟氏行為困擾調查表(高中高職用)	中國行為科學社	高中高職	65.07	胡秉正周　幸	
修訂孟氏行為困擾調查表(大專用)	中國行為科學社	大專	65.05	胡秉正	
性格及行為量表	師大特教系所	6 至 15 歲	81.12	林幸台	全國特教普查工具，各縣市教育局備有資料
社交測量表	天馬出版社	國小至專科	69.01	劉焜輝	

一、人格與市場區隔

所謂「市場區隔」（market segmentation），意指依不同的個人需求、特徵或行為將消費者劃分不同群體的過程或方法；也就是將市場區分為幾個不同的購買族群或階層，行銷人員利用各種區隔變數，諸如不同的慾望、不同的資源、不同的地理位置、不同的人格特徵、不同的購買習性等，劃分各種不同興趣、傾向的產品與行銷組合，以達成商品促銷的目的，進而提高銷售業績，增加合理利潤。一般而言，一個產品市場在劃分區隔時，所依據的特性項目愈多，則劃分愈細，行為對象與計畫愈具體；但是區隔越多，區隔中的人口也越稀少，除非產品是屬於大眾化的功能性商品與基本性產品，否則極易「劃地自限」，限制了行銷的市場範疇。當然，粗糙的市場區隔，也易流失了主要的市場消費群，既無法掌握消費者，也難以擬訂行銷策略，提高產品銷售量。因此，如何掌握適切的市場區隔是一項重要的行銷課題。

為求真正深入了解市場結構與消費族群，行銷人員與企劃人員可以採用不同的變數，運用各種不同的方法來區隔市場。常見用以影響市場區隔的變數有四大類：1.地理變數；2.人口統計變數；3.心理統計變數；4.行為變數等，詳如表 3-2（林欽榮，民 82）。其中消費者個人人格特質、嗜好、興趣、生活格調往往會影響其消費習性。

二、人格與消費習性

如果能夠探求某一類型的消費者人格與某一產品或品牌選擇之間具有某種關係，無形中將有助於分析消費者的行為，例如汽車製造商發現，喜歡 A 牌汽車者較具有積極的人生觀與活化的社會關係，而習慣駕駛 B 牌汽車者較傾向於強調個人自主性與優越感風格，那麼行銷人員、企劃人員便可以依此人格個性為主體，以塑造或改變其品牌形

象。過去許多美國人認為福特汽車的購買者具有「獨立、衝動、男性化、應變力強與自信」等個性，而雪佛蘭車主則傾向於「保守、節儉、重視名望、較柔、避免極端」等特質；過去國人對於駕駛賓士轎車與

表 3-2　消費者市場之主要區隔變數

變　數	典　型　區　隔
第一類：地理變數	
區域	太平洋地區；西北地區；西南地區；東北地區；南大西洋地區；中大西洋地區；新英格蘭地區
城群大小	A；B；C；D 級
城市或大小的人口密度	5,000 人以下；5,000(含)～20,000；20,000(含)～50,000；50,000(含)～100,000；100,000(含)～250,000；250,000(含)～500,000；500,000(含)～1,000,000；1,000,000(含)～4,000,000；4,000,000(含)以上
	市區；郊區；鄉村
氣候	北方；南方
第二類：人口統計變數	
年齡	6 歲以下；6～12；13～19；20～34；35～49；50～64；65 歲以上
性別	男；女
家庭人數	1～2；3～4；5 人以上
家庭生命週期	年輕單身；年輕已婚，無子女；年輕已婚，最小子女 6 歲以下；年輕已婚，最小子女 6 歲以上；年長已婚，尚有小孩；年長已婚，子女均滿 18 歲以上；年長已婚，單身；其他
所得(月)	$10,000 以下；$10,000(含)～$15,000；$15,000(含)～$20,000；$20,000(含)～$30,000；$30,000(含)～$50,000；$50,000(含)～70,000；70,000(含)～100,000；100,000 以上

（續下表）

職業	專業與技術人員；管理者；官員；小企業主；普通職員；銷售人員；工匠；操作人員；農人；退休人員；學生；家庭主婦；失業者；其他
教育	小學畢業以下；國中畢(肄)業；高中職畢(肄)業；大專畢(肄)業；碩士以上
宗教	基督教；天主教；猶太教；佛教；其他
種族	白人；黑人；東方人；西班牙語系者；其他
本籍	美國；英國；法國；德國；斯堪地那維亞；義大利；拉丁美洲；中東；日本；中國；其他

第三類：心理統計變數	
社會階層	下層；中下層；中上層；上層
生活型態	平實型；時尚型；名士型；其他
人格	衝動性；合群性；專斷性；野心性；其他

第四類：行為變數	
購買時機	平常場合；特殊場合
追尋利益	品質；服務；經濟；其他
使用情況（使用率）	從未用過；以前用過；有時使用；初次使用；固定使用
忠誠性	很少使用；有時使用；經常使用
購買準備階段	無；尚可；強烈；絕對
對產品之態度	不知；已知；相當清楚；有興趣；有慾望；有購買意圖；狂熱；喜歡；無所謂；不喜歡；敵視
行銷因素敏感性	品質；價格服務；廣告；推廣；其他

（資料引自：林欽榮，民 82，頁 161）

寶馬轎車的人也曾賦予不同的形象、風格歸類，即是反映消費者人格特質與消費者行為之相關。當然，此等分類非經科學性研究分析，難免會流於行銷技倆或刻板印象的無意義區隔，未必值得重視，消費者

也毋須據以作爲購物抉擇的參考；反之，若能建立科學性的消費行爲與人格特質之相關研究，基於人格之持久性、統整性、一致性等特徵，相信有助於企業廠商開發行銷市場，掌握消費族群。

一般而言，上階層的人較自信、獨立、注重形象，渴望獲得他人讚賞，因此購物時較強調產品的品質、企業品牌的形象，企圖建立個人風格與鞏固個人社經地位，而少考量金錢與市場機能等問題。低階層的人較衝動、率性而爲，較少顧慮個人品味與品牌形象，純粹以產品的經濟性、實用性與需求性作爲購物與否的參考依據。中階層的人，自信心強、親和力佳，在人際互動關係上較具支配性格，因此消費時係以個人自身需求與實際功能導向來考量之，不似上階層的人以社會形象導向爲依歸，也不完全如低階層的人以產品本身導向爲依據。

有時，個人的從衆行爲傾向也會影響其消費習性。所謂「從衆行爲」（social conformity）係指個人行爲或態度顯示與社會要求趨於一致的傾向，此一性格傾向的形成，往往是個人受到社會規範、角色任務、道德標準以及團體中多數意見等社會因素的影響。一個人從衆性格愈高者，消費習性愈易受他人影響，包括家人、親友、推銷員等；反之，一個從衆性格愈弱的人，在購物時往往有其獨立自主性。換句話說，「合群性消費者」經常在購物時會參考他人的意見，甚至爲了滿足團體歸屬感，往往會抑制個人需求的考量，而選擇符合他人（所屬團體）消費期待的產品。而「**專斷性消費者**」購物時喜歡個人自由自主的決定，爲了突顯其個人風格，往往對於他人的消費建議採取「反其道而行」的策略，亦即「唱反調」，時下有些青少年族群、新新人類便是屬於此類型的消費者。「**野心性消費者**」往往隱藏其真實的購物動機，也就是「別有居心」的消費，企圖達成其他附加目標或額外利益，諸如「醉翁之意不在酒」，亦即買花者意不在花而在賣花的人，此等實例，不勝枚舉。「**衝動性消費者**」購物經常隨性之所至，率性而爲，有時一時興起，有時受他人慫恿，有時禁不起產品刺激，有時克制不住購物慾望，此類消費者往往在購物後，冷靜下來，普遍感受

到吃了「衝動性格」的虧，無法享受「物盡其用，貨暢其流」的消費樂趣。

「生活格調」（life-style）是指個人的人格、氣質、活動、興趣、價值觀所顯示的生活型態。一個人的生活格調說明了他在生活環境中的全貌，其涵蓋範圍比社會階層及人格個性更爲廣泛。如果我們確知一個人的社會階層，縱然可以推估此人的部分行爲反應，卻未必能完全了解此人的行爲全貌；又如果我們確知某人的態度，固然可以藉此推測其部分心理傾向，但也無法完全掌握此人的內在動機、情緒與人格。惟有了解一個人的生活格調才能理解其消費行爲的全貌。行銷人員爲產品制定行銷策略時，往往會探討產品或品牌與消費者生活格調的關係，例如女性化粧品、家電用品及休閒產品等，經常在廣告宣傳中塑造成功、優雅、非凡獨特的生活格調形象，以吸引消費者的注意力，增進其認同行爲。

此外，人格特質也會影響消費者對產品及其包裝之顏色偏好。在美國有些企業公司專門成立色澤研究部門，投注心力探討消費者的情緒、人格及其對顏色的偏愛傾向。換句話說，一個人的性格如何，也可以從其對某一顏色的喜好程度，略窺一二。綜合心理學家長期的研究發現（鍾隆津，民77）：

1. 喜歡冷色系（藍色、綠色）者，較傾向安詳、冷靜、好沈思、沈默、獨立、幻想力豐富。
2. 喜好暖色系（紅色、橙黃色）者，較傾向活潑、熱情、性急而且精力旺盛。
3. 喜歡紅色系者，較重情感，又可區分爲：
   (1)喜歡純紅色者，渴望刺激，偏好有變化的商品。
   (2)喜歡褐紅色者，親和、多愁善感，偏好高貴的商品。
   (3)喜歡粉紅色者，性情優雅，渴望「文雅」柔和的產品。
4. 喜歡藍色者，熱心於改革運動，購物有自主性。
5. 喜歡橙黃色者，喜與人交往，生活情趣佳。

6. 喜歡紫色者，有藝術家氣質，略顯自大自傲。

7. 喜歡棕色者，負責、固執，對新奇事物不太感興趣。

8. 喜歡綠色者，細心謹慎，重視安全感。

9. 喜歡紫色襯黑色者，較深沈、憂鬱、悲觀。

10. 喜歡褐紅色襯灰色者，較開明、溫和、不固執、討人喜歡。

11. 喜歡橙黃色襯乳白色者，為人較熱情、大方。

12. 喜歡乳白色襯藍色者，行事冷靜，深思熟慮。

13. 喜歡黑色者，為人謹慎、穩重，風格內斂。

14. 喜歡白色者，為人積極、高雅，講求效率。

15. 喜歡銀白色者，行事風格略顯清高、自大，但富進取心。

　　儘管一個人的人格特質會影響其生活格調、顏色偏好及消費習性，惟因人格具有相當程度的獨特性與複雜性，因此，單以一項人格特質做市場區隔變數，或用以作為探討顧客的消費行為，有時會失之偏頗。通常廠商及行銷人員會參考消費者的多項個人因素，諸如性別、職業、年齡、所得、社會階層、教育程度等，詳細調查分析，以作為產品開發行銷市場的依據。

第三節　人格與工作行為

　　每一個人皆有其獨特的人格特質，並表現於組織或團體內，若能發揮每一員工的良好人格特質，且發展成有效的工作行為，必能使組織的社會運作更加順暢，激發高效率的團隊士氣，健全「組織人格」；反之，每一員工「獨樹一格」的特立獨行，恐怕會使組織系統運作失序，相互抵制，消弱團體動力，降低工作效率。因此個人人格特質與

工作行為有著密切關係。

一、人格差異研究之應用

在生涯發展與規劃中，人格特質究竟有何影響力？人格特質如何分配工作職務？人格特質與管理行為、領導才能有何相關？人格特質可作為人事任用的參考嗎？人格測驗有助於診斷員工生活適應……？凡此問題皆有必要加以探討。

美國職業心理學家荷倫（Holland J. L.）認為個人的職業選擇為其人格的反應，職業興趣乃人格於工作、喜好、休閒活動上的反應。至於個人職業上的適應、滿足、成就及發展，乃決定於其人格特質與工作環境的一致性程度，二者一致性程度愈高，愈容易發揮個人工作潛能，創造工作效能；反之，二者一致性程度愈低，則愈容易使個人產生挫折，陷入工作低潮，無法發展個人工作抱負理想。

(一) Holland 的生涯觀點（假設）

1. 生涯抉擇與生涯適應基本上反映了一個人的人格特質。
2. 個人藉由工作選擇和工作經驗來呈現其內在的自我，包括興趣、價值觀。
3. 個人生涯深受其年齡、性別、社會階層、智力及教育程度等因素的影響。
4. 人有六種人格類型，職場也有六種環境類型，彼此交互相關。Holland 結合了個人與環境之間的相關，發展了類型論。
5. 個人將持續搜尋一個可以令其發揮專業知能，表達態度、價值觀及承擔問題與角色的環境。

(二) Holland 的專業貢獻

1. Holland 重要著作

Holland, J. L. (1996). The psychology of vocational choice. Waltham, MA: Blaisdell.

Holland, J. L. (1973). Making vocational choices: A theory of careers. Englewood Cliffs, NJ: Prentice Hall.

Holland, J. L. (1985a). Making vocational choices: A theory of personalities and work environments (2rd ed.). Englewood cliffs, NJ: Prentice Hall.

Holland, J. L. (1992). Making vocational choices: A theory of vocational personalities and work environments (3nd ed.). Odessa, FL: Psychological Assessment Resources.

Holland, J. L. (1994). The Occupations Finder. Odessa, FL: Psychological Assessment Resources.

Holland, J. L. (1997). Marking vocational choices: A theory of vocational personalities and work environments (3rd ed.). Odessa, FL: Psychological Assessment Resources.

2. 1996年八月「The Journal of Vocational Behavior」期刊內不同學者發表了十二篇文章描述四十年來Holland對生涯發展理論的貢獻與研究。

(三)六種生涯類型

1. 實際型 (Realistic)

- 人格特質屬於這類型的人，喜歡機械方面的事物；具有機械方面的能力，喜歡運用工具、器具、操作機器；喜歡身體方面的活動，用手操作的工作；眼光重實際；喜好戶外的工作和活躍的生活。

- 重視具體事物、金錢、權力和地位。

- 與這類型有關的工作包括：
  建築人員、木匠、機械工、手腕靈活的生意人、警官、軍官、

農夫、森林人員、空中交通的控制員、牙科方面的技術人員……
等。

- 此類型的案主在生涯諮商中，期盼獲得諮商員的建議和忠告，
以解決其生涯難題。他們較難以（或抗拒）去分享、陳述其感
受，而能具體的表達他們有興趣的活動，例如釣魚、打獵、修
車等。

2. 調查研究型（Investigative）

- 人格特質屬於這類型的人，採取行動之前會先觀察和分析情境；
喜歡調查研究，解決問題，尤其是抽象的問題；喜好學習，追
求學問；具工作導向；好追根究底，尋求答案；具數學、科學
能力。

- 重視科學的價值。

- 與這類型有關的工作包括：
工程師、化學家、生物學家、社會科學家、物理學家、氣象學
家、數學家、電腦程式人員、系統分析人員、研究人員、牙科
衛生人員……等。

- 此類型的案主在生涯諮商中，期待、享受於那一未知（unan-
swered question）的挑戰。他們樂於面對解決難題與高難度的工
作，無論最後是否有所發現或獎勵。他們在諮商歷程中期盼能
夠獲得諮商人員理性而非感性、似研究者而非權威專家的具體
意見與方法，以解決其生涯難題。

3. 藝術型（Artistic）

- 人格特質屬於這類型的人，喜歡運用想像力；顯得相當獨立；
喜歡沒有限制的環境，其能力才能夠發揮和創造；習慣以藝術
的方式表現自己；不受傳統的約束；有表現自己和創造力的需
要。

- 重視審美的價值。

- 與這類型有關的工作包括：

歌唱家、時裝模特兒、作曲家、演員、音樂家、攝影家、作家、
室內裝潢人員、記者、廣告經理……等。

- 此類型的案主在生涯諮商中，期盼確認音樂、寫作和藝術對個
  人生活的重要性。他們較喜歡非結構（nonstructured）的諮商方
  法，以及樂於發表與藝術作品有關的看法，包括藝術人物或創
  作者的資訊，即使他們的表達大多是不夠具體或毫無章法的（di-
  sordered）。藝術型的人較重視個人的獨特性，他們不喜歡諮商
  人員將自己與其他案主相提並論。相較於其他五種類型的案主，
  藝術型的人較喜歡隨興（emotions）的討論個人生涯的難題，他
  們的生涯抉擇往往較情感取向而少邏輯性。

4.社會型（Social）

- 人格特質屬於這類型的人，喜好與他人在一起工作；喜歡啟發、
  訓練他人，以發展人們的潛能；關心他人的福祉；以人道方式
  對待他人；善於言詞，容易親近；以助人為己任。
- 重視社會和道德的活動及行為。與這型有關的工作包括：
  臨床心理學家、服務人員、牧師、教師、輔導員、護士、人事
  主任、營養學家、社會工作人員、售票人員、酒保……等。
- 此類型的案主在生涯諮商中，他們期盼藉由宗教性、政治性和
  社會性等方法去服務他人，具有理想性色彩；他們較重視諮商
  人員的專業地位、專業協助與同盟關係。社會型的案主適合參
  加生涯諮商團體並樂於其中及助人。有時因他們意見太多，而
  使諮商人員較難於協助他們解決生涯難題。

5.企業型（Enterprising）

- 人格特質屬於這類型的人，喜歡擔任領導人員；管理他人，說
  服他人做事；工作非常賣力以期獲得高權力的地位和豐富的收
  入；目標導向：期望在公司內爬得很高，或擁有自己的事業。
- 重視政治和經濟的成就。
- 與這類型有關的工作包括：

律師、地產經紀人、購買經手人、農場管理人、業務主管人員、推銷主任、銀行經理、銷售經理、保險調查員、徵募人員、花匠……等。

- 此類型的案主在生涯諮商歷程中，多半樂於分享其個人過去的成就，喜歡與諮商人員討論生涯議題。他們喜歡說服別人多於幫助別人，此與社會型的人不同。他們有時因過於自信而無法看清自己與問題，往往高估自己。生涯議題或個人經驗大多聚焦於效率與金錢。

6. 傳統型（Conventional）

- 人格特質屬於這類型的人，喜歡井然有序的活動，例如辦公室的工作；喜歡工作劃分清楚的體系；喜歡追隨前例和遵循別人的教導；喜歡知道別人對他的期望；具有處理資料、數字和文書的技術。
- 重視職務和經濟上的成就。
- 與這類型有關的工作包括：
  銀行檢查員、書商、法庭報告人、電腦操作人員、秘書、會計、電話操作人員……等。
- 此類型的案主在生涯諮商歷程中，會有結構的表達個人意見，並且重視他人直接的看法；他們較難於開放或接受嶄新的職場觀點或生涯模式（career paths）。他們重視探討個人的職業能力，期盼獲得他人的意見。

(四)類型論的主要概念

1. 一致性（consistency）

有些類型彼此之間相關較高，亦即其關係較其他類型密切；一致性高代表各類型之間的相關性高。

2. 分化性（differentiation）

意指具有單一人格類型的個人，將與其他類型的人不甚相似。相

反的,若兼具各類型的人,將不具有分化性,而且不易定義。

3. 認同性 (idenity)

個人對於自己的目標、興趣及天份具有明確及穩定的概念。職場身分認定愈清楚者,愈能反映其職場的工作目標、工作內容及表現了作報償的明確度、穩定度及整合程度。例如專職者與兼職者的區別,後者較前者缺少認同度。

4. 適配性 (conguence)

意指人格類型與工作環境的相關性,適配性是與個人的專業表現、堅持程度、工作滿意度及生涯抉擇穩定度等因素息息相關。

上述荷倫職業人格類型論的主要概念,說明了六種類型中兩兩之間的相似性與差異性,荷倫同時整理出六者之間的運作關係,如圖3-2。圖3-2顯示:相鄰之類型間有較高的相關,例如傳統型與企業型相關達 .68,企業型與社會型相關為 .54;而位置相對的類型則相關較低。由於各類型並非完全獨立,而且在實際生活中,一個人亦不可能存在完全屬於某一理想型 (ideal type),故個人的職業人格型態依上

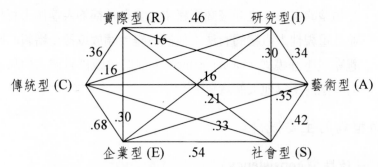

圖 3-2　荷倫 (Holland) 之六種人格類型相關圖

(資料引自:Sharf, 2001, p.96)

高相關:RI, RC, IR, IA, AI, AS, SA, SE, ES, EC, CE
中相關:RA, RE, IS, IC, AR, AE, SI, SC, EA, ER, CS, CI
低相關:RS, IE, AC, SR, EI, CA

述六種類型又分爲主要的、次要的、再次要的等型態，如以 RSI 代表某人的人格特質，則 R（實際型）爲其主要的職業人格類型，S（社會型）爲其次要的人格類型，I（研究型）爲其再次要的職業人格類型。職業環境的情況正如同上述，如此分析則個人人格或職業類型可有 $6!/3!=6*5*4=720$ 種型式。

俗云：「物以類聚」。擁有共同特質的人，在相近的環境中，可以相輔相成，發揮所長，創造工作效率。反之，不同人格特質的人，在相異的工作環境或職業類型中，往往會有「龍困淺灘」之憾。值得注意的，當一個人內在人格發展尚未定型或興趣廣泛多元化時，可能同時具有多種類型的人格特質，彼此相互激盪，或促進發展，或抑制成長，例如：「藝術型職業人格」提醒我們要有創意，勇於嘗試新事物；而「事務型職業人格」則告誡我們，不可違規冒險，會破壞工作制度；「企業型職業人格」可能催促我們，自己創業做老闆；然而「研究型職業人格」可能又會警告我們，多了解狀況後再作決定吧！……因此，人格的複雜性與發展性，可能塑造一個人善變的性格，也可能創造我們多采多姿的人生；可能引發工作衝突，也可能豐富了我們的人際關係。

由上觀之，惟有使員工各得其所，適才適性，分工合作，方能達成組織目標，發展個人潛能。每位員工的人格特質不同，企業主管必須予以「人盡其才」，外向的人，不妨從事業務推銷、公關領導的工作；內向的人，不妨擔任文書處理、財務管理的職務。有的員工喜歡獨自工作，有的員工喜歡與人合作；有人安於現狀，有人追求超越。各人人格特質不同，若能適當賦予其工作角色與職務職位，必能促進組織的發展與工作的效能。此外，社會從眾性格高者，在工作上，較喜聽命行事，易與人相處，個性壓抑自制，非常重視他人對自己的評價，不太喜歡挑戰冒險、變異性大的工作內容與工作環境；反之，從眾性格較低的人，往往富於機智，善於隨機應變，不安於現狀，具有說服力與積極性，富領導才能，追求工作表現與個人成就感。因此，

人格特質的差異經常反映在個人的工作行為上。

二、人格測量的應用

　　一個具有信度、效度、常模與客觀化、標準化程序的人格測驗，往往可以應用於工作情境中，作為人事任用、人員甄選與安置的輔助工具。若因此能「適才適所」地將員工的人格特質與組織的發展任務相互結合，必能降低員工的缺曠率、離職率，提高工作士氣。同時，藉由人格測驗的實施，也可以及早發現員工不適應的工作行為，以供組織行政上管理員工的參考。工作人員的健全人格特質，必須兼顧個人特質因素與社會動態因素。換句話說，管理人員可以適當地應用人格測量來注意員工工作質量、工作滿足感、工作適應能力，以及人群關係等方面的表現。

　　當然，採取人格測量方法從事員工的作業評量必須符合科學精神與專業倫理。坊間有許多趣味性的「性格測驗」，可以作為個人自我了解、人際話題的參考，但不適宜作為正式的人格測驗，且將之用於人事的甄選、任用、安置與考核。國內常見的標準化人格測驗，已如本章第一節所述（參見表3-1），另一種參酌人格理論與一般生活經驗所編製的性格量表，也有人將它用來作為輔助個人探討自我工作行為的參考，惟其信度、效度尚待考驗。

　　日本學者伊藤友八郎根據榮格（Jung）的「外向性與內向性」的人格類型論及奧爾波特（Allport）的人格特質論，同時輔以社會心理學、行動科學、經營管理及日常生活經驗等實證研究，編製了一系列的性格測驗，運用於日本的企業界，每年約有五十萬人在就業面談時接受其中某一型式的性格測驗，雇主企圖以此來掌握員工職業上的適合性和發展性，增加員工的工作效能。表 3-3 為伊藤友八郎所編製的「工作性格測驗」範例。

表 3-3 伊藤友八郎的工作性格測驗

您想了解自己的工作性格嗎？您是專家或是萬事通？是專才或是通才？究竟今日的社會，二者誰較受歡迎？您想認識自己嗎？請將下列符合您敘述的選項打「✓」，再參考「計分表」，計算分數後，詳閱「判定說明」即可。本表謹供認識自我參考，請勿隨意濫用，可再多利用其他方法來配合認識自己。開始動手吧！

1. 一個人做事，比較有效率嗎？

　☐ a.是的。只要能夠集中精神，就可提高成果。

　☐ b.有工作夥伴比較好。

　☐ c.喜歡一個人靜靜地做工作。

　☐ d.大家一起合作，相互競爭，既有效率又見樂趣。

2. 面對不曾嘗試的新工作，也能抓住要領嗎？

　☐ a.是的，我有這方面的自信。

　☐ b.迷惑。

　☐ c.要花一段時間才能習慣。

　☐ d.不試試看怎麼知道！

3. 除了本行工作之外，也想嘗試不同的工作或兼差？

　☐ a.不，專於本行。

　☐ b.有好工作不妨試試。

　☐ c.如果是朋友介紹和本行有關的工作，好啊！

　☐ d.是的，我喜歡做多方嘗試。

4. 工作態度謹慎而不計較時間嗎？

　☐ a.是的，慢工出細活。

　☐ b.不會花太多的時間。

　☐ c.不，很快地解決。

　☐ d.有耐性地做。

5. 就業時，最注重什麼？

　　□ a. 信譽和穩定性。

　　□ b. 合乎自己的興趣。

　　□ c. 能夠發揮能力。

　　□ d. 薪水、工作夥伴。

6. 有值得你投注一生的工作嗎？

　　□ a. 有的！

　　□ b. 不，我想多嘗試幾種工作。

　　□ c. 只要能發揮長才，願意投注一生。

　　□ d. 若有別的好工作，會轉業。

7. 除了自己的工作，對其他工作毫不關心嗎？

　　□ a. 不，對別的工作也很感興趣。

　　□ b. 是的，不關心！

　　□ c. 稍為關心。

　　□ d. 也會想試試別的工作。

8. 一旦決定，不輕易改變嗎？

　　□ a. 是的，貫徹到底。

　　□ b. 容易被別人的意見左右。

　　□ c. 不改變，除非狀況更動。

　　□ d. 不隨便更動。

9. 別人交付工作時，樂於接受嗎？

　　□ a. 不！

　　□ b. 己所擅長者，則可考慮。

　　□ c. 先問報酬再決定！

　　□ d. 是的，多半接受。

10. 你認為工作的「價值」是什麼？

　　□ a. 薪水待遇。

　　□ b. 發揮自己的能力。

　　□ c.發揮所長，提升業績。

　　□ d.出人頭地，業績領先眾人。

*11.*稱不上「萬事通」，但是有過人的技藝能力嗎？

　　□ a.是的，有過人的一技之長。

　　□ b.不，我有自信樣樣都在他人之上。

　　□ c.比普通人還好一點。

　　□ d.專門於一件事，遲早會跟不上時代。

　　謝謝您！作答完成，請看下列的計分表及判定說明：

＜計分表＞請依您上述每題選擇的答案，依題對應圈入下表中。再將所圈出選擇的答案，橫列統計，出現多少個 A、B、C、D，填入小計( )中。圈選最多的就是您所屬的類型，再參看判定說明。

項次	1	2	3	4	5	6	7	8	9	10	11	小計
A	a	c	a	a	c	a	b	a	a	c	a	( )
B	c	b	c	d	b	c	c	d	b	b	c	( )
C	b	d	b	b	d	d	d	b	c	a	d	( )
D	d	a	d	c	a	b	a	c	d	d	b	( )

＜判定說明＞

【A 型】　有成就的專家

　　在自己的選擇專長上，頗具自信。真正令他覺得喜悅、滿足、有意義的，不是工作上的酬勞，而是能在工作中發揮自己的專長。工作態度嚴謹，追求融會貫通。不受周圍環境的影響，依照自己的計畫往前推進。這種人多半是公司中的技術開發研究人員。

　　愈是專注於專長，視野和適應性會變得愈窄。如其不冷靜地評估

自己的能力做綜合性判斷，恐難掌握大局並易與人衝突。

【B型】 志在專家的個性派

偏愛專業，以工作內容決定就業。對於交付下來的工作，以能夠發揮所長的方式來完成。在工作的過程中燃燒自己，追求工作價值。但是過於拘泥小節，又不願他人干涉，往往容易封閉自我，欠缺協調能力。

在個性和觀念上都很執著，對認同自己能力的上司和朋友能坦誠交往，但是一旦心有成見就無法通融。該冷靜的時候還是要冷靜。

【C型】 以收入來評價的現實派

對工作的評價取決於收入而非內容。工作態度普通，能掌握工作要領，但不強求。重視組織內部的人際關係尤過於工作本身，具有協調能力。服從公司的命令，但是尚無與公司榮辱與共的忠誠。公司只是生活上的保障，生活的意義則向他處尋找，所以非常重視個人生活，如果工作不如意，除非報酬理想，否則寧可不做。

追求內心和個性上的價值，寧願放棄一些價值而保有個人的自由，也不算太現實。

【D型】 萬事通先生

除了特別技能之外，在任何職位和工作上都能有所表現。立刻就能適應新環境，對沒有嘗試過的工作也勇於挑戰。人緣佳，待人處事有一套。對事物有自己的觀點，且不失客觀。具備主管條件，再複雜的工作也能整理出頭緒，加以組織，發揮效能。

事事要求在一般人之上，但是也要有公司和組織的支持。「廣而淺」的萬事通先生其實也挺好的，但是最好能有一項深入的專業技術。

第四節 自我概念與生活效能

　　希臘哲學家蘇格拉底曾經說過：「知汝自己」（Know thyself），強調認識自我的重要性。所謂「自我概念」（self-concept）是指個人對自己的了解和看法，亦即個人對自己多方面知覺的總合，其中包括個人對自己性格、能力、興趣、欲望的了解，個人與他人和環境的關係，個人處理事物的經驗，以及對生活目標的認識與評價等。自我概念是個人根據以往生活經驗所產生的對自己的看法，個人對自己的看法未必是客觀的事實，有其主觀的成分，已如前述（參閱本章第一節人格理論之自我論）。自我概念可隨個人年齡歲月的成長，生活經驗的增多而改變。羅吉斯（Rogers）認為人的自我包括「真實我」、「社會我」與「理想我」，佛洛依德（Freud）主張人的人格結構包括「本我」、「自我」及「超我」。其他的學者對自我概念也有各自不同的論點；然而，所有學者的研究皆顯示：自我概念與個人人格、心理成長有密切的相關。

一、自我概念與人格發展

　　人格之於自我概念，就好像地心引力之於潮汐一般，二者關係密切而抽象。當一個嬰兒逐漸成長時，他會學習分辨自己、他人和事物，在他的知覺世界中開始漸漸地形成一個「我」，這個自我結構發展的結果，變成他整體人格的核心，他的感覺經驗和認知思考就是以這個「自我」為核心的參考點，而後形成整個人格；換句話說，人對自己有些看法，例如：「我是好的」、「我是爸爸媽媽的心肝寶貝」、「我

很有勇氣」……，這些看法決定了此人的基本特質：「優秀的」、「受人歡迎的」、「勇敢的」……，而基本特質正是人格的主要部分。自我概念和一個人的人格形成、心理成長、工作行為乃至於整個生涯發展息息相關，且看下面阿森的成長實例：

　　阿森生來就是一個聰明好動的人，早在母親懷孕時，他便喜歡在母親肚子內動來動去，說也奇怪，每當母親忙碌或心情不佳時，阿森便很會「察言觀色」的適時動一下，來使母親察覺到他的存在或逗母親（甚至更多的長輩親友）開心，他似乎是那麼的天才，可以利用任何時機，以任何方式來與外界環境互動。

　　阿森的精力旺盛，活潑好動，在出生後更是贏得家人的好感，所有的人，只要見到他，莫不喜歡與之親近、遊戲玩樂。阿森以他的聰明、肢體語言來獲得他人的注意與支持，因此，成長過程中，他始終出類拔萃，成為團體中的一個焦點。他功課好、體力強、人緣佳，熱於助人，好求表現。

　　阿森在高中時，已經發展出一個「優秀、健康、開朗、助人、熱情」的自我概念。於是乎，到了大學，他參加社團活動、擔任義工、從事家教、（身為班代表）領導服務，表現傑出，受到師長同儕的注意與肯定。

　　爾後，踏入社會工作，阿森喜歡有挑戰性的工作，無法忍受單調、缺乏變化的工作內容與工作環境。每隔一段時間，他總會嘗試突破自我，接受生活考驗，積極吸取新知，樂於服務助人。在上司、同事及部屬的眼中，他似乎有用不完的精力，他總是能在高度壓力的情境下，調適自我，稱職的扮演各種人生的角色。他不斷的規劃生涯……

從阿森的故事，可以清楚地了解自我概念乃是形成一個人人格結

構的核心，也會影響每一個人的生涯發展。自我概念與我們的生活、學習、工作、健康與人際關係等等生活層面都有密切的關係。自我概念決定我們對自己能力的肯定，也因而決定了個人所能嘗試的事物範圍，自我概念也有助於增長個人智慧與人際關係，所謂「知人者智，自知者明」。一般而言，有高度自我認同感的人也比較擁有積極進取、樂觀開朗的人格特質。一個人想要擁有健康的自我概念必須從自我探索做起，而後自我認識、自我接納、自我肯定到自我實現。值得一提的，自我肯定的特質不但是一項重要的自我概念，也是一項成功者的人格特質，更是一項有效的工作行為要件。

二、培養自我肯定的能力

自我肯定乃是成功者的一項重要條件。當一個人能夠自我肯定時，他便可以發揮所長，拓展人際，充實自我，創造成功的發展契機。一個人如果無法肯定自己或者不知如何肯定自己，必然會失去很多表現自我的機會，無法在商場上獲得有利的競爭條件，更無法引起別人的注意。因此，培養自我肯定的能力，學習自我肯定的技巧，可以增加一個人的成就感與自主權。當一個人擁有選擇的自主權時，當一個人擁有自信的成就感時，此一自尊、自重的感受會取代壓抑、委屈或憤怒等損人不利己的情緒。例如，遇到挑剔、難伺候的顧客上門，缺乏自我肯定能力的店員會情緒失控、行為失控。依此類推，一位無法肯定自我的人，既不喜歡自己，也無法獲得他人的欣賞，自然遠離了成功的人生舞台。

「自我肯定」本是人類的一種天賦能力，也是一項基本人權。自我肯定的前提是：每個人都有些基本的權利。美國學者格林柏格（Greenberg, 1993）即提出「人類基本權利和違反這些相關權利的教條」，詳如表3-4。為了不否定此一人類的基本權利，任何人都必須要讓自己變得更自我肯定。「自我肯定」是指一個人能夠適度表達自己，接納

表 3-4　錯誤的傳統教條與人類的基本權利

錯誤的傳統教條	人類的基本權利
1. 將自己的需要放在別人的需要之前是自私的。	1. 有時候你有權利將自己放在第一位。
2. 做錯事是非常羞於見人的，你必須在每個情況下都有適當的反應。	2. 你有權利出錯。
3. 假如別人不認為你的感覺是合理的，那一定是他們錯了，要不就是你瘋了。	3. 你有權利對自己的感覺做最後評斷，且接受這些感覺。
4. 你必須尊重別人的觀點，特別是一些權威的人。保留你不同的意見，只要聽和學就好。	4. 你有權利擁有自己的意見且確信它們。
5. 你必須隨時讓自己具有邏輯性和一致性。	5. 你有權利改變心意或決定採取一個完全不一樣的行為。
6. 你必須具有彈性和適應性，因為別人對他們自己的行為都會有適切的理由，若質疑他們是非常不禮貌的。	6. 你有權利去抗議不公平的待遇或批評。
7. 你不應該打斷別人、向別人問問題，如此會顯示出你的愚蠢。	7. 你有權利打斷對方的話，以求澄清。
8. 事情即使會變得更糟，也要堅持下去。	8. 你有權利對事情做改善而去商議。
9. 你不能因為自己的問題，而去佔用別人寶貴的時間。	9. 你有權利要求幫助和情緒上的支持。
10. 人們不希望聽到你不好的感覺，因此你要把它隱藏起來。	10. 你有權利去感覺和表達痛苦。
11. 當別人花時間來勸告你，你應該誠懇地接受它，他們通常都是對的。	11. 你有權利不理會別人的勸告。
12. 你要知道把事情做好，本身就是酬賞。人們總是討厭愛表現的人，而成功的人總是讓人既討厭又羨慕，所以，面對恭維要表現謙虛一點。	12. 你有權利接受外界對你工作和成就的正式肯定。

（續下表）

第三章　人格與商業行為

（承上表）

13.你要常常給別人方便，否則，在你需要的時候，他們也不會幫你忙。	13.你有權利說「不」。
14.不要違背社會風俗，假如你說你較喜歡獨處，人們會認為你不喜歡他們。	14.即使別人非常喜歡你的加入，但你仍有權利獨處。
15.對於你的感覺和所做的事都要有一個很好的理由。	15.你有權利對別人證明你自己。
16.當某人有麻煩的時候，你一定要去幫助他們。	16.你有權利不對別人的麻煩負責。
17.你必須對別人的需要和願望非常敏感，即使他們不能告訴你他們所要的是什麼。	17.你有權利不去設想別人的要求和願望。
18.接受別人的好意往往是一個好的策略。	18.你有權利不接受別人的好意。
19.冷落別人是很不好的，假如他們問你問題，你一定要給他們一個答案。	19.你有權利選擇不對某一個情境做反應。

（資料引自：Greenberg, 1993, pp.149-150）

自我的一切，滿足自我的需要，且又不損及他人的需要與權益。它是一種能力，也是一種特質，更是一種心理傾向。構成自我肯定的基本動力是自信，自信愈多的人，自我肯定愈強，成功的機率愈高；反之，自信愈少的人，愈無法自我肯定，獲得成功的機會自然愈小。當然，每一次的成功都可能是下一次更大成功的基礎，這就是「成功的循環」（success cycle）。任何人會在每一個小成功的經驗中，累積起自信，自信一提高，隨之培養出更多的自我肯定，就能獲致更大的成功；成功愈大，自信與自我肯定就更高了。

如何培養自我肯定的能力，首先便是「參與競爭較少的環境」，其次是「設定並追求可以發揮自我能力的目標」，再來是「提高自我的期望」，第四是「接受有系統的訓練」，最後是「運用有效的人力

資源」。平時，與人相處或溝通時，應多運用自我肯定的表達方式，包括語言式的自我肯定表達與非語言式的自我肯定表達。

㈠語言式的自我肯定表達

根據格林柏格的研究，自我肯定的語言表達公式為〔DESC〕，亦即自我肯定的語言反應包括四個部分，描述（describe）、表達（express）、明確化（specify）和選擇（choose）：

1. 描述：描繪對方的行為或你面對的情境。「當你……」、「當我……」。
2. 表達：說出你對對方的行為或這個情境的感覺。用「我」的立場說出來：「我感覺……」。
3. 明確化：明確地說出你期待他或這個情境改變的方式。
4. 選擇：決定你面對對方行為或情境結果的方式，如果別人的行為或情境改變是你滿意的，你會怎麼做：「假如你做……，我會……」；假如情況沒有改變，或這個改變沒有符合你的需求，你又會怎麼做：「假如你沒有做……，我會……」。

㈡非語言式的自我肯定表達

格林柏格也認為自我肯定的行為不只包括你要說的話，也包括說話的方法，亦即非語言的表達方式，假使你表達了自我肯定的語言反應，然而你的肢體語言（非語言）卻是非自我肯定的，你仍無法取信於對方，例如，上班時，辦公室的同事穿了一件新衣服詢問你：「好不好看？」你雖然回答：「好看！」但是你的眼神並沒有專注的望著對方，臉上沒有喜悅、欣賞的表情，甚至你的手不經意的揮了一揮（似乎不耐煩），嘴角輕微下扯，隨即離開。如此一來，對方恐怕很難相信你的正向評價。一般性的人際互動與商業溝通留待本書第八章與第十章再詳細討論。在此引用格林柏格的看法，說明自我肯定非語言式的表達原則：

1. 站直、站穩且直接面對說話的對象，並保持眼光接觸。

2. 身體略向前傾（面對說話者），臉部表情自然，適度變化。

3. 用清晰、穩定的口語來說話，且聲音大到足夠讓聽的人聽清楚你在說什麼。

4. 注意個人眼神、表情、姿勢、動作，與對方的距離等細節變化。

5. 說話流利、不遲疑、肯定而有自信。

> ◎非自我肯定的身體語言包括：
>
>   *1.* 缺乏眼光接觸、眼睛看下面或別的地方。
>
>   *2.* 兩隻腳動來動去。
>
>   *3.* 說話時口齒不清、吞吞吐吐等。
>
> ◎攻擊性的身體語言可能根本不聽對方說話，它包括：
>
>   *1.* 身體向前、敵視對方。
>
>   *2.* 用手指著談話的對象。
>
>   *3.* 大聲叫喊。
>
>   *4.* 緊握拳頭等。

三、健康的自我概念與工作行為

在商業情境中，許多廠商往往會運用自我概念的學理，來塑造產品或品牌的自我形象，例如一個自認為外向、講效率而具有創意的人，他會購買具有這類特質的產品，進而肯定自己，建立個人風格；若是某家廠商在促銷產品時，建立了大方、簡便且具有創意色彩的品牌形象，就正好迎合了該消費者的自我風格。因此，廠商及其行銷人員應針對目標市場的自我概念（例如新新人類的自我觀）來發展其品牌形象與產品風格。

同理，在人際互動時，任何人都必須適切的澄清自我概念，了解自己的個人特質，包括生理自我、工作自我、社會自我、宗教自我、

家庭自我……等層面（參考「田納西自我概念量表」的內容），以促進個人心理成長，拓展人際關係。一位自我肯定的人，一位擁有健康自我概念的人，在日常生活中不會輕易抱怨；不會因別人的批評，而受到傷害；不會勉強接受他人推銷一個不適合自己的商品；對異性，不會因為害差而遲疑表示或拒絕約會；不會因怕人取笑而不敢發問；能適時拒絕他人不理性的行為，不會因害怕表達而說不出話來；能以適切方式勇於指正他人不當的言行；能適當的表達對別人的欣賞（即使是恭維對方也很自然）；對於自己的感覺，能很開放且率直的自我表露；能適切、自然的與陌生人和初識者交談……等。

一位擁有健康自我概念的人，一位自我肯定的人，在工作情境裡，會毫不遲疑的努力完成上級交付的任務；會在應徵工作或申請調職時，肯定的表達自我的想法，且尋找對自我有利的論點；會接納互惠的勞資關係，而不會老是猜疑資方是在利用、欺騙員工；當被要求更動工作業務或遭受不當考核時，會適時反映個人看法並探究其因；奮發苦幹的超越自我，而不是為與同職位的人一較長短；若是推銷員，能積極主動的開發客戶，不會因客戶的拒絕或退貨而感到困窘或有其他的情緒；會尊重公司的體制也會適當地反映組織不合理的制度；會勇於接受同事的建議並提出對同事的建議；在個人負責的業務上，會坦然的與客戶、上司、部屬、同事據理力爭、「討價還價」；能欣賞且分享自己的工作成就；當公司內，有人散播不利於個人的言論，會主動與對方溝通；會適當的表達個人對工作上的意見，負責任……等。

探討自我概念的方法主要有：1.內省法：隨時反省、檢討自己，亦即曾子所說：「吾日三省吾身……」；2.觀察法：自己觀察自我與他人的言行，了解其間的差異性；3.回饋法：了解他人（包括師長、同事、親友及家人等）對自我的看法，不論是無心的批評或有意的建議；4.測驗法：運用科學性的心理測驗工具，來探討自我的人格、興趣、性向、智力……等；5.經驗法：整理成長過程中的個人經驗，以及突發狀況時個人的反應，尋找出自我的生活模式、挫折忍受度等；

6.求知法：多多充實自己，平時藉由閱讀有益書籍來增廣見聞，以更清楚的反觀自我。當然，認識自我的方法相當多，重點不在技術層面的學習，也不在於探討自我特質的數量面，而應置於建立當事人統整的自我概念，亦即健康的自我概念。

一個人想要擁有健康的自我概念，不妨考量下列原則：1.嘗試以不同的觀點看自己；2.接受自己的優缺點與心理感受；3.隨時自我覺察，並尊重自己與別人；4.塑造自己成為一個可愛的人；5.用比較變通、有彈性而非僵化的方式來與周遭環境互動；6.學習自制；7.為自己設立具體可行的目標；8.積極代替消極，主動代替被動；9.改變不好的生活習慣；10.愛惜自己；11.培養挫折容忍度；12.面對現實，勇於接受挑戰等。此外，也可藉由參加各種研習訓練、團體諮商、潛能激發課程，參與自我探索、自我成長等團體輔導活動來接納自我、發展自我。如此，方能真正成為一位擁有健康自我概念的人，以健全人格結構，開拓生涯發展，建立和諧人際及創造生活技能。

摘　要

1. 古今中外，有關人格方面的研究，由來已久。所謂「人格」乃是指人的特性，也是人的一種心理現象，它是個人在對人、對己、對事物乃至整個環境適應時，所顯示的獨特個性。此一獨特個性係由表現於身心各方面的特質所組成，此等特質又具有相當的統整性、持久性、複雜性與獨特性。

2. 一個人的人格特質深受其遺傳、環境、學習及成長經驗等因素的影響。健康的人，其人格特質較具有下列特徵：(1)真切與務實；(2)自知且自勵；(3)自動與自制；(4)自重與自尊；(5)情感與友愛；(6)積極且努力。

3. 長期以來，許多心理學家不斷專注於人格形成、結構、功能與改變的研究。比較重要的人格理論有：Allport 的特質論、Freud 的心理分析論、Rogers 的自我論及 Bandura 的社會學習論等。

4. 人格的測量方式主要有兩類：自陳式測驗與投射式測驗，各有其優缺點。我國常見的人格測驗包括「賴氏人格測驗」、「高登人格測驗（甲、乙）」「柯氏性格量表」等。

5. 消費者的人格特質直接影響其消費行為。人格特質有時也被用以作為商業上「市場區隔」的參考指標。所謂「市場區

Notes

隔」意指依個人不同的需求、人格、特徵或行為，將消費
者區分為不同群體的過程；產品市場劃分區隔愈細，行為
對象愈具體，行銷愈有著力點。常見用以影響市場區隔的
變數有四大類：(1)地理變數；(2)人口統計變數；(3)心理統
計變數；(4)行為變數等。

6. 人格的持久性、統整性、一致性等特徵，有助於企業廠商
開發行銷市場，掌握消費族群，包括個人的生活格調、產
品包裝、商品色彩與外型等。個人往往在購物抉擇上受到
其人格特質的影響。

7. 一個人的人格特質也會反映在其工作行為上。Holland認為
個人的職業選擇為其人格的反應，職業興趣乃人格於工作、
喜好、休閒活動上的反應。Holland研究人格特質與工作職
業的相關，將個人人格分為研究型、社會型、事務型、企
業型、實際型及藝術型等六種，每一種人格職業類型各有
不同的人格特質、工作行為與適性職業。

8. 一個具有信度、效度、常模與客觀化、標準化程序的人格
測驗，往往可以應用於工作情境中，作為人事任用、人員
甄選與安置的輔助工具。

9. 「自我概念」是指個人對自己的了解和看法，亦即個人對
自己多方面知覺的總合，包括個人對自己性格、能力、興
趣、欲望的了解，個人與他人和環境的關係，個人處理事

Notes

物的經驗，以及對生活目標的認識與評價等。

10. 自我肯定乃是成功者的一項重要條件，也是現代企業人的一項重要特質。一個人欲培養自我肯定的能力必須要：(1)參與競爭較少的環境；(2)設定並追求可以發揮自我能力的目標；(3)提高自我的期望；(4)接受有系統的訓練；(5)運用有效的人力資源。

11. 自我肯定的表達訓練包括語言式與非語言式兩者。一個自我肯定的人，要隨時從生活中、工作中適度的表達自我的感受、經驗與想法。

12. 健康的自我概念有助於增進一個人的人際關係。探討自我概念的方法包括：(1)內省法；(2)觀察法；(3)回饋法；(4)測驗法；(5)經驗法；(6)求知法及其他方法等。

態度與商業行為

日常生活中，人們經常接觸一些人、事、物或被要求針對特定人、事、物發表個人的意見。有些人侃侃而談，抒發己見；也有人沈默以對，不置可否。相同的，在商業情境裡，針對特定品牌的商品、廠商的促銷方式、雇主的經營策略、同業的人際關係或顧客的消費行為，每一個人也都有各自不同的想法、情感、經驗、意向與行動。此等想法、情感、經驗、感覺、意向與行動就構成了人類的態度（attitude）。商業心理學旨在運用心理學的理論與技術於商業情境中，以促進個人發展與企業效能。「態度」是研究人類內在心理與外在行為的一個重要變項，惟有深入探討、了解，方能觀察、分析及掌握人類的反應傾向。商業活動中，舉凡消費行為、工作行為、促銷行為、領導行為、溝通行為及任何的人際互動：包含同儕、師生、親子、兩性、勞資及雇傭等關係，未嘗不可將之視為是人與人之間態度的延伸與交流。惟

有充分掌握顧客的消費態度、員工的工作態度、廠商的經營態度、雇主的管理態度及人際的溝通態度，才能落實心理學的應用，進而提昇個人價值、提高生活品質、改善產業結構及促進經濟發展。

第一節　態度的基本概念

　　人類對任何人、事、物等刺激的反應，可視爲是一種態度的表現。換句話說，人類任何行爲反應的結果是一種內在態度的表現結果，例如甲和乙絕交，反映了甲不喜歡乙的態度；丙購買 A 牌商品而不買 B 牌商品，正說明了甲對 A 牌產品的好感。究竟「態度」是什麼？它的成分爲何？具有那些特性？如何形成？重要理論爲何？……等，皆是本節欲探討的重點。

一、態度的意義

　　態度是一種內在的心理歷程，除了當事人透過內省與自述，包括口述、文字與行動，外人很難加以了解也無法對它直接觀察。態度通常與意見、信念、看法、立場、感覺等名詞互換使用，這些名詞在在隱含了一個人對其所反應事物的心理傾向或內在價值（例如好惡趨避等）。從廣義的觀點而言，態度也是一種人格特質或社會性反應，因此人格心理學或社會心理學等學科中，有些闢有專門篇幅來探討「態度」。

　　有關態度的定義甚多，坎貝爾（Campbell,1963）認爲「態度是個人針對一項社會主題（object）所發出的一致性反應」；羅肯奇（Ro-keach,1986）以爲「態度是一種對事物或情境的信念細說，它是一種對

個體具有持續影響性及支配性的獨特反應方式」；張春興（民78）則界定態度是「個體對人、對事、對周圍的世界所持有的一種具有持久性與一致性的傾向」。綜合上述學者看法，態度乃是個體對其生活環境中特定的人（包括個人、團體、組織）、事（包括政策、事件、主題）或物（包括商品、財貨、計畫）所形成的一種概括性與一致性的心理傾向，並且涉及評價性的反應。簡言之，態度係指個人對特定人、事、物所產生的一種持久的心理傾向，包括正向與負向的心理反應。

　　一般而言，態度約可分為正向態度（positive attitude）與負向態度（negative attitude）二種，前者係指對特定人、事、物具有支持性、贊同性的心理傾向；後者則指個人對特定的人、事、物持反對性、排斥性的心理反應。此外，若以「態度」的表達方式區分，則有口語態度（verbalized attitude）與非口語態度（nonverbalized attitude）；若以「態度」的代表性層級方式區分，則有群眾態度（public attitude）與個人態度（private attitude）；若以「態度」所反應的主題對象之差異性來區分，則有概念態度（conceptual attitude）、具體態度（concrete attitude）與文化態度（cultural attitude）。值得一提的是，個人對特定人、事、物等對象的態度較一致、明確且彈性小；反之，對非特定的人、事、物，個人態度較有變化及彈性，此即涉及了「態度通性」（attitude generality）的問題。所謂「態度通性」是指態度對象的廣闊度，也就是引起個體態度之刺激情境（包括人、事、物等）的範圍，例如一般人對「商人」的態度較對「小販」的態度通性大，一般人對「某類商品」（諸如冷氣機）的態度較對「某牌商品」（諸如××牌冷氣機）的態度通性大，只因前者所涵蓋的範圍均較後者大。刺激變項多，個人反應則較複雜有變化。

二、態度的結構

　　日常生活中，經常聽聞他人說道：「我知道這家公司信譽不佳，

可是我還是接下他們的訂貨單，說來話長……」、「明明知道他是有夫之婦，不該愛上她，不該去找她，偏偏就是無法克制自己」、「我了解抽菸對身體不好，醫學專家也發表了許多研究報告，然而我還是戒不了菸」……。由此觀之，態度的結構成分非僅是情緒或感覺的層面，儘管有學者主張「態度是一種單一向度特質，代表一種正面或反面的情緒」（Krech, 1962），但大部分的學者咸認為態度包含三個不同的成分（Rokeach, 1986; Oskamp, 1977；陳家聲，民 82；張春興，民72），茲分述如下：

(一)認知（cognition）成分

指個人對態度對象的理解與看法，個人即從此等理解、看法來形成對該態度對象的認識並組合而成信念。例如某人認為「抽菸有害健康」的態度係來自於各種醫學報導的資訊；一個人不想購買某牌商品是因獲悉許多人使用後反映不佳。

(二)情感（affection）成分

指個人對態度對象的情緒感覺，包括喜歡的或厭惡的，個人即從此等感覺好惡來對態度對象加以評價，形成一種感性的心理反應。例如「愛鳥及屋」、「情人眼裏出西施」、「禍延子孫」等形容詞皆是此一情感成分的態度表現。生活中，常見有些人並不見得需要某項產品，只因「人情難卻」而購買它；有些主管因喜歡某一員工而對其不佳的工作行為採取放任縱容的管理態度。

(三)意向（action）成分

意指對態度對象產生具體的行動傾向，易言之，內在態度往往促使個體產生某一行為反應。因此從一個人的行動傾向也可以推估並了解其內在的想法態度。例如「愛（態度）之深，責（意向）之切」、「劍及履及」、「近水樓台先得月」等之類的語句，即反映了態度建

構中的行動意向成分。

一般而言，上述「知」、「情」、「意」三者成分同時具備，較易形成對個人態度的觀察、判斷與了解。這三種成分並非是獨立的，它們之間存在著一種交互作用的函數關係，不易加以區分，因此很難予之分別測量。同時，**此三種成分容易相互影響、發酵**，一個人購買某品牌的商品，有可能是因好友喜歡（情），購買使用後（意），才了解該商品的成分真的對人體的健康有益（知）；也可能是當事人了解該商品的優點，認識其資訊（知），進而信任它，喜歡它（情），才去購買（意）。因此知、情、意三者是彼此交流互動的，三者的關係也相當密切，如圖4-1。若三者一致性高，則態度較易持久，個人較易表現適當的行為反應；反之，若三者愈不一致，共同交集面愈小（如圖4-1之A），則個人的態度較易動搖、行為變化大，心性不定、反覆無常，行事缺乏一定的準則，甚至因態度曖昧、認知失調，導致人際衝突不斷，生活適應困難。

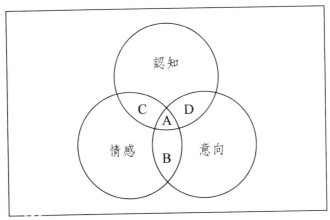

圖 4-1　態度成分之結構關係

三、態度的形成與改變

一個人的內在態度深深影響其外在行為表現、人際互動與生活品質。究竟人類的態度如何形成，其對個體生活的影響為何，實有必要加以探討。惟有如此，才能協助個體產生正向態度，改變不良的態度習慣，以增進個人價值感與企業效能。

㈠態度的形成

態度的形成與態度的改變存在著密切關係，二者屬於社會學習的歷程，態度的改變本身也是新態度形成的過程。人類態度的形成與改變，過去的學者研究甚多，各自有不同的觀點。社會心理學家凱爾曼（Kelman）認為，任何一種態度的形成都需經過三個階段：即順從階段、認同階段與內化階段，此等階段也是個人社會化行為發展的歷程。茲分述如下：

1. **順從階段**：所謂「順從」（compliance），是指個人的態度在社會影響下，外表行為顯現與別人一致的現象。換句話說，個人係因受到外界社會或團體的影響（或壓力），才在外表上表現出與社會或團體一致的行為或態度，內在狀態未必與外表一致。基本上，順從被視為是「外控」人格的一部分，也是操作性行為，此種行為在工具制約學習（詳見本書第十一章）中的情境，係受正負增強作用的影響。若是「外控」因素消失，順從的行為與態度也將隨之終止，例如甲是乙的單位主管，乙對甲的指示必須遵照辦理，一旦甲調職其他單位或非主管職務，乙對甲的要求未必再遵照辦理。

2. **認同階段**：凱爾曼認為態度上的「認同」（identification）是因為個人對其他人或團體的尊敬或喜愛，進而接受並模仿對方的態度而成為自己的態度。換句話說，認同的態度乃是人際知覺與人

際吸引下的產物，有時認同多屬於態度的情感性成分。認同所強調的是內在心理的運作，是個人主動的愛好且受認同對象的吸引，而不完全侷限於外在獎懲的控制。例如年輕人因受偶像崇拜的影響，認同偶像的言談舉止、穿著打扮，甚至習慣態度與意識型態，然而當事人未必獲得偶像的讚許與獎賞（或許可以獲得其他人的肯定）。

3. **內化階段**：內化（internalization）係指個人經情感作用所認同的態度再與自己已有的態度、價值觀等協調統整的過程。認同階段所形成的態度有時較出自於個人情感的反映，惟內化階段所產生的態度多半是當事人理智思考下的結果。換句話說，內化多屬於態度結構的認知成分，例如一個人喜歡購買某牌化粧品，原先是受到好友推薦的影響，使用一段時間之後，真正感覺符合自己個人的膚質與形象，而且也獲得許多人的肯定，因此對該牌化粧品產生「品牌忠實性」（brand loyalty）的消費態度。

一般而言，個人的態度如果經由上述三個階段而形成，此時態度較不容易改變，甚且內化成人格的一部分。如果員工認為「敬業」可以受人尊敬、肯定自己，則未來「敬業」不僅是個人的工作態度也是其人格特質。當然，評量一個人態度形成的因素，究是順從而來，認同而來，或內化而來，有時很難加以區別，畢竟「態度」是一種內在的心理傾向，且易受到個人身心發展及外界環境的影響，因此我們很難去了解消費者購物行為究是受到他人壓力（順從），或模仿偶像（認同），或是個人真正需求及其慣性消費型態（內化）。若能適當的進行市場調查或進一步消費分析研究，相信有助於商品促銷，刺激消費，掌握商業（交易）行為。

(二)態度的改變

個人態度形成的過程，特別是在順從或認同階段，皆會受到別人

或其他團體的影響，態度形成也是個人與個人、個人與團體人際互動的一種複雜的學習歷程。基本上，影響個人態度形成與改變的因素甚多，主要變項包括家庭父母、同儕團體與傳播媒體等，再結合個人主觀感受及社會經驗而得。社會心理學家研究態度的問題，焦點經常置於態度如何形成與態度如何改變。前者研究結果顯示，人類經由增強（reinforcement）、聯結（association）與模仿（imitation）三種學習歷程來習得對特定對象的態度，並且經歷順從、認同與內化三個階段而變成態度，一如前述。例如史達斯等人（Staats et al., 1958）曾進行一項態度的「聯結實驗」，分別將二國國名與正向字眼（如熱情、快樂）配對，二國國名與負向字眼（如貧窮、戰爭）配對，二國國名與中性字眼（如國家位置）配對。先後十八次對受試者呈現上述配對刺激。結果發現，受試者對正向字眼配對聯結的國家之印象最好，對負向字眼配對聯結的國家之態度較差。

至於**態度的改變**所涉及的因素更多，諸如刺激的強弱、主題的性質、當事人人格特質等，主要因素則有二大類：**個人主動的改變**與受外在因素影響而產生的**被動改變**。個人主動改變既定的態度，多半來自於個人經驗的整合、認知結構的重組，或因遭受重大的挫折打擊而導致的變化；反之，被動的改變態度則往往是因個人受到社會刺激情境的影響，包括他人有意的設計、操弄情境或無心的催化、刺激，使個人受到影響而改變態度，這方面的態度改變，最明顯的是「傳播」（communication）對訊息接受者產生的說服作用（persuasion）。

人與人之間訊息傳播溝通的目的，不外乎在於說明事理、表達情感、建立關係及進行企圖，如圖 4-2（徐西森，民 86）。「傳播」、「溝通」是指雙向的交流互動，說話的人（發訊者）要能正確地說出自己所要表達的意思及目的；而聆聽者（受訊者）要能接收說話者所發出的完整訊息，不扭曲，彼此就事實做了解和討論，以促成雙方都能接受的共識與共鳴。簡而言之，訊息傳播與溝通就是人與人之間傳達思想、感覺或交換情報、訊息的過程。它有助於人際間形成正向的

動力、促進團體內外、成員與成員等人際之間的認知、情感與經驗的交流，從而增強或改變個人的態度與價值觀。

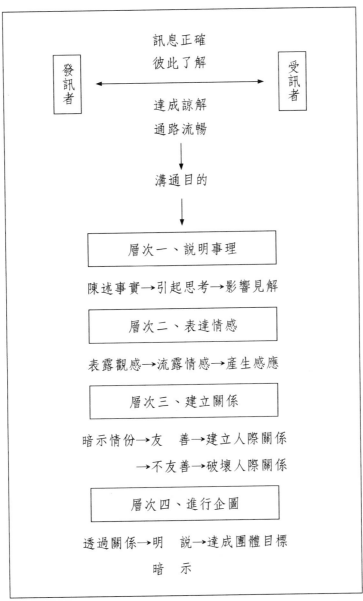

圖4-2　人際溝通與訊息傳播模式

在我們日常生活中，有很多社會性的刺激，其設計及提供的目的就是企圖說服我們並改變我們的態度，常見的是報章雜誌廣播電視等廣告節目對消費者消費行為的影響。探討改變態度的訊息傳播與溝通的主要變項有三：㈠傳播者、發訊者；㈡訊息本身；㈢接收者、受訊者。茲分述如下：

㈠傳訊者（Communicator）

任何訊息傳播與溝通的主要動力來自於傳訊者，藉此媒介傳遞資訊，影響他人態度與價值觀。是故，傳訊者個人條件將足以決定傳播（溝通）的效果，個人條件包括性別、年齡、職務、學歷、聲望、社經地位等，其中尤以傳訊者個人的吸引力（attractiveness）與可信度（trustworthiness）為最重要的因素。常見電視節目的商業廣告經常邀請專家學者「獻身說法」，以其專業權威性（expertness）來說服社會大眾接受此一廣告訊息，或邀請知名藝人登台開幕剪綵，以其吸引力來強力促銷商品。

㈡訊息本身（Information）

傳播與溝通過程中，傳訊者所傳遞的資訊內容、方式、次序及重點等因素，都將影響訊息接受者的態度，進而影響其行為反應。根據心理學家對於人類「記憶與遺忘」（memory & forgetfulness）的研究，訊息內容本身是否有意義、有組織，將會影響人類的記憶效果，例如有些廣告強調「不使用本公司產品極易導致不良的身心後遺症」，藉此刺激消費大眾的高恐懼心理以誘發其購物行動。一般而言，高恐懼感的訊息較易引起個人較大的態度改變（陳家聲，民82）。此外，呈現訊息的方式是採取單面論證（one-side argument）或雙面論證（both-side argument），也將影響訊息接受者的態度是否改變。前者是指傳訊者只提供有利於己方觀點之訊息資料，此一方式對於教育程度較低、「民智未開」地區及態度原已支持己方者最為有效。後者係指傳訊者

同時提供該態度對象利弊得失的兩方論點予受訊者。一般而言，雙面論證對個人態度的影響大於單面論證，特別是在對方不同意己方觀點時（張春興，民72），此正說明了許多商品必須在電視廣告設計上，採取同時呈現不同品牌產品的使用效果，以提供消費者參考資訊，影響其消費態度與行為。

　　心理學家研究人類記憶系統中的「序位效應」（serial position effect），進一步發現訊息呈現的次序與其記憶量有密切相關，如圖4-3（黃天中及洪英正，民81）。圖4-3顯示，最初學習的材料容易記憶，即初始效應（primary effect），剛完成學習的材料也比較容易回憶，即近時效應（recency effect）。由此可知，電視商品廣告所呈現的時段及次序不同，對消費者的訊息傳播效果也將有所不同。

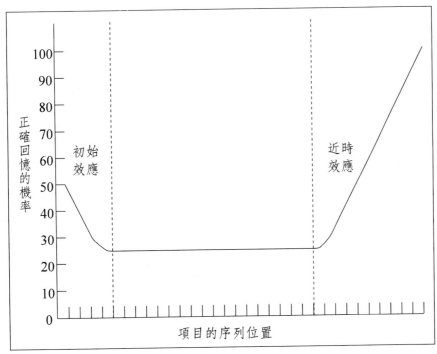

圖4-3　人類記憶效果與訊息序列的相關

（資料引自：黃天中、洪英正，民81，頁218）

(三)訊息接收者（Recipient）

傳訊者所傳播的訊息，即使完全考慮上述因素，也未必能發揮良好的傳播效果，未必能有效改變個人的態度。另一重要關鍵即在於訊息接收者，包括接收者的身心狀態、知識水準、溝通意願、訊息接收能力及其他個人因素。對於本身不熟悉的資訊，個人較傾向於接收訊息以改變態度；反之，若個人專業的領域或熟悉的事物，則此類訊息傳播所產生的效果較有限，例如對於比較不熟悉的機械電子、政治等資訊，女人較男人容易被說服而改變態度；至於教養子女、兩性關係、商品資訊等主題，男人顯然較易受傳播訊息的影響（陳家聲，民82）。此外，成人的態度較兒童與青少年不易改變，亦即所謂的「老頑固」；又個人早期經驗所形成的態度較成年後所習得的態度牢固且不易改變。

四、態度的性質與功能

探討態度的形成與改變之後，對「態度」已有進一步的認識。基本上，態度具有下列數項重要的特性：

1. 態度是一種內在的心理傾向，而非僅限於外在的行為反應。
2. 態度是有組織的、是學習而來的，因此可以透過情境設計、訊息傳播來改變個人或團體的態度。
3. 態度必須有其對象，此等對象可為具體的人、事、物，也可為抽象的概念或思考。
4. 態度具有一致性與持久性。個人在不同時空下的態度，除非受到重大刺激影響，否則變異性不大，例如消費者「品牌忠實性」的消費態度與習性即具有相當的特久性。
5. 態度有類化傾向（generalization），對某單一對象持正向態度者，對其他同類對象也易形成正向態度，此正所謂「黨同代異」、「近朱者赤」。

6. 態度只是一種行為傾向，而非行為的本身，因此較難直接觀察，只能從個體的外顯行為去「推估」其內在心理狀態。

7. 個人態度的形成與改變受到許多因素影響，包括文化傳統、學校教育、社會環境、家庭教育等。態度是一種社會化的人格特質。

　　了解人類態度行為，有助於人與人之間的互動與溝通，所謂「性相近」、「近墨者黑」、「道不同不相為謀」。「態度」基本上反映了個人或團體的價值觀、行事準則及其人格屬性，正因如此，透過態度的評定、判斷，將有效的協助個體生活適應與人際溝通。此外，態度也具有下列三種重要功能：

(一)工具性功能

　　個人藉由認同態度對象，從中獲得增強性的目標物。例如員工知道主管「耳根軟」喜歡聽好話，因此表現附和逢迎的態度，以獲得主管的好感及加薪晉級升遷等利益。

(二)價值反映功能

　　個人任何的態度傾向，均足以反映其內在的價值觀；同理，任何特定的事物也可能涉及某些價值觀、態度，例如「寶劍贈英雄」、「香車配美人」、「醇酒佐佳餚」等，似乎劍、車、酒反映了部分男性的好惡態度與社會價值觀。

(三)自我防衛功能

　　有時個人為了減輕自我內在的心理壓力，會採取某種態度反應，例如不受消費者欣賞的商品，廠商往往會出現「曲高和寡」、「大眾品味不高了」、「消費者很難伺候」等態度反映。

第二節　態度的測量方法

　　基於上述態度的特性與功能，為了掌握人類態度，進而採取必要的措施與法則來規範人際互動與生活品質，有關「態度的測量」便是一項重要的課題。探討人類的「態度」，若只限於了解其意義、結構、性質、功能、形成與改變，似乎無助於人類的生活品質與問題解決，惟有進一步研究態度的測量方法，才能精確、詳實的預測、詮釋與了解人類的態度行為。態度測量（attitude measurement）是一種推知個人態度及其性質的工具。態度測量的方法包括直接觀察、面談或自陳式量表、問卷或心理測驗的實施等。許多心理學家也曾設計過各種刺激情境，以引起個人的行為反應，從而推估、判斷其態度。最常用來測量態度的方法有三種，茲分述如下：

一、行為觀察法

　　觀察法是心理學研究法中使用最普遍、最方便的一種。所謂「觀察法」（observational method）是指由研究者直接觀察、記錄個體或群體的活動，從而分析、研判與其有關因素的一種方法。觀察法可依其觀察場所及設計情境之不同，區分為控制觀察與自然觀察二類，前者多用於實驗室內；後者多在自然情境下觀察。此外，若依其觀察者與被觀察者之互動關係，又可分為參與式觀察及非參與式觀察。觀察者可透過被觀察者的行為見聞，來推估當事人的態度、價值觀等內在狀態，例如欲了解消費者對新產品的滿意度或接受度，辦理「試賣會」（試吃、試飲、試用及試車等），從中觀察消費者的各項行為反應及

參與情形，便可分析、了解其消費態度。

　　基本上，無論是任何一種型式的行為觀察法，觀察者都不可過度解釋所記錄、觀察到的現象，也就是觀察者注重在掌握「是什麼」（what）而不是「為什麼」（why）。同時，觀察所得的資料必須具有準確性、代表性，不宜「斷章取義」、「以偏概全」，觀察行為要先界定，觀察宜隨時記錄在事先準備的觀察表上，並利用電動器材輔助，例如錄音機、錄影機等，以便獲得更多更客觀的資料，惟研究者須事先告之被觀察者，徵詢其可接受的觀察方式。同時適當的採用時間取樣（time sampling）的設定方式，例如何時觀察、觀察多久、時段選擇、重點觀察或完全觀察等等。

二、生理測量法

　　眾人皆知，「測謊器」普遍被用來作為司法偵查犯罪的工具之一，藉由此一儀器來測試當事人的感覺態度及行為反應是否真實。測謊器其實就是一種生理測量法的工具。一般而言，瞳孔反應、呼吸反應及膚電反應（GSR）是生理反應測量態度時較常使用的三種方法。普諾里爾和魯特（Prorier & Lott）在一九六七年曾進行一項種族歧視的態度研究，安排白人與黑人分別碰觸白人受試者的身體，結果發現：種族歧視態度強烈的白人受試者，其被黑人碰觸時的膚電反應較白人碰觸時為強。當然，測試生理反應的工具設備成本高，加上受到物理儀器的精密程度及個人社會化程度、偽試傾向等心理因素的影響，生理反應法在態度測量上的使用限制較多。

三、自陳量表法

　　心理學是「研究個體行為的科學」，而研究個體行為最直接、有效的方法便是當事人的自我陳述（self-report）。自我陳述的管道包括

口述與筆錄二種，前者類似訪談（interview，又稱會談、晤談），後者則以紙筆測驗的型式為主。紙筆式的自陳量表法是心理學者最常用來測量人類態度的一種方法。心理學界最早出現的態度量表為波卡多（Bogardus）在一九二五年所編製的「Bogardus Social Distance」量表，此量表用來測量人類對不同種族和宗教團體的接受程度。根據葛樹人（民 80）的研究，自陳式的態度測量法主要有三種：塞斯通（Thurstone）的「等距量表法」、李克特（Likert）的「總加量表法」及奧斯古（Osgood）的「語意差別法」，茲摘述如下：

(一)等距量表法（Method of Equal-appearing Intervals）

Thurstone 在一九二九年創立等距量表法（method of equal-appearing intervals），並與其同事使用此法編製了二十個量表，用以測量人類對於戰爭、死刑、教會、愛國心、新聞檢查制度，以及其他機構、團體、問題等態度。葛樹人（民 80）認為採用此法編製量表時，首先須針對主題撰寫相當數量的有關題目，這些題目應能充分涵蓋該主題的範圍，然後將它們交給一群評判者，請其依各自的好惡觀點將之分成不同的等級類別（一般為十一級；第一類：最不贊成或最不同意……第十一類：最贊成或最同意）。其次，依分類結果計算各題目在十一個等級中的次數分配，並以累積次數分配法繪畫百分比圖，同時決定各題目之量表值（scale value）和模糊指數（index of ambiguity）。每一題目之量表值為其等級類別的中數。模糊指數則為等級分類的四分位差距Q，代表項目上分類的變異性，Q 之值愈大表示該項目上之反應愈不一致，亦即愈模糊；反之，Q 之值愈小顯示反應愈一致，表 4-1 所陳示者即為此類量表之實例。

施測時，由受試者對量表上的題目逐條作「同意」或「不同意」之反應，然後取其在「同意」項目上所有量表值分數的中數，即得態度分數。態度分數愈高，代表受試者對該主題愈持有正面的態度。從以上的說明可以看出，等距量表法的編製與實施程序相當繁雜，是其

一項缺點。同時，它以評判者的評定來決定量表值似乎難以保持完全的客觀，而會影響到測量的準確性。更有甚者，這些評判者是否即能代表大眾的一般反應，亦不無疑問。最後，此類量表上的態度分數是由中數決定，但是同樣的態度分數並不一定代表相同的態度型態（包括範圍以及程度），這些都是使用者必須注意的。

表 4-1　塞斯通式態度量表之實例

> 指導語：這是一份測量人類對戰爭態度的量表。請閱讀下列的敘述句，就您個人看法，同意或不同意者請在該題題號前的（　）內打✓或✗。

量表值	選項	題號	題　目　敘　述　句
7.5	（　）	1.	在某些時候，我們需要戰爭以維持正義。
3.5	（　）	2.	即使對勝利者而言，戰爭所帶來的好處，很少能彌補它所帶來的損失。
9.7	（　）	3.	戰爭使人表現出他最好的一面。
0.2	（　）	4.	沒有任何理由可使戰爭成為正當的行為。
6.9	（　）	5.	戰爭或有些許好處，但是人類卻須為此付出極大的代價。
8.7	（　）	6.	戰爭通常是維護國家榮譽的唯一途徑。
0.8	（　）	7.	戰爭造成使人害怕的混亂。
5.5	（　）	8.	我未曾想過戰爭而且對它也沒興趣。
1.4	（　）	9.	一種無情的爭鬥，最後將導致人類毀滅。
8.3	（　）	10.	戰爭所帶來的善果並未受到世人的重視。

4.7（　）*11.和平主義者的態度是正確的，但有些人卻矯枉過正。*

2.1（　）*12.戰爭之惡遠大於它可能帶來的任何好處。*

6.8（　）*13.雖然戰爭很可怕，但也有其存在的價值。*

3.7（　）*14.國際間的爭端，不應該透過戰爭來解決。*

11.0（　）*15.戰爭是光榮的。*

6.5（　）*16.防衛性的戰爭是正當的，其他的戰爭則否。*

2.4（　）*17.戰爭帶來對人類生命的蔑視。*

10.1（　）*18.沒有戰爭就沒有進步。*

3.2（　）*19.犧牲某些權利來避免戰爭是明智之舉。*

9.2（　）*20.對於國際間重大的惡行，只有戰爭能加以導正。*

※注意：量表值並不出現於實際使用之量表上，此處僅作為說明
　　　　塞斯通量表的編製內容。資料來自 Peterson（1931）之戰
　　　　爭態度量表。

(二)總加量表法（Method of Summated Ratings）

　　Likert（1932）所設計的總加量表法在編製上比較簡單。此法假設
每一態度項目（例如非常同意至非常不同意）皆具有對應量值，但不
同受試者對同一題目的反應會有程度上強弱的差異。Likert 式量表的結
構共包括兩個部分：一系列表明對所測量主題正向或反向態度的**敘述
語句**和一個用來表示好惡程度的**評分表**，此評分表內項目通常含有「非
常同意」、「同意」、「未定」、「不同意」和「非常不同意」五個
等級（或「同意」、「無意見」、「不同意」三個等級），由受試者
用來對每一語句或項目加以反應。編製時，可先擬訂四、五十個題目，
然後將它們實施於一群試測樣本，繼之以項目分析法找出辨別力（power
of discrimination）最強的題目組成正式量表（通常正、反向語句各十
個）。

通常這類量表在計分時，非常同意反應可得 5 分、同意反應 4 分、未定 3 分、不同意 2 分、非常不同意則僅給 1 分。受試者在所有題目上得分的總合，即為其態度分數，此分數愈高表示態度上愈趨向贊同，總分愈低愈趨向不贊同。在反向語句上的反應則可以倒過來計分，其計分方式亦可類推。受試者所得的態度分數並可利用實徵常模加以解釋。表 4-2 即為 Likert 式量表之實例。

表 4-2　李克特式態度量表之實例

指導語：這是一份評量學生對導師班級經營態度的問卷，請您就自己與導師之間的互動情形，於每題後一適當的選項上打✓。

選項　　題目	非常同意	同意	無意見	不同意	非常不同意
1. 當我有困難時，我會找導師協助	☐	☐	☐	☐	☐
2. 我認為導師對班上學生沒有偏見	☐	☐	☐	☐	☐
3. 我認為導師不尊重學生的想法	☐	☐	☐	☐	☐
4. 我認為導師言行可以做學生效法的對象	☐	☐	☐	☐	☐
5. 我認為導師溫暖關懷，能接納學生的感受	☐	☐	☐	☐	☐
6. 我認為導師無法凝聚全班向心力	☐	☐	☐	☐	☐
7. 當我有需要時，我無法容易地找到導師	☐	☐	☐	☐	☐
8. 我認為導師能掌握班上學生的生活言行	☐	☐	☐	☐	☐
9. 我不認為導師平易近人，有親和力	☐	☐	☐	☐	☐
10. 我認為導師積極負責，用心班務	☐	☐	☐	☐	☐

Likert 式量表為態度測量上最常用的工具，它在編製上比 Thurstone 的等距法更為簡單，且在信度與效度上並不遜色於其他方法。此量表中的題目可以對主題範圍作較廣泛的全面涵蓋，不必受到評判者好惡的限制，它的另一項優點是在測量上兼顧反應程度的差異，精確性較

高；但是此一評量法也有一個潛在的缺點，那便是有些受測者在這類量表上的選取反應有時呈現向中間集中的趨勢。此外，就像Thurstone量表一樣，Likert式量表也以單一總分來代表一個人的態度，但是此一分數卻無法真實地反映出態度型態上的個別差異性。

(三)語意差別法（Method of Semantic Differential）

另一種態度測量的方法是語意差別法，此法原出自 Osgood, Suci, & Tannerbaum （1957）的語意心理學研究，但可被引用來測量任何人格特質或主題態度。以語意分析法來測量態度時，並不使用像其他量表中所用的表明贊成與否的敘述語句，而是代之以所謂的兩極形容詞量尺（bipolar adjective scale）。

Osgood以因素分析法研究人們對字的情緒反應，發現有三種主要因素之存在，它們分別為評價、力量和行動。評價（evaluative）因素在好－壞、喜－惡、有價值－無價值等兩極形容詞量尺上具有高度因素負荷量；力量（potency）因素與強－弱、大－小、輕－重等類似量尺有關；而行動（activity）因素則與主動－被動、快－慢等形容詞有關。以上三者中以評價因素最為重要，故語意差別法頗適宜用來測量態度。

在使用此法時，編製者須先界定其所測量之態度主題，並選擇一系列約十五對或更多的兩極形容詞組成一個量表，每配對的兩個形容詞意義上完全相反（如好－惡、冷－熱），同時並在這兩個形容詞之間設立一個共分七個等級的評量量尺，此評量量尺由受試者用來表示其對兩極端形容詞之反應傾向，量表上的數值可以 1、2、3、4、5、6、7或－3、－2、－1、0、＋1、＋2、＋3 來代表。表 4-3 即為一兩極形容詞量表所構成的實例，此量表所欲測量的對象行為是對電視節目的態度。在編製兩極形容詞量表時最主要的便是這類形容詞的選擇，編製者若能依個別主題，設計適當的形容詞最為理想。

在計分時，將受測者在各量表上所選擇的數值相加並求其平均數

即得態度分數,惟在此程序中應注意的是,以正向和反向排列的兩極形容詞所使用的加權數值宜作相反方向之排列。計分的結果如果在3.5(或 0)以上即表示對所測之主題具有正面的態度,數值愈高代表愈為贊同;反之,數值愈低則顯示愈不贊同。

表 4-3　奧斯古式態度量表之實例

電	視		節		目		
好	1	2	3	4	5	6	7	壞
低俗	1	2	3	4	5	6	7	高尚
公正	1	2	3	4	5	6	7	不公正
不愉快	1	2	3	4	5	6	7	愉快
仁慈	1	2	3	4	5	6	7	殘忍
有價值	1	2	3	4	5	6	7	無價值
緊張	1	2	3	4	5	6	7	輕鬆

第三節　態度測量與市場調查

　　態度測量不僅是心理學的研究課題,並且已廣泛的被運用在民意調查、教育評鑑及市場分析等領域。基本上,態度是一種個人喜好的心理傾向,在市場關係上,態度反映了消費者喜愛的產品種類或準備購買行動的一種狀態;然而,態度也不完全只是喜歡或不喜歡商品的問題,而是包括許多複雜判斷事物的結果,包括消費的型態、環境的條件與經濟價值等因素。因此,近幾年來,研究消費者態度如同市場調查(market survey)般,皆在於預期個人經濟狀況與市場條件,以及

如何激發消費大眾的購買行動。

態度與購買決策之間是否具有實際相關，可由兩方面來探討：㈠詢問消費者對何種產品的特質或性質較爲喜好，何者可作爲其個人最重要的消費決策考量，例如個人的安全感、門市專櫃人員的服務態度、獲得利益多寡、商品的使用情形及附加價值等；㈡比較購買者及非購買者對不同產品特質的反應，以窺知其態度。當然，此兩部分的探討，前提必須是銷售者與消費者之間有直接互動的關係。

消費者消費態度與行爲的特徵，可以決定其消費購物的傾向，也可作爲各種市場調查、行銷規劃與商品定位的基礎，其對銷售業務的行爲會產生重大的影響，如圖 4-4。根據消費者的態度測量來建立市場調查的基礎，再根據市場調查結果以對行銷環境研判及競爭態勢評估，進而掌握本身資源，以了解企業目前所追求的市場目標或目標市場是否適當，有無調整規劃必要。透過市場調查，一旦發現目標市場變動或必須調整，則行銷組合決策往往也隨之改變。

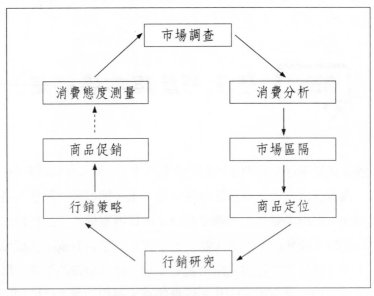

圖 4-4　消費態度與市場調查之相關

　　藉由消費者態度測量，即使目標市場不變，也可藉此考量商品定位與創新的必要性，從而掌握消費大眾的市場需求、交易行動、媒體習慣、行銷組織、購買作業及消費動機。態度測量與市場調查也有助於企業本身客觀的評估其擁有各項資源與市場的競爭態勢，並整體評估其經營環境，包括企業本身的財力、生產和行銷能力及企業外的人口設計環境、政治環境、經濟環境、生態環境、物料環境與人文環境等，以預測企業經營的可能發展趨勢。了解各種發展趨勢的利弊得失後，可適時化解商品促銷的企業危機，帶來有利的經營契機。

　　「市場調查」與「行銷研究」（marketing research）不同，這兩個名詞經常令人混淆不清，使人誤解。一般而言，市場調查又稱「市場研究」（market research），主要是在探求產品的市場資訊，作為財貨勞務之生產、分配、交易與服務等行為之參考。至於行銷研究則是「有系統的設計、收集和分析有關行銷問題的資訊，發展和提供行銷管理決策過程所需的資訊」。後者較前者的範圍為廣。換句話說，市場調查是行銷研究的一環，旨在提供有關的行銷資訊。

　　市場調查的研究步驟相當複雜，有時單就其取樣或蒐集資料可能花費相當多的時間。市場調查基本上是一項專業，必須結合組織體制內與外界的資源協同合作。一般市場調查的步驟包括；1.確定調查問題與目的；2.確立調查設計的類型；3.蒐集有關資料並加以分析；4.決定調查的方法與範圍；5.設計取樣的方法與程序；6.進行調查與結果分析；7.撰寫研究報告；8.運用市場調查的結果。

　　一般而言，最常見的市場調查方法乃是訪問法（interview），並且根據其是否使用結構式問卷和是否隱藏研究目的二項因素，區分為四種型式的訪問法：1.結構－直接訪問法（structured-direct interviews）；2.非結構－直接訪問法（unstructured-direct interviews）；3.結構－間接訪問法（structured-indirect interviews）；4.非結構－間接訪問法（unstructured-indirect interviews）。其中使用最廣、運用相當普遍的是「結構－直接訪問」法。調查人員利用結構式的正式問卷，直接根據問卷

內容，利用電話或面談方式調查受訪者，或是將問卷郵寄給受訪者，不同型式的訪問調查法各自有其優點與限制，詳見表4-4（黃俊英，民86）。惟訪問過程中或郵寄的問卷上，有必要直接說明調查目的，以激發受訪者受訪與填答問卷的意願，完成調查目標。至於訪問調查的目的、優點、限制及其編製，所涉及社會科學研究法的精神與內涵，更必須加以重視。

表4-4　不同調查訪問方式的比較

比較向度＼調查方式	郵寄調查	電話訪查	面談訪查
(1)單位成本	最低	如需利用長途電話，耗費較高	最高
(2)彈性度	須有郵寄地址	只能訪問有電話的人	最具彈性
(3)資訊的數量	問卷不宜太長可收集大量資訊	訪問時間不宜太長	可收集到適宜的資訊
(4)資訊的正確性	通常較低	通常較低	通常較正確（視訪問人員素質而定）
(5)無反應偏差	無反應率最高	無反應率較低	無反應率最低
(6)速度	最慢	最快	假如地區遼闊或樣本甚多，也很費時

（資料引自：黃俊英，民86，頁181）

問卷的調查與編製

　　問卷調查（questionnaire survey）是一種廣為人知且容易實施的研究方法。此法乃是根據母群體（population）所選取的樣本，透過問卷來蒐集樣本資料，以從事探討社會變項與心理變項的發生、分配及其彼此相互關係的一種研究法，旨在探討主題對象的現況，做為解決問題、規劃未來的依據。問卷調查有助於探求事實的現況，而不適於探求事實的原因。是故，問卷調查較屬於一種廣度的研究，而非深度的研究。茲將問卷的調查與編製要點說明如下：

一、問卷調查

　　問卷調查乃是將設計好的問卷或調查表郵寄（面交）給受訪者或將受訪者集合起來填寫問卷。使用問卷來做為資料收集的方法，在社會學、教育學與心理學的研究中，相當普遍。郵寄問卷調查的優點在於節省成本、省時經濟、集中控制、大範圍普查、分布偏差少、能給予受訪者自由思考，並且減少調查者訪談誤差等。然而，郵寄問卷調查仍有其限制，主要的缺點在於：

　　1.回收率低，影響結果準確性。

　　2.問卷編製的信度與效度問題。

　　3.無法證實受訪者的個人資料及填答態度。

　　4.無法排除問卷填寫的情境干擾變項。

　　5.受訪者對問卷本身的認知了解與對調查目的的支持程度，不易掌握。

　　是故，問卷調查必須慎選研究問題與調查對象，同時考量問卷的郵寄方式、填答誘因、催覆方法等因素，特別是問卷的品質，更必須謹慎編製。一般而言，問卷的回收率若低於 50%以下，所收集到的資料與調查結果較不足以採信，其正確性值得商榷（郭生玉，民 72）。儘管如此，郵寄問卷調查仍有其價值與貢獻，特別是經濟與方便二大優點，同時具有廣佈性與保密性，值得運用於市場調查與消費態度測量中。

二、問卷編製

　　如前所述，問卷調查欲發揮功能，達成其研究調查之目的，必須考量問卷的品質，亦即提高問卷內容的可信度與有效性。在編製上，儘管問卷不似科學性「心理測驗」（mental test）般的嚴謹，也無法完全建立、考驗問卷的信度與效度，但問卷題目及其內容在撰寫編製時，仍有一定的考量要素，包括有效（優良）問卷的特徵、問卷編製的程序及原則。

(一)優良問卷的特徵

　　問卷編製的內容、字詞、用語、思考角度、填答態度等變項，都可能導致調查結果的誤差，故任何型式的問卷在編製、實施及結果的應用都必須謹慎。一份優良的評量問卷須具有下列特徵（郭生玉，民 70）：

1. 問卷中所有的題目都必須和研究的目的相符合，亦即題目都是測量研究所要測量的變項。

2. 問卷要能顯示出和一個重要的主題有關，使填答者認為重要且願意花時間填答。因此，問卷的重要性應在問卷中清楚說明，或在所附的信函中表明。

3. 問卷僅使用在由其他方法所無法得到的資料，例如從學校或普查

的資料中不能獲得的。

4.問卷要儘可能簡短，其長度只要足以獲得重要的資料即可。因為問卷太長將會影響回收率。

5.問卷的指導語要清楚詳盡，重要詞句要加以界定，每個問題僅處理一個概念，而所有詢問的用語，力求簡明清楚。所提供的反應項目要清楚、正確而易於回答。

6.問卷的題目要客觀，沒有導引所期望的暗示反應。

7.問卷的題目要依心理的順序安排，由一般性而至特殊性題目。這種順序有助於填答者組織其思考，故其反應將會符合邏輯而客觀。在出現私人或敏感性的問題之前，應先呈現那些可以引起好感態度的問題。如果可能，應避免引起令人苦惱或困窘的問題。

8.問卷所收集的資料要易於量化、統計、列表說明和解釋。

9.問卷的外觀要具有吸引力，不但安排適宜而且印刷要精美。

10. 問卷中應包含下列幾項重要的資料：研究目的與單位、指導語、個人基本資料和問卷的題目。

(二)問卷編製的程序

一份優良的問卷，在編製上有其複雜的程序，包括確立調查目的、確定問卷的型式（問題是開放式或封閉式的陳述）、了解研究的範圍、實際撰寫題目、考量資料編碼與統計方式、決定所要收集的資料、預試修稿及定稿等，詳見圖4-5。

通常進行問卷調查前，研究單位或人員必須撰寫研究調查計畫，清楚說明調查目的、研究背景、名詞界定、文獻探討、調查方法、研究步驟及統計方法等。而後，根據計畫進行調查。

編製問卷前宜多方面蒐集文獻資料，並加以分析、研判及過濾。若有現成的研究或已流通的問卷可資參考，且其內容與個人的調查目的、研究計畫相一致，也可加以運用，不必浪費多餘的人力、時間去編製問卷，但須尊重原編製者的智慧財產權。編寫題目後，也可多方

諮詢專家意見，並進行項目分析，以過濾不適宜的問卷題目。最後，在編製時宜考量問卷的美觀、客觀等要素。

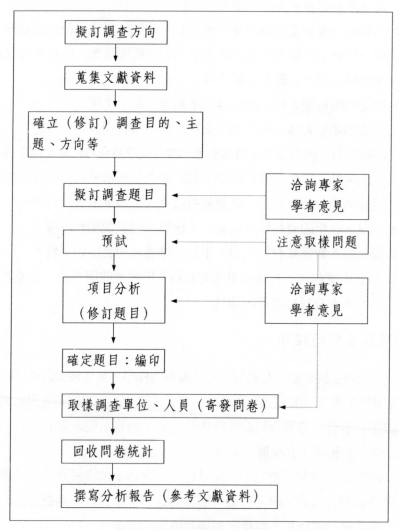

圖4-5　問卷編製的程序

(三)問卷編製的內容與原則

一份完整的調查問卷，其內容大致包含三大部分：指導語、基本

資料及調查問題。指導語乃是在協助受訪者了解研究調查的目的，激發其詳實填答的意願並使其有受訪的安全感。因此，問卷的**指導語**必須具備下列要項：*1.*調查目的；*2.*填答方式；*3.*保密承諾；*4.*回收說明；*5.*祝福感謝；*6.*調查單位等。其中問卷「回收說明」包括立即回收（例如「填寫完畢，請交櫃台服務人員」等語）或期限回收（例如「請填寫後於○月○日前逕寄○○單位」）。有時為了提供受訪者的填答誘因，在問卷指導語上也可表示是否贈予「增強物」，例如精美的小禮品、點券等。

　　此外，大多數的受訪者在填寫問卷時，也會受到「調查單位」是否具有公信力與專業性、公家機關或私人機構、個人需要或組織功能等因素的影響，上述屬性甚至影響問卷的回收率與結果。一般而言，具有公信力與專業性的學術機構較容易吸引社會大眾的關注，私人營利事業單位及個人研究計畫較難獲得受訪者的配合意願。最後，問卷調查結果是否提供受訪者參考及如何加以運用，也有必要說明於問卷指導語中。

　　至於**基本資料**部分，必須配合研究的對象與範圍，同時考量調查的目的、主題及統計的方式。更重要的是，除非必要否則**不宜作涉及受訪者個人身分確認的設計**，例如病歷史、身分證字號、出生年月日、戶籍所在地（里鄰巷弄號等）及個人詳細所得等資料。當然，問卷基本資料欄的題目設計須考量受訪者的填答意願與統計量化等因素，故**可採取選擇題之類的封閉式問題**，儘量避免使用問答題之類的開放式題目（如表4-5）。此外，基本資料欄的題目內容宜與欲調查的主題或對象有關，才有助於問卷回收後統計結果的分析，例如若只是籠統的欲了解市場、商品的消費結構（你的消費頻率），而未能進一步界定、分析市場構成的消費者特徵（性別、年齡、教育程度、消費點……），則易喪失問卷「基本資料欄」的功能，徒增人力負荷及導致問卷篇幅冗長等缺失產生。

　　是故，**基本資料欄的題目若採李克特式量尺或選擇題式時，其選**

項必須列舉完整（例如增加「其他」項）、相互排斥且利於統計分析（如表4-6）。

表 4-5　封閉式與開放式題目範例

(一)封閉式題目：

　　1. 教育程度：□國小(含)以下 □國中 □高中職 □大學(含)以上

　　*2.*年　　　齡：□20 歲(含)以下 □21 歲至 40 歲(含)以下

　　　　　　　　　□41 歲至 60 歲(含)以下 □61 歲以上

(二)開放式題目：

　　1. 你的教育程度為何？＿＿＿＿＿＿＿＿＿＿＿＿＿＿

　　2. 你的年齡為何？＿＿＿＿＿＿＿＿＿＿＿＿＿＿＿

　　3. 你曾使用本公司那些產品？＿＿＿＿＿＿＿＿＿＿

表 4-6　問卷基本資料欄之範例

(一)錯誤範例：

　　1. 所得：□200,000 元以下 □200,000 元~500,000 元

　　　　　　□500,000 元~800,000 元 □1,000,000 元以上

　　2. 職業：□軍公教 □工商 □農林漁牧

(二)正確範例：

　　1. 年所得：□未滿 200,000 元

　　　　　　　□200,000 元(含)以上~未滿 500,000 元

　　　　　　　□500,000 元(含)以上~未滿 800,000 元

　　　　　　　□800,000 元(含)以上~未滿 1,000,000 元

　　　　　　　□1,000,000 元(含)以上

　　2. 職　　業：□軍 □公 □教 □工 □商 □農林

　　　　　　　□漁牧 □學生 □無業 □家管

　　　　　　　□其他＿＿＿＿＿＿＿＿＿（請註明）

問卷是收集研究資料、了解人類心理反應的一種重要工具。一般而言，一份問卷的主體即在於調查題目本身，因此，如何設計問卷題目使其符合調查者的研究需求及調查目的，同時又能有助於受訪者了解題意、詳實作答，是一件費時、費心又需要專業知能的複雜工程。設計問卷時，首先要確定問卷題目的型式，一般常見的是李克特式總加量表法，此法已在本章前一節討論過。李克特式的評定項目通常含有「非常同意」、「同意」、「不確定（無意見）」、「不同意」、「非常不同意」五個等級；除此之外，在實際應用時，調查者也可根據研究目的、範圍與對象等考量，彈性設計二個等級量尺（例如「是」、「否」）、三個等級量尺（例如「同意」、「不確定」、「不同意」），四個等級量尺（例如「非常滿意」、「滿意」、「無意見」、「不滿意」）或六個等級以上量尺（諸如「總是如此」、「經常如此」、「有時如此」、「偶爾如此」、「很少如此」、「從未如此」……）來作為評定項目。惟評定等級多寡，除了視題目本身需求、研究目的與統計量化等考量之外，亦宜注意是否誤導受訪者，使之失去研究的客觀性與結果的準確性，例如上述四個等級量尺中，顯然其支持度範圍（非常滿意、滿意、無意見）大於不支持度範圍（不滿意）。

　　除了上述因素的考量之外，一般在撰寫問卷題目時亦須謹慎留意。畢竟調查題目是構成問卷的核心，題目是否具有適切性，也會影響問卷的性能好壞及調查結果。是故，撰寫題目時，其內容要符合研究目的而且題目的用語要清楚、易於了解。此外，必須注意下列原則：

1. 容易被誤解的字詞宜避免使用，否則就必須清楚界定。

　　例題：你在那裡工作？

　　上述題目中的「那裡」易使人誤解其題意，究竟要受訪者填答工作的性質（貿易行、金融業……）、工作的地點（台北縣、高雄市……）或工作的部門（公關部、業務部……）。

2. 題意要清楚明確，避免過於空泛。

　　例題：你喜歡本餐廳嗎？　□是　　□否

上述題目的題意不夠清楚明確,而且所涵蓋的範圍太大。消費者也許喜歡餐廳的氣氛佈置、停車方便、價格公道,但也可能不喜歡該餐廳的菜色口味、服務態度。因此問卷題目宜題意清楚明確,以免調查結果失去精確,無法加以運用。

3.儘量使用肯定的敘述,避免採用否定句來詢問,特別是雙重以上的否定句。

例題:你不認為社會大眾普遍不喜歡不實的廣告嗎?

□是　□否

上述題目使用雙重否定的文字敘述問題,使題意不能直接顯示出來,而且也導致受訪者回答困擾及調查者統計分析的困難。是故,本題可以修正為:你認為社會大眾普遍排斥不實的廣告嗎?□是　　□否

4.問卷內同一題目避免包含兩個以上所欲調查的主題概念。

例題:你到百貨公司購物喜歡搭乘電梯和手扶梯嗎?

□是　□否

上述題目因使用兩個主題概念「電梯」和「手扶梯」,容易導致受訪者作答的困擾,如果受訪者答「否」,可能表示兩者都不喜歡,也可能表示不喜歡其中一項(「電梯」或「手扶梯」)。因此,本題可以修正為兩個題目來調查,亦即「你到百貨公司購物時,喜歡搭乘電梯嗎?」和「你到百貨公司購物時,喜歡搭乘手扶梯嗎?」或以開放式選擇題來呈現問題。

5.避免使用學術上的專有名詞或艱深難懂的詞彙。

例題:對於自我統合感不佳的主管,你認為他需要接受認知治療嗎?

□非常需要　□需要　□視情形而定

□不需要　　□非常不需要

上述題目中,「自我統合」、「認知治療」屬於心理學、輔導學的專有名詞,前者(ego identity,又稱「自我認同感」)係指個人在心

理上能自主導向，在行為上能自我肯定，能對自我現況、生理特徵、社會期待、過去經驗、現實環境、未來希望等六個層面的覺知加以統整，以適應生活。艾瑞克遜（Erikson）認為自我統合乃是青年期人格發展的中心任務。至於「認知治療」（cognitive therapy）是心理治療的一種理論取向，由貝克（Beck）所創，認知治療乃是透過專業人員來協助當事人，學習對人、事、物等層面能夠有一適應的想法與態度，以正向影響其情緒及行動反應。此二者皆是專有名詞，真正了解或認識的受訪者有限，除非問卷調查的對象皆有此一學習背景，否則艱深難懂的詞彙及學術性專有名詞宜避免使用，以免受訪者因誤解而作答不實，影響調查結果的準確性。

6. 避免不適當的選項（反應項目）。

　　例題一：你的婚姻狀況為何？□已婚　　□未婚

　　例題二：你滿意本公司××化粧品的定價嗎？

　　　　　　□非常滿意　□滿意　□尚可　□不同意

　　上述例題因列舉的選項不完整、不確實或不客觀，客易造成受訪者的填答困擾或誤導調查結果。例題一的選項，對於離婚、分居、喪偶、同居等受訪者可能難以下筆回答。例題二的選項，反應量尺不均等，明顯有利於調查單位或廠商，因正向量尺（非常滿意、滿意、尚可）共佔了 75%，而負向量尺僅有一項（不同意）且與前述選項的意義不同（「不同意」與「不滿意」兩者意義有別）。是故，例題一之選項宜修正為：□已婚　□未婚　□離婚　□已婚分居　□未婚同居□喪偶　□其他。例題二之選項宜修正為：□非常滿意　□滿意　□無意見　□不滿意　□非常不滿意。值得注意的，許多受訪者傾向於採取中性反應，因此，問卷題目的選項宜儘量少用「不確定」、「視情況而定」、「不知道」、「無意見」等部分，以免調查結果不準確，無法分析運用。

7. 問卷題目必須在受訪者所能回憶的範圍之內。

　　例題一：你曾祖父的職業為何？

例題二：你在幼兒時，父母曾帶你到過那些風景區旅遊？

上述題目已超出受訪者所能回憶的範圍，即使受訪者填答，其反應也未盡詳實可靠。因為距離現在過久、過早的事實，大多數人常無法記憶或回憶有誤，因此，非必要宜少編製成問卷題目。

8.問卷題目的內容須避免引起受訪者的情緒困擾或心理壓力。

例題一：你每週手淫次數為何？

例題二：你曾經在購物時「順手牽羊」取物嗎？

上述題目均涉及個人的隱私權與道德感，容易引起受訪者的尷尬、愧疚、不安、難過等情緒，增加其作答的心理壓力，必須避免使用。若因調查研究的需要，編製問卷時，可在「指導語」中適當說明，或斟酌題目之字句用詞。

9.問卷題目宜避免讓受訪者花太多時間填寫。

例題：你覺得目前企業的經營危機為何？

受訪者面對上述（例題）之類的題目，往往必須花許多時間思考與填寫，如此一來將會影響其作答意願，同時也易造成統計量化、結果分析的困難，故應避免使用。即使問卷中需要此類開放性的問題，題數也不宜過多。此外，**問卷題目及篇幅太長，也會影響受訪者是否**用心作答的反應。一般而言，超過三十分鐘才能填寫完成的問卷，皆容易導致受訪者之受訪態度與作答反應的變質，有些受訪者因此胡亂勾選，敷衍了事。

10.避免有不適當假定的題目。

例題：你是否滿意本公司去年的加薪幅度？□是　□否

上述題目中，有一個不適當的假定，亦即假定每位受訪者去年都已加薪。事實未必如此，因此回答「否」的受訪者，可能意謂著當事人去年沒有加薪，也可能表示去年已加薪個人卻不滿意。一般商業性的問卷調查、消費調查都假設消費大眾使用過（或經常使用）該公司的產品或了解其商業資訊，實有待商榷。是故，編製問卷時宜加以留

意。

11. 題目中避免具有導引受訪者反應的暗示性線索。

　　例題：根據 TOGO 旅遊雜誌的調查，本公司消費服務的顧客滿意
　　　　　度佔 77%，大多數人皆滿意，你覺得呢？

　　　　　□非常滿意　□滿意　□不滿意　□非常不滿意

　　　上述例題有導引受訪者選答的線索，特別是調查者有意引用權威
性刊物或專家的說法來影響受訪者填答的傾向或給予其心理暗示。如
此一來，將無法客觀的收集到受訪者的意見資料，故問卷編製時應避
免之。

12. 題目中如有特別重要或需要強調的觀念，可在這些字
　　詞之下加線表示之。

　　例題：你覺得政府應該成立保護<u>消費者權益</u>的組織嗎？

　　　　　□非常同意　□同意　□無意見　□不同意　□非常不同意

　　　上述例題旨在藉由消費者權益下加線來代表其重要性，以引起受
訪者的注意。有時專有名詞也可以加線來強調此一觀念，並於題末旁
註明其意。

13. 當問卷題目的選項（反應項目）是屬於名義變數（nom-
　　inal variable）、次序變數（ordinal variable）時，必須列
　　舉完整。

　　例題一：你的年所得為何？

　　　　　　□十五萬元至二十五萬元

　　　　　　□三十萬元至五十萬元

　　　　　　□五十萬元至一百萬元

　　例題二：你經常和誰一起逛街購物？

　　　　　　□獨自一人　□父母　□手足　□配偶　□朋友

　　　上述例題一中，列舉的選項遺漏二十五萬元至三十萬元部分，以
及一百萬元以上，如此導致該二類所得的受訪者無法填答。至於例題
二中，遺漏的選項更多，諸如子女、師長、親戚等。此一原則相當重

要，編製問卷者若面臨有些題目之選項無法完全列舉時，不妨於後加一「其他」項，並附註「請說明」等詞句。

14. **問卷題目的選項波此之間必須互相排斥，沒有重疊現象。**

例題一：配合工作性質的需要，你比較贊成那種類型的辦公環境？

　　　□男女分室　□男女合室　□男女同樓　□男女分樓

上述例題的四個選項不是完全互斥，有些重疊現象。第一、二項可能包含在第三項（即男女同樓同室或同樓分室辦公），故實際上只有兩個完全相互排斥的反應項目。若問卷題目有此類現象與調查需求時，不妨採用「有條件式問題」或「**母子題**」方式來編製問卷。本題可以修正為：

修正題：配合工作性質的需要，你比較贊成那種類型的辦公環境？

　　　□男女同樓（選此項者，請續回答附題）

　　　□男女分樓（選此項者，請直接作答下一題）

＜附題＞如果男女合樓辦公，你比較贊成：

　　　□男女分室　□男女合室

15. **如果問卷題目是涉及評定或比較的向度，則宜提供參照點。**

例題：貴公司今年的營運業績為何？

　　　□優等　□中等　□劣等

上述例題中，對於企業的營運績效應提供一參照標準，究竟是與同性質公司比較或與去年的營運情況比較。同時，多少營業額（業績）屬於「優等」、多少營業額（業績）是屬於「中等」、「劣等」，也皆無說明附註，如此一來，不同受訪者的填答反應可能產生誤差，值得注意。

16. **問卷題目應以能提供完整（或重要）的調查資料為宜。**

如前所述，問卷不宜過長，題目不宜過多，以免影響受訪者的填答意願與調查結果。此外，每一題目皆應為調查者所欲了解的、所欲

17. **反應項目均屬於相同類型時，只在第一題（或下一頁頁首）列出即可。**

　　如果問卷內所有題目的反應項目均屬於相同的類型，則不必逐題重列，只在第一題列出反應項目即可，以免造成問卷篇幅冗長。除非是相同反應選項的題目連續編製在兩頁以上的問卷，方須在下一頁頁首再列一次，以避免受訪者填答時增加其視力負荷，也可減少答錯題的情況。此外，同類型的題目可採取五或十題以一條線（或空一行）方式加以區隔；若題目與反應項目之間距離太長，不妨以虛線連之，如下頁範例：

	非常同意	同意	不同意	非常不同意
1. 父母親同意你現在交異性朋友嗎？	☐	☐	☐	☐
2. 〔單親家庭會影響一個人與異性交往的態度〕，此項說法你是否贊成？	☐	☐	☐	☐
3. 父母親是否贊成你觀看色情影片？	☐	☐	☐	☐
4. 你是否贊成與父母親一起看「鎖碼頻道」？	☐	☐	☐	☐
5. 父母親是否贊成你帶異性朋友回家過夜？	☐	☐	☐	☐
6. 父母親的性觀念或性態度會影響你嗎？	☐	☐	☐	☐
7. 兄弟姊妹的性觀念或性態度會影響你嗎？	☐	☐	☐	☐
8. 你是否贊成父母親以他們親身的經驗教導你性觀念？	☐	☐	☐	☐

18. **問卷題目用語宜淺顯易懂，文詞流暢。**

　　題數過多，可以分類，有系統的整理陳述。此外，編排時不妨酌

予美工，注意題序問題與受訪者的測試傾向，考量問卷印刷品質及郵寄包裝等事宜。

四問卷編製的練習範例

問卷編製雖有相當多的程序、原則與專業考量，然而，因問卷調查法使用方便，運用範圍甚廣，已儼然成為社會科學研究法中的主流，廣受不同領域的調查人員及企業界市場調查新手的支持。調查人員若能多吸收問卷編製的原理，並經常針對生活周遭所接觸到的問卷嘗試加以修正。假以時日，隨著編修問卷經驗的累積，必能自我訓練成一問卷編製的專家。下列二份問卷範例，請參考本章內容加以修訂，包括問卷指導語、基本資料及調查題目等部分。

1.問卷編製與修訂範例之一（請練習修訂問卷）

航空事業發展及就業意願問卷調查表

各位朋友：

　　您羨慕在空中遨翔嗎？您想展翅高飛嗎？為了想了解您對航空事業的想法，特編製此一問卷。請您填寫後交給我們。謝謝您的合作。

　　敬祝

　　　身心健康

　　　　　　　　　　　　　　　研究單位　　○○○敬上

　　　　　　　　　　　　　　　　　　　　○年○月○日

A.基本資料

姓名：_____　性別：_____　出生日期：_____

地址：_____　電話：_____

學校名稱：_____　科系：_____　年級：_____

身高：____cm　體重：____kg　視力：(左)____度、(右)____度

B.調查題目

1.您目前從事的行業是：□學生　□服務業　□製造業　□公務員
　□軍人　□自由業　□求職中　□其他

2.您曾從事（或工讀）何種行業：□服務業　□製造業　□未曾工作
　□其他

3.您的家庭狀況？父：□存　□歿　母：□存　□歿

兄＿＿＿人、弟＿＿＿人、姊＿＿＿人、妹＿＿＿人

4.您的身體狀況：□極佳　□佳　□尚可　□差

5.您喜歡旅行嗎？□是　□否

6.您搭過飛機嗎？□是　□否（否：跳答第9.題）

7.您搭過那家航空公司的班機？＿＿＿＿＿＿＿＿＿＿＿＿＿＿

8.您滿意所搭乘的班機空地勤人員的服務態度及品質嗎？□很滿意　□滿意　□尚可　□不同意

9.您曾出國嗎？□是　□否（否：跳答第11題）

10.您曾去過那些國家或地區？＿＿＿＿＿＿＿＿＿＿＿＿＿＿

11.您對航空服務業整體印象如何？□極佳□佳□尚可□差

12.您認為自己有耐心嗎？□是　□否

13.您認為自己有高度的服務熱誠嗎？□是　□否

14.您不喜歡那些不需要服務他人的工作嗎？□是　□否

15.您適應新環境的能力如何？□好　□不好　□不知道

16.您不希望從事航空服務業嗎？□是　□否

17.您有親戚或朋友從事航空服務業嗎？□是　□否

18.您的家人同意您報考航空業嗎？□是　□否

19.您比較嚮往：□空勤　□地勤

20.您對航空事業了解嗎？□很了解　□大致了解　□不了解

21.您可以接受空服員簽約制度嗎？□是　□否　□其他意見

22.如果您嚮往地勤職務，您理想的上班地點在：□市區　□機場　□兩者皆可

23.您的語言能力如何？□國語　□台語　□英語　□日語　□客語

24.您的辦公室事務機器能力如何：□理想　□普通　□不佳

25.在從事航空業前，您能接受考前或職前訓練嗎？□是　□否

26.您希望進一步了解航空服務業報考訊息及資料嗎？□是　□否

27.您希望的待遇如何？ NT$：＿＿＿＿＿＿＿＿＿＿。

2.問卷編製與修訂範例之二（請練習修訂問卷）

各位青年朋友好：

　　我們是○○○○大學生活應用科學系的學生，基於課程的需要，正在做一份有關青少年對婚前性行為的研究，所有問題內容及基本資料只供我們研究分析使用，絕不對外公開，所以請您安心的填寫，非常感謝您的配合及協助！謹此

　　敬祝

　　　　身體健康，萬事如意

　　　　　　　　　　　　○○○○大學生活應用學系　謹致

A.個人基本資料

1.性別：□男　□女

2.年齡：□15歲　□16歲　□17歲　□18歲

3.教育程度：□高中　□高職　□大專

4.父母的教育程度：

　父親：□不識字 □國小～國中 □國中～大學 □大學以上

　母親：□不識字 □國小～國中 □高中～專科 □大專以上

5.父母婚姻狀況：□正常　□分居　□離婚

6.您與誰同住：□父母　□父　□母　□其他親戚

7.您是否交過異性朋友：□是　□否

8.您對同居而不結婚的觀念：□接受　□無法接受

9.你是否能接受婚前性行為：□是　□否

10.您目前最主要獲得的兩性知識來源：□家庭成員　□學校教育

　　□同儕團體　□報章雜誌　□傳播媒體

B.婚前性行為與性教育題目

	非常同意	同意	不同意	非常不同意
1.您是贊成校園中出現班對或校對的情況？	☐	☐	☐	☐
2.您是否贊成學校提供有關性交、避孕及墮胎的相關常識？	☐	☐	☐	☐
3.當您懷孕或女朋友懷孕時，您贊不贊成找老師商量解決？	☐	☐	☐	☐
4.您是否贊成在校內設立保險套販賣機？	☐	☐	☐	☐
5.您不認為目前社會性氾濫的情形學校不必負最大責任？	☐	☐	☐	☐
6.您是贊成您的性觀念受到歐美或日本性開放影響？	☐	☐	☐	☐
7.您是否贊成高中生在目前階段沒有性經驗是落伍的事？	☐	☐	☐	☐
8.您是否贊成青少年藉由色情影片或色情書刊來獲得性知識？	☐	☐	☐	☐
9.【色情影片或黃色書刊中常提些錯誤的訊息】，您是否贊成此一說法？	☐	☐	☐	☐
10.您是否贊成與朋友或同學共同談論彼此的性經驗？	☐	☐	☐	☐
11.您是否贊成報章雜誌對於性犯罪或性犯濫的報導會對青少年產生負面的影響？	☐	☐	☐	☐
12.天主教反對墮胎，您贊成將墮胎合法化？	☐	☐	☐	☐
13.您是否贊成目前台灣社會的性行為有日益氾濫的現象？	☐	☐	☐	☐
14.您是否贊成男女朋友在大街上或公開場合有親密行為？	☐	☐	☐	☐
15.您不認為男女之間不作愛時不必準備保險套嗎？	☐	☐	☐	☐
16.請提供其他有關性教育與婚前性行為意見：謝謝合作！	☐	☐	☐	☐

摘　要

1. 態度是一種個人內在的心理歷程。態度是指個人對特定的人、事、物，所產生的一種持久的心理傾向。態度可區分為正向態度與負向態度；口語態度與非口語態度；群眾態度與個人態度；概念態度、具體態度與文化態度等。

2. 態度包含認知、情感與意向三個成分。三者並非各自獨立，而是相互影響，三者愈一致，個人的態度愈堅定明確。

3. 態度的形成係經由順從、認同與內化等三個階段而得。若想改變一個人的態度可採取增強、聯結與模仿等方法來進行。

4. 傳播媒體與人際溝通是影響個人態度或群體態度的主要媒介。傳播溝通的目的在於說明事理、表達情感、建立關係及進行企圖。傳播溝通的主要變項有三：傳訊者、訊息本身及訊息接收者。

5. 態度測量乃是一種推知個人態度及其性質的工具。態度測量的方法有行為觀察法、生理測量法及自陳量表法等。其中自陳量表法常見有塞斯通（Thurstone）式的等距量表、李克特（Likert）式的總加量表與奧斯古（Osgood）式的語意差別法等三大類。

Notes

6. 態度測量與市場調查有密切相關，藉由消費者態度測量，
   可以掌握消費大眾的市場需求、交易行動、行銷組織等趨
   勢。

7. 市場調查的研究步驟包括：(1)確定調查問題與目的；(2)確
   立調查設計的類型；(3)蒐集有關資料並加以分析；(4)決定
   調查的方法與範圍；(5)設計取樣的方法與程序；(6)進行調
   查與結果分析；(7)撰寫研究報告；(8)運用市場調查的結果。

8. 問卷調查法係目前態度測量與市場調查方法中，運用最廣
   也是最直接的一種科學性方法。可採取郵寄、電話及面談
   等方式來進行問卷調查，各有利弊。

9. 問卷的調查與編製有其一定的程序、步驟與原則。一份優
   良的問卷有其特徵，包括問卷必須配合調查目的，問卷必
   須符合研究需要，問卷不宜泛濫使用，問卷不宜過長，問
   卷要有清楚的指導語，問卷題目要客觀，題目排列要考量
   受試者心理，反應結果宜量化、便於統計等。

10. 問卷題目的編製要嚴謹用心，不論指導語、基本資料、調
    查題目等部分皆須符合編製原則，問卷編製的原則包括避
    免使用易遭人誤解的字詞，避免使用雙重否定等十八項。

動機與商業行為

　　人類心理與行為的複雜多變,大多來自於個人內在動機需求的不同。外界相同的刺激之所以引起個體不同的反應,其關鍵乃在於個體內在動機的個別差異性甚大。舉例而言,甲乙二人同在某家公司服務,同等位階職級,領取同樣的薪資,甲覺得待遇不錯足夠生活,乙卻認為薪資所得不足以應付生活開銷。探究其因乃是二人內在的動機、生活需求不同。企業運作的主力是「人」,究竟人類行為的共同特徵為何?為何人需要工作?員工工作的需求為何?同樣的工作條件下,為何有人賣力工作,有人卻「混水摸魚」;凡此問題皆值得探討。

　　心理學旨在了解人類行為、預測人類行為,進而控制人類行為。心理學家對人類動機需求的研究結論,其實就是在提供人類了解其行為的原因,亦即從「what(是什麼)」到「how(是如何)」再到「why(為什麼)」的研究發現。最後,將人類動機的研究結果應用到工商

企業與教育社會等不同的領域中，促進人類生活的進化與進步。

第一節 動機的基本概念

基本上，人類所有的行為都是由某項（或某些）動機作用所促發而成的。動機究竟是什麼，心理學者尚無一致的說法；但是對於動機作用與人類生活言行的密切相關，卻都有一致的共識。大家都體認到人類所有的行為都是「有所為而為的」；換句話說，對有機體（或個體）而言，一切行為都是有原因、有目的，也有其意義。心理學家在研究動物及人類的行為時，經常探討三個問題：其一是有機體表現了什麼活動？它作了什麼？其二是有機體的活動是怎樣表現的？該等行為表現的歷程為何？其三是有機體為什麼會表現該項活動或行為？

一、動機的意義與種類

所謂動機（motive）或驅力（drive）乃是指引起個體活動，維持該種活動使其朝向某一目標進行的一種內在歷程。簡單的說，動機就是行為的原動力。若要對動機加以分類與命名，由於學者意見相當不一致，因此常使初學心理學的人引為困惑，例如莫瑞（Murray, H. A.）歸納人類的需求有四十項，其中十二項屬於生理方面的需求，二十八項屬於心理方面的需求；希爾葛（Hilgard, E. R.）將動機分為三大類：第一類是生存性動機（survival motives），包括渴、餓、性、體溫、避痛、睡眠、活動、呼吸、排泄驅力等；第二類是社會性動機（social motives），包括母愛、依賴、親和、支配、順從、攻擊等；第三類是自我統整性動機（ego-integrative motives），包括成就動機、自尊、消

極的避免自卑等。此外尙有馬斯洛（Maslow, A. H.）所提倡的「動機需求層次」（hierarchy of motivation）。馬氏認爲人的需求，可分爲五個層次：生理性需求、安全性需求、愛與歸屬（社會性）需求、自尊性需求、自我實現需求。在一般情況下，只有在較低層次的需求獲得滿足之後，人們才會致力於較高層次需求的滿足。人類的動機具有整體性與持續性。

　　每個人一天之內表現了很多行爲，但不一定對每項行爲的內在動機都有徹底的了解。有的小孩走路時儘量避免踏著路上的磚縫；有人在走進電梯或地下道時，就感到呼吸急迫，無法支持，必須立即退出來。他們多數不能說出其中的原因，精神分析學者認爲那些行爲是基於無意識的動機。如果將「無意識的」解釋成爲「自身所不察覺的」，那麼無意識動機的存在，是一般心理學者都能承認的事實。不過這並不是說人類行爲動機可分爲兩類：「有意識的動機」和「無意識的動機」。我們對於自己的行爲動機，有的知道得十分清楚，有的則是完全無所知；在此兩個極端情況之間，還有各種不同程度的覺知情形。換句話說：對某些行爲而言，當事者可能知道其動機的大部分，只有小部分是無意識的；對另一些行爲而言，當事者可能只察覺動機的小部分，而其大部分是無意識的。

二、生理性動機：人類行為的基本驅力

　　所謂基本驅力，通常是指由生理方面的刺激所形成的驅力，同時也都是「與生俱來」，不須經過學習即已存在的驅力，例如飢餓的驅力、渴的驅力、體內積存廢物的驅力等。

(一)饑渴的驅力

　　人類最基本的生理性動機便是飢餓與口渴，「飢求食、渴飲水」乃是有機體重要的生存性行爲。飢渴所產生的驅力能量相當強大，人

類從中學習更多覓食與取水的相關反應。飢渴的驅力行為受阻時，其所引發的挫折性行為反應也較為激烈，甚至引發不同的心理狀態反應，例如「望梅止渴」、「畫餅充飢」等。

1. 飢餓的驅力

近十餘年來，神經科方面學者發現大腦內下視丘（hypohalamus）對於動機行為及情緒反應具有控制作用。由動物實驗中，研究者發現當以電流刺激下視丘中的中室核（ventrotmedial neuclus）動物即停止進食。但當此區域被破壞時，動物將不斷地進食，雖飽仍不止，可使其體重高達正常情況的二至三倍。在另一方面當下視丘中的側核（lateral neuclus）受到電流刺激時，動物就會開始進食；而當這一部分被破壞時，動物不吃東西，甚至餓死也不進食。這些研究的結果，顯示下視丘中這兩個區域對進食行為有密切關係；中室核像是個「飽足中樞」（satiety center），而側核卻是「進食中樞」（feeding center）。

2. 渴的驅力

渴的驅力作用和飢餓驅力的情況有一些相似之處，學者在這二種驅力研究的內容上也頗多相同的地方。一般人在想喝水時總說有「口渴」或「喉頭乾燥」的感覺，容易使人認為喝水的行為係由於這些局部刺激所引起。但若干實驗研究已否定了這種說法，實驗結果指出口腔與喉頭的乾燥或潤濕情況，不是決定喝水行為的基本原因。事實上飲水的行為也和進食行為一樣，是受到神經中樞所控制的。有機體將體內需水的情況連同體外有關刺激情況的訊息，傳達到大腦的下視丘，由其管制中樞來支配個體飲水的行為。如果此一中樞因疾病或其他原因受損傷，個體就無法按照其需要來表現適當的飲水行為。

(二)其他生理驅力

除了飢、渴的驅力之外，有機體的生理方面尚有其他情況也會在緊張狀態下發生驅力作用，進而促使有機體去表現一些活動，以滿足當時的需要。重要的生理驅力尚包括有：缺乏氧氣、疲勞、體內廢物

的堆積、痛苦的刺激、被置放在不適於有機體生存的溫度或濕度等情況中。這些驅力的作用也和飢渴的情形相同，係由整個有機體的需要所決定，而不是任何局部情況在作用。至於有機體在這些驅力作用之下將會表現什麼活動，如同人類的其他行為一樣，是會受到經驗及訓練的影響。例如氧氣需要（呼吸）所引起的驅力，常不會為當事者所察覺或注意。有些驅力的生理基礎，並不是原就為有機體所具有的，而是成長過程中學習得來的，例如吸食毒品、濫用藥物等。

(三)性的驅力

提起性的驅力或動機，人們立刻會聯想到心理分析學者佛洛依德（Frued, S.）。事實上我國先哲早已注意到性驅力的重要性，孔子曾將「食」與「色」並舉，並認為它們同為人的天性，就是明證。至於性驅力的生理基礎，現代人都已具備有健康教育的知識，此一知識已能確定性腺所分泌的激素（通稱為性荷爾蒙，sex hormone），乃是性驅力的主要來源。由於性荷爾蒙的作用，兩性在身體方面表現若干性徵變化（男性聲音改變，女性皮下脂肪的增加），同時也將促進其性行為的表現。

當然我們都了解：在進化的階層中，愈高等的動物，內分泌對其性行為的控制作用愈為減低，而大腦的控制作用，則相對增加。例如，科學家已證實，性腺的截除並不一定會使性行為完全終止。換言之，性驅力並非單純的生理現象。

(四)母性驅力

一般人傾向於指「母愛」為天性，此正足以說明此種行為的崇高性質。其實一種行為若純屬天性，有機體只是受某種生理因素的驅使，機械性地將之表現出來，倒並不見得能顯示其崇高性，還不如說人們有一種「能愛人」的潛能。當個人由學習而得知某些對象應為其所愛時，他就會全心去愛他。換句話說，母性之愛如同性驅力一樣，並不

完全是生理作用，而是兼具心理性的驅力因素。

㈤沒有明顯生理基礎的驅力

除了上述各種驅力之外，還有一些驅力作用，也是不需要經過學習而普遍存在的；但目前尚沒有發現這些驅力的生理基礎與實驗證明，Hilgard將之歸納爲三種驅力；1.活動的驅力：任何動物都要活動，有時就是爲活動而活動，並沒有其他需求；2.操弄的驅力：動物和幼兒對於自己能取得的物體都有樂於玩弄的傾向，家畜中貓狗抓弄物件的行爲更是人們所常見的，至於猴子在這一方面的傾向似乎更強；3.探索的驅力：這是指個體對於任何新事物的注視及趨就行爲。通常動物到了一個新的環境時，常會不停地表現探索活動。障礙箱的另一端雖然空無一物，實驗中的白鼠仍肯冒著多次遭電擊的危險到那端去探索，便是明證。

三、社會性動機

生理性的動機影響了人類的生存，而社會性的動機則易影響人類的生活品質與人際互動。個體自出生後與母體之間的依附關係是最早衍生的社會性驅力，而後開始發展更多的社會性動機，包括愛、歸屬、防衛、成就、安全感、自我成長等等需求反應。一般而言，生理性動機及其運作方式較爲單純，容易測量、控制；社會性動機則較爲複雜，個別差異性大、不容易加以控制及測量。

㈠群居及與人交往的動機

對所有的正常人來說，與人交往是一項十分重要的動機，因爲沒有一個人天生喜歡孤獨、與人隔離。因此有人認爲與人交往是與生俱來的傾向。不過從嬰兒行爲發展的歷程分析，可以發現此項動機是學習而來的。初生嬰兒，沒有獨立生存的能力，必須依賴成人撫養他，

因此他人的存在易使嬰兒感到滿足。由於制約作用的結果，父母親友乃成爲嬰兒所樂於接近的對象，從而建立親子之情。兒童在與人接觸時，多數會獲得些愉快的經驗，因而與人交往也就成了人類共同的傾向。他人的存在可以和自己發展密切的關係，他人也可以針對我們的行爲表示意見，從而反映出我們的形象（借鏡）。

(二)攻擊的動機

由於攻擊行爲對於社會及其分子均會產生很大的影響，因此它一直深受心理學家的研究重視。攻擊行爲的根源究竟是學習的，抑或是與生俱來的？心理分析學者佛洛伊德認爲攻擊和性是人類兩大基本驅力，是不須後天學習即已存在的。佛氏並以人類歷史上戰爭頻仍，乃人與人之間經常充滿衝突的事實來證明攻擊是人類的本能。

(三)成就的動機

一般社會中，人類渴望獲致成就乃是一項極重要的動機，艾德華斯（Edward, A.）對於此項動機的說明是：「一種希望盡力做得最好的需要，希望獲得成功，希望完成需要自己能力和技巧的工作，希望成爲某一方面的權威，希望完成重要的任務，能把一切困難的工作做得完美……」。對整個社會而言，成就動機的重要性，是不必言喻而自明的，多少科學的、文學的、藝術的、社會性的發明、創造及建設，都是源於人類成就動機的作用。在文明社會中有一些活動的安排與設計，就是爲人們提供一些獲得成就的機會，例如猜謎語、摸彩及辯論等。

(四)避免恐懼與焦慮的動機

對於痛苦刺激的事物及情境，有機體會表現恐懼反應，甚至會有逃避的行爲發生。不過何種事物會給予吾人痛苦，何種情境將對有機體造成傷害，是須藉由學習而後得知的，因此心理學家通常將避免恐

懼的傾向列為學習性的動機。

(五)自我認同及自我成長的動機

個人透過自我與外界互動的成長經驗，將發展個人成功的自我認同或失敗的自我認同。若個人經常遭致失敗的經驗，將認為自己是個無價值的人，不想再與外界互動，甚或對自己失敗的行為，尋找藉口來防衛自我。久之，塑造成偏態（abnormal）的人格、虛弱的自我（ego weakness）或神經症的自我（neurotic ego）。不斷追求自我成長的人，生活較具有彈性，能夠有效的與外界互動。偏態個體的自我，由於經常遭受到外界壓力，以致某些部分變得虛弱，欠缺外界適應的能力，個人隨時遭受到外來的傷害，以致自我必須傾向於以幻想、藉口、疾病或酗酒、濫用藥物等行為來逃避痛苦。嚴重者，可能導致自我分裂，個人隨時有空虛、退縮、敵意及絕望等毀滅性的感覺（destructive feeling）。

因此，真正能滿足自己的需要，又不致於侵害他人滿足需要的途徑，唯有個人表現負責任的成長性行為。它是一種動機性能力，可經由學習產生，但必須個人與具有成功認同的他人互動，才能夠獲得（Glasser, 1969）。通常兒童在四、五歲之後，開始尋找「認同」，它是一種社會性動機。日後，「認同」發展的成功或失敗，則受到學校教育和家庭教養的父母、老師，甚至輔導員（治療者）的影響。唯有在愛、教導、訓練及示範之下獲得成長與認同的人，才能發展為一成熟的個體。

四、動機的理論

心理學家研究動機性質及其與行為的關係之後，繼而企圖以一種系統性的概念對個體的動機作一番概括性或原則性的解釋，此即所謂動機理論。常見的、重要的動機理論有四，茲簡述如下：

(一)心理分析論

　　佛洛伊德的心理分析論，對人類的動機持有兩種獨特的解釋：其一是人類一切的行為皆導源於「性」與「攻擊」兩種本能的衝動；其二是以潛意識動機（unconscious motive）來解釋人的行為。

　　佛洛依德認為「性」衝動乃人類的「生之本能」，是人類賴之以生存、賴之以成長的的驅力。因此，他純以性觀點來說明人類行為的發展。在性驅力的支配之下，人類行為的發展有一定模式，由口腔期而肛門期而性器期而潛伏期、兩性期，每一時期都是以性滿足為一切行為發展的動力。此外，佛洛依德認為潛意識動機也是支配人類行為的一種內在力量，不過潛意識動機支配的行為多是偽裝的、是偏態的。佛洛依德指出潛意識動機所引起的行為主要有三種形式：作夢、口角溜言、神經性癥狀。是故，心理分析論者以潛意識解釋行為時，多偏於人類失常的反應行為。

(二)行為論

　　在學習心理學中，有些心理學家利用刺激與反應的關係把學習解釋為「習慣的形成」（habit　formation）。在學習理論中，可以赫爾（Hall, C. L.）的驅力論（drive theory）為代表。按照赫爾的驅力論來看，個體行為乃經由學習的歷程以建立；在學習歷程中，動機是不可少的。動機的基本形態即為驅力，驅力乃因個體生理性或生物性的需要而產生。個體為了滿足自己生理的需要以維護其生命，乃在驅力的促使下產生活動或反應。若活動或反應的結果，能使個體的需要滿足，便可進而減低個體因需要而生的驅力緊張。驅力緊張減低的結果，自然也就使得刺激與個體反應間的聯結得以加強，行為態度於為形成。

(三)認知論

　　有些學者認為個體是以其對環境中事物的了解（understanding）及

預期（anticipation）來解釋行為的動機；亦即由個體對其環境的認知
（cognition）來解釋動機的產生與改變，故此類理論被稱為動機的認
知論。在動機的認知論中，有一個重要概念即是「認知失調」（cognitive
dissonance），可用來說明認知論者如何以之解釋個體動機的產生與改
變。

　　所謂認知失調，係指一種心理狀態，在此狀態中，由於個體對事
物的信念、知識與行為失去一致，因而產生一種不協調或不和諧的感
覺。在此種情境下，個體為了去除矛盾恢復調適，因而產生了一種內
在驅力，而後促成個體行為的產生或改變。

四需求層次論

　　人本心理學家馬斯洛對人類的動機，較持一整體性的看法。他認
為人類的各種動機是彼此關聯的，各種動機間關係的變化又與個體生
長發展的社會環境有密切的關係。他強調，人類的所有行為係由「需
求」（need）所引起，需求又有高低層次之分。他將人類需求區分為
五個層次，如圖 5-1。

　　由圖 5-1 所示的各層次需求來看，人類需求中最基本者為生理性
需求，生理性需求所指者亦即前述之飢餓、渴、性等生理性動機。生
理性需求獲得相當滿足後，安全性需求隨之而生：個人需要免於威脅、
免於孤獨、免於侵犯，以求保障；只有此一需求獲得滿足，個人生活
才有安全感。愛與歸屬需求是社會性的動機之一，包括親子之愛、異
性之愛、同胞手足之愛，擴而大之為鄰居親友的關懷、團體份子的讚
許等，只有此一需求獲得滿足，個人才有愛與被愛和隸屬團體的感受。
以上三層次的需求獲得滿足，個人的尊嚴與價值因而產生，此即所謂
自尊性需求，包括「受人尊重」與「自我尊重」兩方面。人類動機發
展的最高層次乃是自我實現的需求，亦即人類具有一種自我導向潛力，
此種潛力隨個人的生長、發展與環境交往而表現；對自我而言，由了
解自己、接受自己進而發揮自己的才能；對人對事而言，盡了全力，

負了責任。自我實現需求的滿足，乃是人生理想追求的最高境界，也是趨向真善美的目標。

圖 5-1　馬斯洛的需求層次論

　　人是有生命的個體，是高等進化的動物，因此，人類不只是被動地生活在人際與環境之間，只求適應環境對其所加諸的各種壓力，或只為滿足內在生理性動機以求維持生存而已，人的生長過程還有更高層次的需求目標。因此，人類的動機需求是相當複雜的，有與生俱來者，有後天經驗學習者。無論是生理性動機、社會性動機、心理性動機或自我發展性動機，在在影響個人的生存生活、工作適應與消費行為。惟有充分了解人類動機與需求，方能促進良好的人際互動關係。

第二節 動機與工作行為

　　動機需求與人類的行為表現是密切相關的。人類行為的產生、維持與改變都源自於個體內在的動機狀態，這種由個體內在動機所引發、維持與導向的行為，即稱為動機性行為（motivated behavior）。當人類滿足了一個動機、產生了一個動機性行為之後，另一個動機將隨之而起，或同時有好幾個動機在引導一個人複雜的行為。同理，人類的工作行為也受其內在動機需求的影響：有些人工作是為了賺錢溫飽衣食，有些人工作是為了安全感，有些人工作是為了獲得良好的人際關係，有些人工作是為了獲得歸屬感與關愛，有些人工作是為了能夠表現個人能力，實現自我的理想。因此，若能了解員工的內在需求與外在動機，必能促進和諧的勞資關係，提高員工的工作效率，使其樂在工作中。

一、員工工作需求分析

　　人類的行為動機相當複雜，因此員工單一的工作行為，實際上可能存在著多種工作動機，例如甲員工在公司內工作賣力乃是希望能獲得工作獎金（獲利），受親友肯定（自尊）及學習工作技能（求知）；而乙員工在公司內工作努力則是因受上司器重（成就感）、期盼未來升遷（權力、支配）及準備日後自行創業（自我實現）。當全部的工作動機無法一一獲得滿足或遭遇挫折時，員工會退而求其次，選擇其中一項主要的（迫切的）動機以尋求滿足，並決定是否持續表現工作行為或離職、轉業；換句話說，人類工作動機的強度是隨時會變動的。

通常**員工工作行為係由其全部動機結構中最強力的動機所決定**，此即「**優勢動機**」（prepotent motive），亦即人類工作行為深受其優勢動機的主導，例如某位員工雖努力工作，仍然無法從工作中學習到新的知識技術，也未能獲得工作獎金，但是他的表現贏得親友、上司、同事及女友的肯定，因此他仍樂在工作中。

　　人類的工作行為既然是由優勢動機或多元需求所決定，則組織內的管理人員與領導主管若是愈能了解員工動機需求的結構，愈容易掌握員工的工作狀態，激勵其工作士氣。組織管理者不但要了解所有員工當前工作的整體需要，也應該觀察每一部屬在某一期間內的行為動機。根據馬斯洛動機需求層次論的說法，人類行為有五種主要的動機：生理性需求、安全性需求、愛與歸屬需求、自尊性需求與自我實現需求。此等需求由低至高依次排列成一個階梯層次，低層次需求獲得滿足後，才可能發展出一個高層次的需求。由於每個人的動機結構與身心發展狀況不同，這五個層次的需求在團體內所形成的優勢位置也不同，但任何一種需求並不因為下一個高層次需求的發展而生消滅，各層次的需求相互依賴與重疊，高層次需求發展後，低層次的需求還是繼續存在，只是對人類行為影響的比重減低而已。

　　馬斯洛認為高等動物或社會化的個體對於高層次需求的重視高於低層次需求的追尋；換言之，高等動物往往可以因欲追求高層次需求的滿足，而暫時抑制去追求低層次需求的滿足或忍受低層次需求的不滿足，例如孔子稱讚其學生顏淵（即顏回）：「賢哉回也，一簞食、一瓢飲，在陋巷，人不堪其憂，回也不改其樂」，以及自述：「君子食無求飽，居無求安，敏於事而慎於言，就有道而正焉，可謂好學也已矣」，正說明了人可以為了涵養自我而忍受惡劣的生活環境；又如老師為了搶救學生（愛與歸屬）而犧牲了自我生命（生理安全）。依此類推，人在工作環境中，也可以為了高層次需求的追尋而接受低層次需求的不滿足，例如有人為了學習成長，寧願放棄在原來服務公司的高職位、高待遇，選擇到訓練制度完備的新公司服務，而不在乎薪

資福利減少；鄉土畫家洪通為了實現追求藝術的理想，節衣縮食的存錢買畫具，生前孑然一身，死後備受尊崇。

　　員工的工作行為與工作動機相當複雜，因此馬斯洛的需求層次論自然無法完全涵蓋員工的工作行為；但是，若將此「五種」需求擴散為人類的「五類」行為動機，當有助於我們了解員工的工作行為與工作需求；自我意識與種族保存，是人類為了生存不可缺少的需求，如同人類之所以要工作，最基本的原因乃是：1.生理性需求：工作可以獲得薪資待遇與福利保障，可以維持個體生存，以薪資換取生活所需，免受飢寒交迫與貧窮疾病的侵襲；2.安全性需求：包括個人身體與財產安全不受侵害，免於危險、恐懼及匱乏的自由等，任何企業組織若無法提供員工一個安全保障的工作環境，甚至意外事故頻傳，員工常有職業病；如此一來，不但無法使員工安心的全力工作，也易導致人事流動率提高，人事成本負荷增加；3.愛與歸屬需求：包括愛與被愛、人際互動、合作與互助、團體凝聚力、向心力與組織氣候等社會性需求，有些員工工作時渴望與上司、部屬、同事保持良好關係，期盼企業或部門內的工作氣氛良好等；4.自尊性需求：包括工作時能獲得尊重、自由、自信、成就、形象、地位與榮譽等自我肯定的感覺與經驗；5.自我實現需求：員工若能在工作中學以致用、激發潛能、挑戰自我、超越突破、實踐理想、達成人生目標及享受生命的高峰經驗，則員工不但會充滿工作動力、生活快樂成功，企業組織也可因「人盡其才」而提昇企業形象與生產效能。

　　馬斯洛認為「高峰經驗」（peak experience）是一種個人自我覺察到心理完美的境界。高峰經驗是指個人努力後的成功，困思後的創作，信仰後的感動，以及在愛與被愛的真情表露中獲致心靈的震動；當個人在自我追尋中臻於自我實現的地步時，高峰經驗就會產生。高峰經驗不僅使人有快樂感，更能使人有幸福感與價值感。在高峰經驗時，個體最能展露個性，最能率真自然，最能自由自在；如同是個人覺察到了宇宙本質，渾然處於天人合一的、統整的真善美境界。

　　換言之，此等高峰經驗是個體實現自我理想的境界。當然，組織內的員工未必人人皆重視高峰經驗、自我發展等高層次需求。一般而言，新進員工、基層員工、外勤員工及從事勞力性、技術性、高危險性等工作性質的員工較重視工作是否能滿足其基本層次的需求（生理性、安全性、愛與歸屬等需求）；相對的，高階人員、高知識份子及白領階層的員工較重視求知（馬斯洛於一九七〇年修正其理論時補充的高層次需求，高於自我實現需求）、自尊與自我實現等高層次需求滿足。根據美國學者阿布拉罕遜（Abrahamson, P.）於一九七二年的研究推測：美國人民約有百分之二十重視馬斯洛理論中第一、二層次的工作需求，對薪資的多寡表示關心；約有百分八十的員工重視第三層次的心理需求；真正重視第四、五層次需求的工作者則不及百分之一。當然，此一研究推論是否適用於我國，值得進一步探討。

二、工作動機的滿足與挫折

　　每個人內在都有許多的需求慾望；同理，員工工作的動機也相當複雜，有些員工重視金錢、福利，也有的員工重視工作是否能夠令其發揮所長，學以致用。當員工的工作動機不能滿足時，所引發的行為反應也有很大的差異，有些員工逆來順受，只求有個溫飽的飯碗，有些員工務必力爭到底，絕不妥協。究竟員工的工作動機為何？亦即員工的工作滿意度為何？員工需求未能滿足的挫折性反應為何，在在值得探討。

㈠員工的工作滿意度

　　人類的工作動機會影響其工作行為與個人滿足感，人類行為的個別差異也經常反映在工作動機與工作行為上。美國心理學家赫茲柏格（Herzberg, F.）於一九六八年調查二百位不同公司不同工作的員工，了解其工作滿意（job satisfaction）的原由，發現員工工作的滿意度高

低與下列事項有關：*1.*工作的成就；*2.*受尊重；*3.*工作性質與內容；*4.*責任；*5.*陞遷；*6.*薪資待遇；*7.*工作中人際關係；*8.*公司制度與政策；*9.*工作環境；*10.*個人生活等。此外，梅以耳（Maier, N. R. F）的研究發現，**員工的工作滿意**主要來自於下列事項：

1. 主管熱心聆聽員工心聲並公平處理其困難。

2. 充滿希望的工作前途。

3. 公司了解員工對個人升遷與資歷的關注。

4. 重視與信賴員工建設性的提案。

5. 上司對工作有善意的建議與對員工之過失有體諒的評判。

6. 工作的內容難度與薪資成正比增加。

7. 承諾與讚賞員工的工作成就。

8. 公平與適當的人事管理。

9. 適度的工作量。

10. 不亞於其他公司同類工作的薪資。

11. 工作遭遇困難時能獲得協助。

12. 適當而非嚴苛的懲戒。

13. 愉快的組織氣候。

14. 完善的工作休假計畫。

　　任何組織的領導主管與管理人員切勿以自己的主觀見解，去推估員工的工作動機與心理需要，應隨時以科學性的方法來探討員工的真正心理狀態。每一位員工都有其內在的需求與動機，但是未必每個人都能獲得滿足，員工在追求動機滿足的過程中，難免會遭遇工作挫折與衝突（詳見本書第十二章第三節）。若以馬斯洛的需求層次論而言，當員工的需求滿足時，員工自然可以獲得生活的保障、工作的穩定及工作安全感，上司與部屬之間自然會有交流，同事人際關係良好，員工自主性程度高，願擔負責任，進而達成自我與組織的一致性目標；反之，當員工未能滿足其工作動機或遭遇工作挫折時，往往會感覺工

作空間受到壓抑，工作結構、環境變化不大，而且缺乏安全感，工作中人際關係不佳，職位低沒有權責，深深壓抑自我的目標，終致在工作上被動的配合組織的任務要求，缺乏進取心。如圖 5-2。

(二)員工需求挫折之反應

　　整體而言，員工追求工作動機與目標滿足的過程中，若是遇到個人因素、團體因素、組織因素或物理環境等因素的干擾與阻礙時，最容易引發工作挫折感。常見的需求挫折反應約可分為下列四大類：

1. 生存性需求挫折反應

　　諸如缺乏工作安全感，生活沒有保障，工作不穩定，工作沒有樂趣，生活圈縮小，生活品質降低，生活空虛及工作沒有效率等。

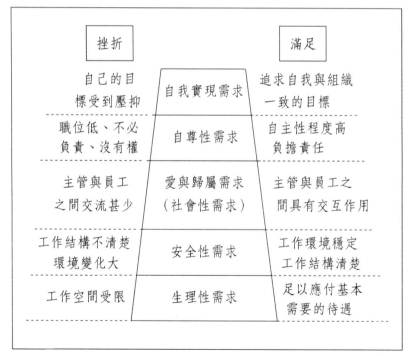

圖 5-2　工作動機的滿足或挫折所需之條件與結果

2. 學習性需求挫折反應

諸如無法學以致用，專業知能成長停滯，未能增廣見聞，應變能力遲鈍，工作意願低落及人生經驗貧乏等。

3. 社會性需求挫折反應

諸如人際關係（親子、勞資、夫妻等關係）不佳，沒有歸屬感與責任感，未能突破與超越現狀，組織制度不良，無法提高個人社會地位及聲望等。

4. 自我性需求挫折反應

諸如個人成長動力減弱，身心不健康，無法善用社會資源，降低自我價值，缺乏自我認同感，未能實現理想抱負，自我封閉與退化等。

當員工的工作動機未能獲得滿足，或者遭遇需求挫折而有上述反應時，領導主管與管理人員必須加以正視，以免導致個人與組織的「兩敗俱傷」。首先，必須探討員工未能滿足工作動機的挫折因素為何，究竟是受到個人因素、團體因素、組織因素或其他因素的影響；而後再針對挫折因素，擬訂改善（改進）方案等，包括：主管的管理方式、組織內的人際關係、工作性質與工作環境等。同時加強員工的心理輔導與企業諮商等服務（詳見本書第十二章），增強個人自我調適功能，避免運用不當的心理防衛機轉。更重要的，平時宜重視推廣組織內的心理衛生工作。若能如此，將有助於促進員工身心健康，滿足其工作動機，提振工作士氣，達成組織目標。

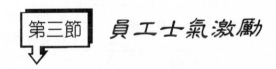

第三節　員工士氣激勵

俗云：「車要加油，人要打氣」，員工面對組織內外的要求與限

制，難免會在工作過程中頻生挫折，甚至形成工作崩焦或職業倦怠感（詳見本書第十章第二節、第三節）。因此，考量員工的內在需求與工作動機，適時予以滿足、激勵，實有其必要。有些管理者認為「人性本惡」，若是給與員工太多的福利或滿足其額外的需求，會導致員工「需索無度」，因此激勵的功能、方式與內容，有時也要考量到員工的個別差異及組織內的制度規定。員工的士氣激勵確是人事管理與組織領導上的一項重要課題。

一、激勵的意義與功能

　　心理學上凡是能滿足個體需求的外在物，即稱為「誘因」（incentive），在管理學上稱之為「激勵」。美國心理學家赫茲伯格（Herzberg, F.）認為：「激勵是一種內化的力量（internalized force），即自我操作、自我控制及自我滿足，並不受外在環境的控制與限制」；另一學者戴偉士（Davis, K.）強調：「激勵，乃是針對員工的需要、願望與動機，透過各種誘導、激勵方式滿足之，使彼等產生合乎組織目標的行為」。正因人類的動機需求往往需要特定的激勵方式才能滿足，故了解個體的動機需求之後便要找出適當的誘因，以激勵員工的工作士氣，提高工作效率。

　　從激勵的定義來看，激勵是一個中介變項（intervening variable），它是一種內在的和心理的程序，也就是一種將一個人的行動導向於預定的目標並能激發其力量以完成此一目標的過程（process），如圖5-3。茲因任何一個團體組織乃是由個人所組成、是人的集合體，是故組織是否有效能，端視個人效力發揮的程度與其彼此間行動配合的情形而定；值得注意的是，個人效力的發揮與行動的配合則又決定於個人為組織效力的意願程度及其所產生的團體意識的高低狀態。

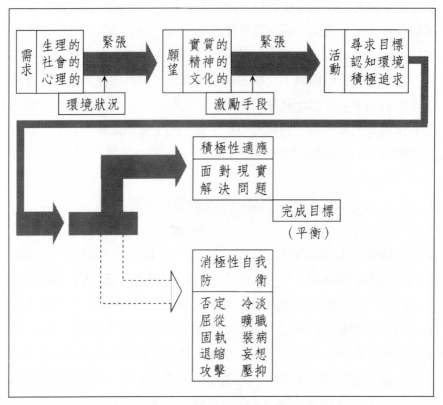

圖 5-3　激勵的運作歷程

　　士氣是個人的一種精神狀態，也是一種團體精神的表現。如何使個人士氣昇華為團體士氣，使個人的工作滿足感與團體目標匯合為一，而且使低沈的士氣振奮為高昂的士氣，使每位員工均能發揮其工作意願與熱誠，實乃組織內領導主管與人員所應努力的方向。若欲滿足個人需求，必須考量心理因素、社會因素、物質因素、環境因素及其相互影響的關係。換句話說，探討組織內員工需求滿足的問題，必須重視激勵的法則與應用。

二、激勵的理論與內容

激勵是指「以外在的誘因，激起個人行爲動機，進而驅使其採取所期望的行動或使所期望之事務完成的一種力量」，任何足以引發個體正向行爲的正誘因（positive incentive），皆爲激勵的因子。自有人類的歷史以來，探討激勵行爲的理論與方法即不斷問世，範圍涵蓋哲學、神學、文學。今日，「激勵」的科學性研究成果相當豐碩，尤其是在管理學與心理學的領域中，包括馬斯洛的需求層次論、赫茲伯格的二因子論、麥克格里哥（Mcgregor, A.）的XY理論、布洛姆（Vroom, V.）的期望理論、亞當（Adans, J. S.）的公平理論、李克特的人群關係論、馬克禮蘭（McClelland, D. C.）的成就動機論及毛森（Mosen, R. J.）等人的管理理論等。茲舉其重要者分述如下：

(一)二因子論（Two-factor Theory）

美國心理學家赫茲柏格長期從事員工工作滿足感的研究，提出激勵二因子論，又稱爲激勵保健論（motivation-hygiene concept）。赫茲柏格強調工作不滿足的因素多與工作環境或工作條件有關，爲消極防止員工工作不滿足，必須提供適當的「保健因子」（hygiene factors），維持員工激勵於「零狀態」（zero condition），而非處於「負狀態」（negative condition），它是維持員工工作的基本條件，又稱爲「維持因子」（maintenance factors），包括金錢（薪資、紅利、福利等）、安全、督導、政策、人際關係等；另一種激勵因素，對員工工作有積極性滿足與增強的效果，可以發揮員工最大的潛力，稱爲「滿足因子」（satisfiers），又稱爲「激勵因子」（motivators），例如工作成就、權責職務、工作挑戰、成長與發展、實踐理想及學以致用等。

基本上，赫茲柏格的激勵二因子論與馬斯洛的需求層次論可相互應用，馬斯洛的低層次（基本層次）需求與赫茲柏格的保健因子（維

持因子）同類，而馬斯洛的高層次需求又近似於赫茲柏格激勵因子（滿足因子）的內容，如圖5-4。因此有些學者認為赫茲柏格的二因子論擴展了馬斯洛需求層次論對人類行為的影響，並將之應用於工作情境與激勵士氣方面。但也有人持批評的觀點，認為赫茲柏格的二因子論將人類激勵行為過於簡化，且忽略了人類行為的個別差異性，二因子的分類未必適用於每一個體，例如人際關係對甲可能是激勵因子，對乙而言可能就是維持因子。儘管如此，赫茲柏格的二因子論仍然對人類激勵行為的研究提供了一套獨特的見解。

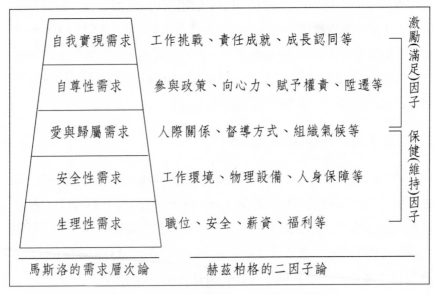

圖 5-4　需求層次論與二因子論的相關

(二)公平理論（Equity Theory）

亞當（Adans, J.S.）的公平理論又稱為社會比較論（social comparision theory），意指在激勵的過程中，報償是一重要變項，報償的高低，必須與當事人自認為個人所應獲得的程度相等。當員工認為遭受不公平的待遇時，其工作行為與工作績效自然會有所變化，如表5-1。

換言之，個人的激勵效果，乃是個人於完成某一目標後實際所獲得的報償與其自覺可能獲得報償的比較結果。

公平理論認為一個人會有意無意地將其工作投入與結果，與他人的工作投入與結果相比較。若個人覺得勞役均等，同工同酬，所得與付出成正比，則個人會覺得滿足（滿意）；反之，則會影響其工作表現。一般而言，管理者在運用公平理論以激勵員工時，應注意下列事項：

1. 建立考評程序：組織應發展評估員工績效的適切程序與標準。
2. 建立獎勵制度：應建立組織內員工高績效的獎勵制度（金錢或其他種類的報酬。）
3. 建立員工共識：組織應使員工體認到：良好績效成果將會降低組織運作的不良後果（例如裁員、意外事件等）。
4. 調整期望水準：不要假定每一位員工都具有「精確的報酬比較知覺」（an accurate perception of reward contingency）。

表 5-1　員工報償不公時的工作行為

工作行為　　報酬高低　計酬方式	偏低報酬	偏高報酬
按時或按月	較低品質以及／或較低的產出量	較高的品質以及／或較低的產出量
按件或佣金	較低品質以及較高產出量	較高品質，較高或相同的產出量

(三)期望理論（Expectancy Theory）

布洛姆（Vroom, V.）的期望理論，基本假設人是理性的個體，會理智地評估個人的工作行動及工作結果；個人相信，積極負責的工作

將會獲得有利的結果，包括物質的與精神的獎賞。換句話說，期望理論涉及三個重點：1.個人行動成功的機率（E→P 值）；2.個人行動成功的回饋結果（P→O值）；3.回饋結果對當事人的影響力或吸引力（V 值）。於是，布洛姆認爲期望理論可以採用下列一個簡單的數學公式來表示。此一公式可以計算出個人工作動力數值，數值愈高代表個人的期望愈高，工作動力愈強。個人會根據上述資料與數據，表現不同的工作行爲。

$$\text{工作動力} = \Sigma \mid (E \to P) \times \Sigma \left[(P \to O) \times V \right] \mid$$

V=價值
E=工作的努力程度
P=工作表現
O=工作結果

四人群關係論（Human Relations Theory）

李克特（Likert, R.）主張激勵員工士氣必須滿足其社會需要、自尊需要及自我實現等高層次需求，至於金錢或工作安全感等基本層次需求的滿足，只是激勵的工具，而非激勵的本身（主要動力因素）。是故，有效的激勵應多多鼓勵員工參與公司決策，管理人員或領導主管必須承認與尊重員工的人性尊嚴和價值，使員工認同組織，發揮工作潛能。凡是高效能的組織，其員工對工作環境中的人際互動都會擁有積極樂觀的態度，並作高度的參與及關切，隨時與他人抱持友善及合作的關係。

五管理論（Management Theory）

毛森、薩克斯伯及蘇特密斯德（Mosen, R. J., Saxberg, B. O. & Sutermister, R. A.）認爲：管理者是團體或正式組織的一份子，管理角色本身即具有激勵作用，因此欲激勵員工可賦予其管理權責，或加強管

理人員的領導方法以激勵其所屬員工。管理理論要點如下：

1. 管理者若感到同儕之間彼此競爭激烈，則須自我激勵來充實本身的領導能力。
2. 管理者若希望建立良好的同儕關係，則必須致力於取得上司與部屬的信任、地位與聲望。
3. 管理者須注意部屬且關切其各種行動，隨時樹立個人領導威望。
4. 管理者須關心部屬的成長發展，並且致力於協助增長部屬的能力，以激勵其工作動力。

(六)成就動機論（Achievement Motive Theory）

馬克禮蘭（McClelland, D.C.）認為員工內在有三種需要：成就需要（need for achievement）、權力需要（need for power）及歸屬需要（need for affiliation）。成就需要與工作表現有密切相關，可給予員工高度滿足感，激勵其士氣。成就動機高的人具有三項特質：1.喜歡自我負責，善於解決問題；2.喜歡設定適切的成就目標，願意承擔可預期的風險；3.渴望獲得工作回饋，了解自我的特點與缺失。成就動機高的人，認為工作本身的成就即是一種有效的激勵因素。馬克禮蘭並不否定有形物質（例如金錢、福利）的激勵作用，金錢不僅具有經濟性意義，也有象徵性意義，金錢是客觀衡量工作成就的一項標準。員工為了獲得成就與合理的獎賞，必會設立各種挑戰性的目標來激勵自我，提昇工作士氣。

三、激勵理論的應用

傳統上，組織內員工，特別是管理者，只知追求經濟與效率，重視機具設備，依恃地位權威，強調制度紀律，相信金錢萬能，視員工為生產工具，忽視人性尊嚴與需要。惟自行為科學研究及人群管理實施後，人性化管理已成為現代管理之重要課題，而工作激勵是促使員

工產生工作動機與工作意願之有效方法，亦是提高員工工作士氣與工作效率之最佳手段。激勵理論最常以下列方式運用於組織中：

(一)金錢報酬（Monetary Rewards）

金錢是影響組織成員最基本的媒介，因金錢可成為制約增強物，可作為行動前之誘因，亦可作為焦慮之緩和劑。一般而言，金錢報酬可分為薪給計畫及分紅計畫。若管理者企圖以非薪給性的酬勞來獎勵員工工作成果，則較適用於群體激勵，而非個人激勵。

(二)工作豐富化（Job Enrichment）

工作豐富化可提供員工較高層次需要滿足的機會，進而產生激勵的作用。管理者居於協調及解決問題的地位，須以激勵方式鼓舞員工的士氣與熱誠，而工作豐富化正可以激發員工的工作意願與潛能，發揮其積極、主動、負責的精神，以提高工作效率。

(三)工作日修正（The Modified Workweek）

工作日修正係近年來被用以作為促進績效、激勵士氣、增加員工工作滿足之方法。其意指減少工作日數，而維持原來的工作時數。

(四)行為修正（Behavior Modification）

行為修正的方法（或技術），是以效果律和有效工作條件等觀念為基礎。行為科學家們建議多用諸如讚揚、公開獎勵與認可等增強方法，因為這些方法可以立刻鼓舞員工的工作士氣。

美國心理學之父詹姆士（James, W.）曾說：「人類的行為表現只是激發其內在潛能的十分之一而已」，惟有時時激勵自我與鼓舞他人，方能完全激發人類生命的潛能。在企業組織中，激勵部屬就能獲得員工衷心的合作與負責；激勵部屬的方法非常簡單，就是使每一位員工覺得自己在組織內是很重要的一份子。一九三六年，美國鋼鐵大王卡

內基以年薪一百萬美元聘請休瓦布先生出任美鋼鐵公司的總經理。許多人納悶，為何要付如此的高價聘請此人。曾有記者好奇的向休瓦布詢問此事，休瓦布告之：「卡內基的確可以用年薪二十萬美元來聘請鋼鐵專家擔任總經理，也可以用年薪四十萬美元邀請專業經理人來管理員工，但卡內基願意花數倍的年薪邀請我，只有一個原因，那就是我休瓦布有激勵他人的本事……」。由此可知，激勵員工士氣是組織發展與企業管理的重要動力。

四、員工士氣之管理與激勵

今日，工商企業的發展日新月異，人事管理的對象是員工，而員工的心理又是變化莫測，如憑既定的人事法規與各種科學的標準，雖有助於人事行政的運作，但不足以提振員工的情緒與士氣；若能了解員工心理，並透過人事管理的改進措施，來激勵員工工作意願，發揮員工潛能，則人事管理將可邁入一新的境界。

(一)員工士氣之管理

管理學之所以成為一門獨立之學科，足證其重要性及專業性。員工的工作行為是相當複雜的，包括員工的工作需求、工作態度、認知想法與情緒反應等。如何「掌握員工」有時較分析工作、完成工作更難。著名的科學管理學者，諸如泰勒（Taylor）、費堯（Fayol）等人，在許多的研究過程中均發現，社會變項及人的變項有時較物理變項、工作本身變項更容易影響工作效率。基本上，員工的士氣激發，仍有一定的管理規則可資參考。茲分述如下：

1.運用有效的領導

今日的人事管理須修正傳統的領導理論，惟有根據人、事、時等因素，選用適當的領導方式，領導所主管的業務與所屬的工作人員，才能順利達成工作目標，並使員工心理具有成就感與滿足感。

2.設計合理的組織

諸如儘量少強調組織內部層次的區分，以保持基層員工的自尊心；單位職掌區分及員工工作指派須保持適度彈性，以利職掌及工作之靈活調派，並使員工學識才能得以充分發揮。

3.鼓勵意見溝通參與管理

增加機構內溝通網路，運用各種溝通方式，鼓勵員工多作意見反映，以增進相互間的了解。

4.訂定合理的人事政策

(1)員工憑學識才能發展工作。

(2)員工憑自己貢獻開拓前途。

(3)員工績效應獲得認可與獎賞。

(4)謀求人際關係的和諧。

(5)合理的待遇與工作時間。

(6)協助員工獲得物質及精神生活的適度滿足。

5.改善工作環境

組織宜選交通方便，工作環境舒適、清潔、無噪音及空氣品質良好的地方，提供員工一個具有安全感的工作環境。

6.訂定團體行為的規範

團體行為規範，係以員工在團體內的生活起居、工作態度等有關事項為範圍，由員工自行訂定規範，並經員工全體通過後共同遵守。此外，可指定專人就執行情形定期提出報告，如有人違反，則由員工所屬團體施以制裁。

7.維護員工心理健康

所謂「預防重於治療」，時時勸導及鼓勵員工去了解自己與接受自己，認識現實與面對現實，工作與休閒並重及主動參與社會活動等。

有時促使員工彼此發展良性的競爭也有助於員工士氣之管理。當然，良性競爭的前提是員工能學習分辨健康與不健康的競爭，不健康的競爭係指員工彼此不擇手段，攻擊污蔑他人，剽竊他人智慧財產，

甚至對他人造成身心傷害，如此的競爭不但無助於員工士氣激勵，有時反而導致人事管理上的嚴重困擾。

　　健康的競爭乃是競爭之雙方皆能遵守組織規範，競爭時雙方各自運用理性方法，發揮個人智慧才能，不算計他人，不牽絆對方；一旦有了競爭結果之後，雙方皆能保持君子風度，「勝不驕、敗不餒」，並且共同分享競爭成果與心得，互助成長，以促進雙方的學習效能，達成組織及個人的目標。因此，任何組織團體在進行員工士氣管理時，有必要參考人類的動機需求與激勵方式，擬訂公平客觀、賞罰適切的管理方案或制度，如表 5-2。

(二)員工士氣之激勵

　　員工士氣激勵之方式甚多，詳列如表 5-2。人類行為的動機複雜難測，企業組織很難運用單一的激勵方法期待所有員工產生正向反應結果，亦即激勵士氣必須考量員工的個別差異。傳統上，以「恐懼」來作為激勵因素，使員工在擔心失去職業、失去安全、失去群體及失去自由下而工作，或是利用金錢、財貨來誘發員工工作行為。

　　自十九世紀末以來，伴隨管理科學、行為科學的產生，對人性研究有了更深入的了解，激勵員工的方法亦隨之多元化、人性化。美國心理學家戴偉士（Davis, K.）認為激勵的途徑有四：*1.*命令途徑（authoritarian approach）：運用權威來要求員工採取必要的行動；*2.*經濟途徑（economic approach）：注重金錢的工作誘因；*3.*請求途徑（surrender approach）：請託員工工作；*4.*支援途徑（supportive approach）：協助員工滿足高層次的動機需求（higher order needs）。

表 5-2　人類動機需求、激勵方式與管理策略之對照表

人類動機需求	激勵方式	管理策略、方案或制度
生理性動機需求	• 調薪　• 互助基金 • 福利　• 工作獎金 • 保險　• 消費合作 • 提昇生活水準	• 薪資制度 • 健康檢查方案 • 勞工住宅補助方案 • 工時（休憩）制度
安全性動機需求	• 防止工安意外 • 休假 • 改善工作環境 • 調整工作內容 • 勞役均等 • 協助解決困難 • 工作保障 • 旅遊補助	• 僱用制度 • 健康保險制度 • 意外保險制度 • 休假旅遊補助方案 • 退休制度 • 撫卹制度
社會性動機需求 （愛與歸屬）	• 團康聯誼活動 • 藝文活動 • 拓展兩性交往空間 • 營造組織氣候 • 和諧人際關係 • 團體接納與向心力	• 人事諮詢制度 • 員工諮商服務方案 • 員工聯誼計畫 • 利潤分配制度 • 勞資協商制度 • 組織環境認養方案
自尊性動機需求	• 權力　• 責任 • 地位　• 職務 • 陞遷　• 參與決策 • 分開表揚 • 工作輪調 • 賞善罰惡 • 聲望榮譽	• 陞遷制度 • 人事考核制度 • 人事輪調方案 • 表彰制度 • 工作建議制度 • 人事管理制度 • 職能資格制度 • 改善提案制度
自我實現動機需求	• 教育訓練 • 訂定目標 • 工作豐富化 • 工作挑戰性 • 工作成就感 • 進修成長 • 潛能激發	• 自我生涯規劃 • 目標管理辦法 • 能力開發制度 • 自主管理方案 • 決策參與制度 • 研究發展計畫 • 勞資共融方案（雙贏策略）

同時，針對不同的員工工作表現，在激勵員工時也必須考量組織的特性，因此有效的激勵必須注意下列原則：

1. 激勵要有目標

亦即各級管理人員所期望達成的激勵方向。要使員工充分了解應做何事，並以賞罰來處理員工的績效優劣。

2. 激勵必須形成風尚

各級管理人員須隨時利用時機，激發團體意識，讓員工有集體參與工作計畫的機會，並有充分表達意見的自由，如此所得的結論，才為人人所遵守。

3. 激勵必須要作有效的溝通

由於「人心不同，各如其面」，不同的部門與員工對相同的事務會有不同的了解和主張，因此須要隨時作有效的溝通，以融合各單位、個人和團體的利益為一體。

4. 激勵必須簡潔恰當

由於人們對眼前的或較近的獎賞反應較大，對遙遠預期之利益較易失去信心。因此任何激勵要能即時採取行動。

5. 激勵必須調和與組織的需要形成一體

有效的激勵必須同時使個人和組織兩者的利益合而為一，如此更能形成組織內的凝聚力。

6. 激勵必須伴以達成目標的條件

讓工作人員從事工作時確切了解工作的方法，具有適當的工作設備等，以協助員工獲得激勵的誘因。

綜合言之，激勵的目的在於藉由人與人之間的個別差異、員工行為的誘導、習慣態度的形成與人性潛能的發揮，以達到工作士氣的提昇。士氣（morale）是指個人的一種精神狀態，也是一種團隊精神的表現。個人士氣（personal morale）是指個人在工作崗位所能獲得的滿足感；團體士氣（group morale）則代表匯集每一員工的工作滿足感昇

華而與組織目標相結合的凝聚力。有效的士氣激勵須能同時激發個人士氣與團隊士氣，方能提高員工的工作興趣和熱誠，共謀組織與個人的健全發展。

　　激勵員工士氣的方法雖多，人事管理的策略也不少，然而最直接且持久的士氣激勵乃是員工的「**自我激勵**」，若是員工平時在工作崗位上或生活環境中，能夠時時鼓舞自己、肯定自我，提高自己對「努力導致績效」的信心，提昇自我的期望水準，必能有助於增進員工的工作效能，完成組織的目標。

第四節　動機與消費行為

　　動機是人類行為的驅動力，人類既是目標導向（goal-oriented）的動物，當然擁有總總不同的動機與目標。例如求學，有人是為了求知，有人是為了獲得學歷文憑受人尊重，有人是為了晉級加薪，也有人是因受了他人（諸如父母、親友）的驅策才去學校進修。相對的，人類的消費動機也是因人因時因物因事而異，有關消費行為的研究，一直是工商企業、社會大眾與學者專家關注的焦點。

一、消費行為的研究

　　消費行為又稱為「消費者行為」（consumer behavior），係指消費者個人任何體力或腦力的活動，包括消費者購買商品的行動或態度。「消費者行為的研究（消費行為研究）」實際上是一門科技整合的學科，深受心理學、社會學、人類文化學等知識的影響。消費者行為的研究範疇包括人類購物習慣、行銷策略及商品消耗率等內容的探討。

(一)影響消費行為的因素

近年來盛行「消費者的泛行為分析」，旨在廣泛地研討影響消費者行為的各項因素。消費行為研究固然以消費者個人變項為主，但也重視市場的結構、商品本身的屬性、社會文化等因素的變化。茲將影響人類消費行為的因素列舉如下，如圖 5-5：

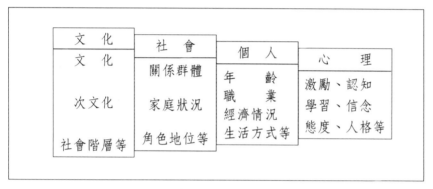

圖 5-5　影響人類消費行為的因素

1. 文化因素

人類消費習性深受文化因素的影響。文化（culture）也是個人慾望與行為形成的基本原因。人類從出生開始便成長於社會中，在該處的文化系統裡學習了基本的價值觀、認知、慾望與行為反應。因此，有人視文化為人類一切行為的綜合體。它也是人類社會發展的軌跡，包括祖先遺留下來的風格、法律與規範體系。次文化（subculture）乃是指任何一種文化中存在著更多更小的群體文化，它是以習俗、種族、語言乃至社會階層等變項為基礎所形成的群體文化。次文化在在影響該群體的生活模式與消費行為，例如中國人飲食習慣有別於外國人，美國人喜歡速食、漢堡，但有許多定居美國甚久的中國人與台灣人，至今仍習慣於中國菜及米飯麵條等飲食。

此外，若以「年齡次文化」來分析消費者行為，青少年次文化群

體與老年人次文化群體的消費模式也有很大差異。前者重視市場各種
流行資訊，後者較注重醫療保健及健康飲食等「養生」資訊。若以「生
態次文化」群體而言，城市與鄉村的消費習慣不盡相同，前者多從事
複雜性的購買行動與喜歡到新商店購物，以吸取經驗，較不具品牌忠
實性，其與店員（接待人員）的互動關係較疏離；反之，鄉村地區的
消費群，購買行動不僅是一種商業性行為，尚具有情感性互動關係。
因此文化在行銷上具有重要意義：(1)消費者的產品知覺深受文化的影
響；(2)產品的市場行銷與該國之文化型態息息相關；(3)產品的維護、
保養深受文化的影響；(4)產品的訂價、包裝亦受地區文化的影響。因
此，針對文化特性對消費者行為的影響，「多國性行銷」及「統合性
市場」策略已是未來商業行為的發展趨勢。

所謂「社會階層」（social stratification 或 social class）乃是將社會
中的組成份子依其屬性之不同作有系統性、秩序性及一致性的等級區
分，凡屬同一等級者即為同一社會階層。其區分之屬性包括：(1)所得
水準；(2)職業聲譽；(3)教育程度；(4)個人表現（貢獻）；(5)價值觀念
及(6)階層意識等。換句話說，社會階層是社會中按照層級順序排列的
群體，其內成員分別具有類似的價值觀、興趣和行動；不同階層的成
員，行為差異性大；相同階層份子的行為特性較一致。基本上，不同
的社會階層是連續的，有其次序性，而且本身具有多元向度，其中潛
藏著文化的內涵。

社會階層不同，其成員的生活方式也不盡相同，因此廠商必須了
解社會階層變化對行銷策略與市場區隔的影響。社會階層經常反映出
不同階層屬性的人，具有不同的消費態度與購買行為，例如股票及債
券的持有者、高爾夫球的愛好者、休閒旅遊及茶敘品茗的消費者，與
其教育程度、社經地位及所得水準等階層屬性有關。柯特勒（Kotler,
S.）研究美國人的消費行為，發現社會階層的個別差異性愈大愈有其
不同的特徵，如表 5-3。

表 5-3　美國社會階層的消費特徵

社會階層別	比例	消費特徵
上上階層	少於 1.5%	具有顯赫背景及龐大家產的社會精英，對於慈善活動一向不落人後，擁有數幢房屋，子女就讀於私立學校，但是並不會積極炫耀。這些人是其他階層的參考群體，也是珠寶、古董、房屋和旅遊的市場所在。
中上階層	約 2%	由於特殊能力而擁有高所得的專業人員或企業界人士，積極參與各種社會與公共事務，追求社會地位，極盡奢侈之能事，以求晉入上上階層。這些人是豪華住宅、遊艇、游泳池和名車等商品的良好市場。
中一階層	12%	專注於事業的專業人、管理者和企業界人士，對於教育、思想、文化和公共事務極其關切，是良好的住宅、傢俱、衣物和家電用品的銷售對象。
中二階層	30%	白領階層的職員、小企業所有人和高級的藍領工作者（鉛管匠、工廠領班等），注重文化的規範與標準，希望受人尊重，組合傢俱、家庭裝潢、保守服飾等商品的良好市場。
中下階層	35%	藍領工人、技工或半技工，注重性別角色，在社會中已經取得安全的地位，是運動器材、啤酒，和家庭用品的市場所在。
下下階層	20%	非技術性勞工或仰賴救濟金的人士，是食物、電視機、二手車的市場。

（資料引自：梁基岩，民 75，頁 121）

2. 社會因素

消費者的購買行為亦受各項社會因素的影響，包括關係群體、家庭狀況、角色地位及社會關係等因素的影響。所謂**關係群體**，係指對個人的態度或行為常有直接影響或間接影響的團體與個人，前者又稱為成員群體，成員有經常性的、非正式的互動關係，例如家人、親友等；後者又稱為次要群體，成員之間具有偶發性、短暫性的互動關係，例如工會組織內之成員、社團成員等。成員群體因當事人亦為群體中的一份子且經常往來，因此對成員的消費行為影響甚大。

至於**家庭狀況**，亦會影響人類的消費行為。家中成員購物時，男性較強調產品的效用與物理屬性；女性較重視產品的美感與價格。同時家庭結構的不同（傳統家庭、三代同堂及現代的小家庭等）也會影響個人不同的消費行為。當家庭成員的消費意見發生衝突時，通常有下列三種基本的解決辦法：

(1)合意：指大家經過協商後取得一致意見，使有關當事人都感到滿意。

(2)妥協：指為求得某項決定的一致性意見，一方、雙方或多方做了某些讓步，讓步的一方略有損失。

(3)權威：解決衝突的辦法是憑藉家庭權威來掌握購買決策之主權，家庭權威者通常是家中的生產者（賺錢、負擔家計的人）或「一家之主」。

影響消費行為的另一項社會因素是**角色地位**，個人在社會中的角色地位不同，往往產生不同的消費模式，例如社經地位高的人，購物時較注重商品屬性是否能反映出個人的角色地位，對於服飾、家電用品等流行性或高價位商品的採購較有「品牌忠實性」傾向；反之，低社經地位的人，消費時較不注重個人角色地位與商品屬性之間的相關，購物較考量商品的經濟效益，經常「貨比三家不吃虧」，少有品牌忠實性的特質與行為。在美國，民眾通常會選購那些能夠反映其社會角

色與地位的產品，例如紐約的地位象徵是慢跑上班、養鳥以及男性美容；在休士頓是豪華宴會、魚子醬及保守的儀表；在芝加哥則是郵購及汽車電話等。

3.1個人因素

個人因素包括年齡、職業、經濟情況及生活方式等，此等因素皆容易影響個人的消費行為。眾人皆知，不同**工作性質與職業類別**的人，其選購產品及交易服務的需求也有不同，因此廠商在產品開發與行銷的過程中，必須針對不同的職業群體，掌握其產品需求及服務興趣的重點，甚至專門針對某一職業群體，開發及行銷該群體所需要之財貨與勞務。

此外，個人**經濟情況**對產品的消費選擇也有影響。因此凡是企業結構性產品，特別是對所得具有高度敏感的產品，行銷人員必須密切注意消費者個人所得、儲蓄情形及市場金融匯率等動向。當經濟指標顯示經濟衰退時，行銷人員便應採取適當步驟，將其產品重新設計，或重新定位，或重新定價。

年齡也往往反映出個人消費慾望、消費態度、消費需求與消費行為的不同。許多廠商或產品也會針對消費者不同的年齡作市場區隔，以提供不同的產品或採取不同的行銷方式（廣告設計、商品包裝、訂價等），常見以年齡作市場區隔的產品包括維他命、尿片、洗髮精、衣飾、圖書雜誌、奶粉及飲料等。

生活方式也是一種影響消費行為的個人因素。社會中的成員儘管來自同一文化群體、同一職業群體或同一社會階層，但成員彼此之間可能仍有不同的生活方式及消費行為。生活方式係指個人各項活動、興趣及價值觀所呈現的一種行為模式。這種生活方式可能具有社會階層及生命意義等較深的內涵，也可視為是其人在人生舞台上一種表演及因應的整體模式，例如「上班族」與「夜貓族」的生活方式必有很大的不同，某些企業、產品或勞務服務即特別針對後者的生活屬性而生，包括二十四小時的便利商店及餐廳、三溫暖休閒中心、電動玩具

遊樂場、MTV 及卡拉 OK 店等。

4.心理因素

個人的消費行為也深受其心理因素的影響,包括人格、知覺、態度、信念、學習行為、動機情緒及生涯發展等,上述因素詳見本書各相關章節。蓋消費者乃是現代企業經營的主體,所謂「無消費者,便無消費;無消費,便無利潤;無利潤,則企業無以生存」。因此,今日任何一個企業組織都非常重視消費者的行為分析,藉由廣泛地研討、比較影響消費者行為的各項因素,以提供行銷人員、企業主管與資本家在市場開發與企業經營上的參考。當然,依據消費者行為研究所發展出來的行銷策略,並非放諸四海皆準的,其中所涉及的因素甚廣且有其複雜性。是故,今日消費者行為的研究,乃在企圖發現、統整社會大眾消費行為上的共通性與個別差異性,以建立企業組織的行銷模式與經營策略。

有關消費行為的研究,首先必須注意研究的方法與步驟,若研究方法錯誤且未能按照既定的程序與步驟,可能會誤導研究結論及應用結果,例如美國杜邦公司於一九六一年生產以柯芳(Corfam)化學皮所製造的新鞋,因設計製造無法掌握、符合消費者的需求,導致一九七一年停產時,損失估計約為一億美元,為史上行銷失敗慘重的實例。一般而言,消費行為的研究必須考量行銷策略與購買行為之間的關係。企業在產品開發與行銷的過程中,首先必須考慮產品屬性、行銷技術、促銷方法、分銷處所、購買方式、生態環保、政治經濟、組織目標、個人因素、社會習俗及總體文化等變數;其次要能注意研究設計及搜集資料,對於消費市場資訊的了解愈多,愈能掌握消費行為與市場趨勢。

(二)消費者購物過程的探討

消費者市場(consumer market)包括了所有購買或取得商品與服務,以提供個人消費所需的個人或家計單位。個人消費抉擇與購物行為乃是複雜的文化、社會、個人及心理等因素交互作用的結果,有些

因素雖非廠商行銷人員所能左右，但可以藉此研發出產品製造、價格、配銷及促銷等策略，以期影響消費者的消費抉擇。

許多學者專家與行銷人員長久以來投注心力與時間於消費者購物行為與過程的探討。不同的學者研究消費過程的反應模式也有不同的見解，如表 5-4（蕭富峰，民 80）。一般而言，**消費購物行為大致包括五個步驟：問題確認、資訊收集、評估可行性、購買決策與購後行為**。首先，消費者必須先體認到自我需求狀態，以確認購物問題的必要性；進而判斷自我需求尋找相關資訊，收集資訊的來源有四：(1)個人來源：家人親友、鄰居、同事等；(2)商業來源：廣告、推銷員、經銷商或展示會等；(3)公共來源：傳播媒體、消費者評鑑組織、公平交易機構等；(4)經驗來源：個人或他人的操作、檢視或使用經驗等；然後將所蒐集到的資訊加以評估，評估產品屬性（product attribute）、重要性權數（importance weight，即產品的特色、特殊屬性）、品牌信念（brand belief）及效益函數（utility）等。

經由評估階段，使消費者得以在所有產品的選擇組合中，排列產品品牌的優先順序，從而構成購買的意圖與行為。一般而言，**購買決策受二項因素的影響：人的影響及情境影響**，前者又以具有影響力的他人（配偶、親友或意見領袖等）為主，後者則指意外因素或環境刺激，例如失業、財物遭竊、生病、車禍及經濟不景氣、物價上漲等。此外，消費者購買產品後使用情形的滿意度也會影響其未來的消費態度與購物行為，因此，廠商應該忠實地陳述、宣傳產品的特性與效益，過度誇大產品的效果，只會造成短期的利益而損及產品未來的銷售成長與企業的商譽形象。

二、消費動機的激發與應用

人類的消費行為與購物決策深受二項因素（人與情境）的影響，已如前述。換句話說，欲激發人類的消費動機，必須掌握消費者個人

表 5-4　消費過程主要反應模式的比較

模式／階段	AIDA 模式	效果層級模式	DAGMAR 模式	創新採用模式
認知階段 (cognitive level)	注意 (attention)	知道 (awareness) ↓ 認識 (knowledge)	知道 (awareness) ↓ 了解 (comprehension)	知道 (awareness)
情感階段 (affective level)	興趣 (interest) ↓ 欲望 (desire)	喜歡 (liking) ↓ 偏好 (preference)	信服 (conviction)	興趣 (interest) ↓ 評價 (evaluation)
行為階段 (behavioral level)	↓ 行動 (action)	信服 (conviction) ↓ 行動 (action)	↓ 行動 (action)	試用 (trial) ↓ 採用 (adoption)

（資料引自：蕭富峰，民 80，頁 161）

〔註〕：效果層級模式的信服代表著購買意圖（intention-to-buy），因此，放在
　　　　行為階段裏。而 DAGMAR 模式的信服則含有情感醞釀成分，故將之
　　　　置於情感階段裏。兩者雖然使用相同的字眼，但其中的含意卻有所不
　　　　同。

特性、情境特性與產品特性，也就是了解消費者需求、消費類型、產
品類別、消費感受期待等變項及其彼此的交互作用關係。上述變項彼
此密切相關，詳見表 5-5，若能充分了解、掌握與應用，必能激發消費
者的消費動機，提高產品的銷售率，增加企業的經濟利益。

表 5-5　消費者需求、類型與產品類別、感受期待之相關

項次	消費者需求	消費者類型	產品類別	消費感受與期待
高層次需求→基本層次需求	自我實現需求	理智型消費者	功能類產品	人盡其才、地盡其利 物盡其用、貨暢其流
	自尊性需求	優越型消費者	威望類產品 地位類產品	提高個人的社經地位 服務週到、顧客第一
	愛與歸屬需求 (社會性需求)	情感型消費者 年輕型消費者	成人類產品	待人親切、賓至如歸 拓展人際、獲得讚賞
	安全性需求	習慣型消費者	快樂類產品	交通便利、設施完善 公共安全、消費安心
	生理性需求	經濟型消費者 衝動型消費者	渴望類產品 基本類產品	價廉物美、民生必需 滿足需求、感官享受

(一)消費者的需求與感受期待

　　消費者在購物前，皆已在內心經過深思熟慮，即使是臨時起意或被強迫推銷時也不例外。從事商業活動的製造商、銷售商或推銷人員，必須先了解消費者的購買動機與消費需求，才能在競爭激烈的商場中，掌握廣大的消費群，開拓有利的商機與行銷機會。

1. 消費者生理性需求及其感受期待

　　若以馬斯洛的需求層次論而言，消費者最基本的消費目的是想滿足與個人生存條件有關的生理性需求，例如飲食、溫暖、排泄及逃避痛苦等需求，因此消費時消費者最重視的是產品使用後是否會有後遺症而影響身心健康，是否可以滿足個人生理上的需要且獲得愉悅的感官刺激，甚至此類民生必需的產品是否能價廉物美以減少消費者的經濟負擔。生理性需求乃是人類最基本的需要，個體許多活動不外乎在

追求滿足此等需求，例如食、衣、住、行、育、樂等，因此廠商及行銷人員有必要加以重視，包括產品的製造、設計、品質管制與研究發展等。

2.消費者安全性需求及其感受期待

每一個人都希望生活在一個平安、有秩序、有組織而不受人侵害的社會中，因此，任何商業活動若無法提供消費者一個具有安全性的消費產品與消費環境，恐怕難以激起消費者的興趣與行動。安全性的需求包括生命、財產及心理感受上的安全。由於社會進步、資訊發達與工商繁榮，普遍提高了社會大眾的生活水準與消費能力，因此，消費者在生理性需求的滿足不虞匱乏情況下，對於生活中安全性需求的滿足與否更為重視，尤其是員工對於工作環境的要求與消費者對於消費環境的要求。消費者購物時，期待購物地點能夠設施完善、交通便利、位置適中及公共安全無慮。倘若消費場所逃生設備不佳、硬體建設不良、停車不方便、產品品質不佳而有安全性威脅時，往往會阻礙其消費行動與意願。民國八十五年十一月，台灣地區發生彭婉如命案，警方及媒體報導涉嫌者可能是計程車司機，一時之間導致計程車業者生意一落千丈；民國八十七年，國內不法人士利用針孔攝影機偷拍投宿賓館（飯店）男女親熱行為，並將之製作成錄影帶販售圖利，那段期間，飯店賓館業主苦不堪言，生意清淡乏人投宿，或者必須忍受房客無理的舉動與質疑。凡此，皆顯示消費者對消費產品及消費環境安全性考量的重視。

3.消費者社會性需求及其感受期待

社會性需求包括歸屬感、愛與被愛、讚賞他人、接受別人及團體意識。每個人自出生後，都會接觸許多不同性質的團體，從家庭、學校、社區、社團乃至社會，個人在團體中與他人互動建立情感，久而久之便歸屬於此一團體中，個人因歸屬感而擴大從事社會活動的範圍。因此，在消費情境中，廠商及產品也必須獲得消費者的認同與接納，許多產品在廣告設計或宣傳行銷時所訴求的焦點便是人類的至性至情，

令人印象深刻；此外，廣告界流傳甚久的廣告詞也大多與人類的情感與歸屬感有關，諸如「好東西要和好朋友分享」、「慈母心、豆腐心，〇〇豆腐與您心連心」、「世界上最安全的一部車是爸爸的肩膀」、「你可以依靠的〇〇人壽」等。因此，企業組織的行銷人員及服務（接待）人員必須適當的讚美顧客、信任顧客、待人親切，使顧客「愛烏及屋」的認同公司的產品，同時必須間接的、長期的經營消費關係與人際互動。

4.消費者自尊性需求及其感受期待

每個人都喜歡被尊重、了解、接納與重視，若能在商業情境中，適當地尊重消費者，賦予其信任、知識及榮耀，必可促進良性的消費關係，例如適度的提供消費資訊予消費者，不急於解釋、反駁消費者的論點，適當的肯定、讚美消費者，提高其社經地位，設計人性化的接待空間與商品陳列區，定期問候消費者等；此外，除非有具體證據，否則不宜貿然的令消費者難堪，懷疑其有不軌的企圖。推銷商品時，必須服務週到，確保消費的權益，所謂「Customers are always right」（顧客永遠是對的）。特別是尊重消費者獨立自主的抉擇結果與判斷能力，不可強迫推銷，也不可取笑（口語的與非口語）、輕視消費者，甚至以貌取人，以專業來「唬」人。

5.消費者自我實現需求及其感受期待

馬斯洛認為人類對真實的感受是相當清晰的，且能接受環境的影響；他們的行為是獨立自主的，追求生命目標且能享受生命榮耀。同樣的，消費者在購物行動中，不僅在追求生理性、安全性、社會性與自尊性等需求的滿足，更期盼個人的潛能在消費中有更大的作為，能夠自我肯定且創造自己的能力，追求更多表現與成就，舉例而言，一個人的消費能力與生活品味被周遭的人所肯定，便可成為自己和他人生活中的消費意見領袖，進而肯定自我價值，實現個人生涯目標，同時充分發揮「人盡其才、地盡其利、貨暢其流、物盡其用」的功能。

當然，人類的消費動機如同行為動機般的複雜，除了馬斯洛所主

張的各種不同層次的需求動機之外，在消費過程中，消費者尚有**理智型動機**（rational motives）**與情感型動機**（emotional motives），前者包括消費產品必須容易使用、增加效率、良好服務、耐久性及便利經濟、操作簡便等；後者包括競爭需求、爭奇鬥艷、新奇新鮮、舒適高尚、生命延續（例如滋補品、化粧品、保險等）、潛意識的獨佔心理（即物以稀為貴）等需求。一般而言，針對上述需求，廠商必須不斷研究開發各類產品來滿足不同型態的消費者。

(二)消費者類型與產品類別

俗云：「一樣米養百種人」、「人心不同各如其面」。人與人之間在人格、態度、知覺、動機、情緒、認知、記憶及行為發展等方面皆有個別差異，因此，每個人的生活習性與消費行為也各有不同；廠商為因應此等人類內在心理與外在行為的個別差異，更必須開發各種不同類型的產品來滿足個人需要，例如坐臥兩用的沙發床、健康曲線安睡枕、活用空間五斗櫃、雨傘拐扙、保暖燃脂（減肥）衣褲及室內健康器材等。

1. 消費者類型

常見的消費者有下列七種類型：(1)衝動型消費者：消費時不按既定的消費計畫，臨時起意產生購買行動；(2)經濟型消費者：消費者購物先注意商品價格，價廉物美或促銷活動的商品較易引起其注意與反應；(3)習慣型消費者：此類消費者較具有品牌忠實性，大多選購慣用的品牌產品；(4)年輕型消費者：此類消費者選購的產品皆有青少年次文化的色彩，強調前衛、自主，消費行為較不穩定，考慮層面不廣，只注重流行化、年輕化傾向；(5)情感型消費者：此類消費者選購產品易受他人（親友或銷售人員等）的影響，重視情感與人際互動，比較喜歡向衷愛的商店與銷售人員購買商品；(6)優越型消費者：消費者購物時重視消費場所、產品品牌是否能提高其社經地位，受人尊重、仰慕，而且能凸顯其高品味的生活格調、「與眾不同」的特質；(7)理智

型消費者：此類消費者購物前有計畫，甚至消費計畫是其人生生涯規劃的一環，整體考量個人的內外在需求與條件，充分享受消費的成就感與滿足感。不同類型的消費者往往反映其不同的動機需求、認知態度與生活哲學，甚至其所消費的產品類別也有差異。

陳振隆和楊敏里（民89）的研究則將消費者依其生活型態因素、特性，將之區分為下列四大類群：(1)「新潮現代化型」的消費者，稍微崇尚名牌及追求時尚，較不熱愛工作和社交，略有崇尚科技和現代化傾向，外向且愛逛街，注重效率和物質生活，最不會精打細算，有點害怕孤獨；(2)「精明能幹型」的消費者，最不具崇尚名牌和追求時尚的消費導向，熱愛自己的工作和參與社交生活，稍微崇尚現代化科技，不愛逛街，非常注重效率和物質生活，害怕孤單獨處，善於精打細算；(3)「平凡中庸型」的消費者，雖崇尚名牌和追求時尚，但不太注重效率、不追求太高的物質生活享受，熱愛工作和參與社交活動，最不崇尚現代化科技，不害怕孤單獨處；(4)「崇尚科技型」的消費者，最不注重效率和物質生活的追求，非常崇尚現代化科技，不害怕孤單獨處，也會精打細算，崇尚名牌和追求時尚的傾向不高，較不熱愛工作與出席社交場合。

2.產品類別

今日由於受到科技發達、工商繁榮、國民所得提高等社會變遷因素的影響，相對地提昇了國民的生活水準與消費能力。過去人類消費財貨與勞務，大多是為了求生存、生活，不重視感覺享受與高層次心理需求的滿足；而今影響消費者消費行為的因素相當複雜，因此，廠商必須開發各式各樣的產品來滿足社會大眾。

簡單的說，過去消費市場是「生產者導向」，市場上有什麼（產品），消費者就買什麼（產品）；今日是「消費者導向」的市場機能，消費者要什麼（產品），廠商就製造什麼（產品）。根據人類的消費需求、產品特性與功能，大致可區分為如下七大類的產品：

(1)基本類產品：凡是為了維持人類基本生存條件的商品皆屬之，

例如食物、水、藥品等。

(2)渴望類產品：凡是日常生活中為保護自我、塑造自我的產品皆屬之，例如牙膏、飾物、肥皂、洗髮精等。

(3)快樂類產品：凡是能促進生活樂趣、激發消費興趣的產品皆屬之，例如玩具、瓜子、飲料、各式零嘴、遊樂器材等。

(4)地位類產品：凡是可以顯示消費者角色地位與高社會階層的產品皆屬之，例如汽車、名畫、藝術精品等。

(5)成人類產品：凡是適用於成人且有助於其社會性人際互動的產品皆屬之，例如菸酒、化粧品、檳榔、成人情趣用品等。基本上，成人類產品並不適用於未成年者，但若經家長監護同意下可使用之產品不在此限，例如信用卡、觀賞輔導級影片等。

(6)威望類產品：凡屬象徵個人聲譽權勢的產品皆屬之，例如高級黑色禮賓車、防彈轎車、名牌服飾與化粧品、股票、債券、金等。

(7)功能類產品：凡能蘊含文化、社會與教育意義的產品皆屬之，例如圖書文具、建築材料、藝文創作品、花草蔬果等。

經濟學上習慣將表徵一個人地位威望的產品稱之為炫耀性財貨。

一般而言，觀察消費者使用產品的類別固然可以反映其消費需求與生活格調，然而也有許多產品係「重複」歸類或難以分類，例如汽車可能是屬於功能類、威望類、地位類或成人類的產品。有時威望類產品與地位類產品也容易產生混淆或難以絕對區分，通常前者含有崇高地位或領導角色之意，後者大多顯現社會階層的歸屬。產品分類旨在了解消費行為與習慣，便於市場調查，同時也會影響商品行銷策略、廣告設計方案與產品的製造、包裝、訂價等問題，的確值得重視。

(三)消費動機的滿足與激發

任何企業組織或廠商商店，若被動地等待消費者有需求時才上門

購物，恐怕很難掌握商機與創造更高的銷售業績，因此企業廠商除了加強商品包裝與廣告宣傳之外，如何針對人類的人性需求與消費者的消費動機，設計適切的誘因與行銷，以激發並滿足消費者的消費動機與欲望是相當重要的。下列原則可供參考：

1. 價格適當

大部分的消費者在購物時，最基本的考慮因素不外乎價格是否過於昂貴？是否較其他不同品牌但同類型的商品便宜？個人是否負擔得起？廉價是否易為劣質品等。有時廠商適時的以廉價或降價（折扣）等方式來促銷商品，當有助於引起消費者的購買興趣。

2. 種類繁多

任何廠商欲使不同的消費者皆能上門購物，必須先提供足夠數量且種類繁多的商品，以供消費者選擇，否則很難滿足消費者的多元需求。

3. 品質優良

商品品質佳，自然容易吸引消費者前來購物，而且容易培養消費者的「品牌忠實性」習慣，例如蔬菜、水果、魚肉等食物新鮮，工業製品或手飾襯物所含的成色較高、構造精良、花紋美觀、包裝適切等。在消費市場上，沒有一位消費者能夠忍受品質不佳或使用逾期的商品，即使它是廉價品或特賣品。

4. 商譽良好

商店若能強調公平交易、貨真物美、價格公道、童叟無欺、信譽優異，必能口碑相傳，使消費者「近悅遠來」，使商店「高朋滿座」。

5. 提供完善的交易與服務

消費者購物皆期待能獲得「省時、省錢、省力、省氣」等完善的商業服務。因此，商店的消費規定過多或過於嚴苛，易使消費者感到不便，甚至望而生畏的裹足不前，例如換貨、訂貨及退貨等條件不宜太過嚴苛，交易付款方式宜彈性簡便（信用賒貸、分期付款、負責運送不另加費用、受理信用卡交易等），營業時間考量消費性質及顧客

方便等。

6. 商店位置適中及交通便利

都會區民眾的消費能力與消費需求固然較高，但因都市人口集中、交通流量大，加上現代人購物時間大都集中在例假日，因此商店位置不佳、交通不便或停車問題嚴重，往往容易導致消費者的消費意願低落，不可不慎。

7. 塑造品牌形象

一位重視人類「自尊」、「自我實現」等高層次需求的消費者，必也相對地注重品牌與個人風格、個人社經地位的相互影響關係，因此廠商或商店必須注意塑造產品、品牌或企業組織的形象（例如回饋社會、舉辦公益活動等），以激發消費者的購物動機。

當然，任何的消費交易不外乎是財貨與人、人與人之間的互動關係，即使是財貨與人的交易活動也必須藉由中間人（例如店員、推銷員、代理商等）來完成消費。是故，**第一線工作角色的服務態度及售後服務方式，也將影響顧客的購物傾向與消費意願**。同時，為精進企業的經營發展，贏得消費者的好感與口碑，廠商必須重視且積極處理顧客的消費意見，耐心傾聽建議（批評），熱心引導說明，使顧客對產品有更多的了解與較少的誤解。更重要的，持續不斷的創新求變、精益求精與研究開發，才是企業成功經營、吸引消費大眾的不二法則。

摘　要

Notes

1. 動機，意指引起個體活動，促使個體維持該種活動，使之朝向某一目標進行的一種內在歷程。動機是人類行為的原動力。

2. 人類生理性的動機包括飢、渴、性、疲勞、病痛、睡眠、母愛等；心理性動機則有群居、攻擊、成就、逃避焦慮等。

3. 心理分析論認為人類行為導源於「性」與「攻擊」兩種本能的衝動；行為論主張個體行為係經由學習歷程而建立的，而動機是學習歷程的根本動力；認知論強調個體因對環境的了解進而產生或改變其行為；馬斯洛需求層次論更是有系統的研究動機，將人類的需求區分為五大類：生理性需求、安全性需求、社會性（愛與歸屬）需求、自尊性需求及自我實現需求。上述需求由下而上有其層次之分。

4. 人類的動機需求與其工作行為有密切相關，若能了解員工的內在需求與外在動機，必能提高員工的工作效率，促進勞資關係，使其樂在工作中。

5. 員工的工作行為往往受其優勢動機的影響，有些員工重視生理性動機的滿足，有些注重安全性、社會性或自尊性動機的滿足，也有些員工關心自我實現的需求，追求個人高

Notes

峰經驗（「高峰經驗」乃是個人自我覺察到心理完美的境界）。學者研究發現：不同層級、職位的員工所重視的優勢動機有所差異。

6. 一般而言，員工的工作滿意度高低與下列事項有關：(1)工作的成就；(2)受尊重；(3)工作性質與內容；(4)責任；(5)陞遷；(6)薪資待遇；(7)工作中人際關係；(8)公司制度與政策；(9)工作環境；(10)個人生活等。

7. 員工在工作情境中遇到挫折時，容易產生：(1)生存性需求挫折反應；(2)學習性需求挫折反應；(3)社會性需求挫折反應；(4)自我性需求挫折反應。惟有完善的組織制度，並加強員工心理衛生工作，增強員工個人自我調適功能，方能促進員工身心健康，提振員工工作士氣。

8. 激勵乃是一種內化的力量，亦即一種自我振作、自我控制及自我滿足，並不受外在環境的限制。常見的激勵理論有：Herzberg 的二因子論、Adans 的公平理論、Vroom 的期望理論、Likert 的人群關係論、Mosen 等人的管理論及 McClelland 的成就動機理論等。

9. 員工士氣之激勵與管理方法甚多，包括：(1)運用有效的領導；(2)設計合理的組織；(3)鼓勵意見溝通參與管理；(4)訂定合理的人事政策；(5)改善工作環境；(6)訂定團體行為的規範；(7)維護員工心理健康。員工士氣激勵可結合人類需

Notes

求與組織的管理政策來進行。

10.美國心理學家 Davis 認為激勵的途徑主要有四：⑴命令途徑；⑵經濟途徑；⑶請求途徑；⑷支援途徑等。此外，激勵必須考量：要有一定目標、形成風氣、有效溝通、簡潔恰當及將個人目標與團體目標相結合等原則。

11.人類動機與消費行為有密切相關，因此現代企業皆重視「消費者行為研究」。影響消費行為的因素有四：⑴文化因素：文化、次文化、社會階層等；⑵社會因素：關係群體、家庭狀況、角色地位等；⑶個人因素：年齡、職業、經濟狀況等；⑷心理因素：激勵、認知、學習、態度、人格等。

12.消費者購物包括五個步驟：問題確認、資訊收集、評估可行性、購買決策及購後行為等。消費者的動機需求、消費期待與產品類別及其購物型態有密切相關。若欲激發並滿足社會大眾的消費動機，必須注意：⑴價格適當；⑵種類繁多；⑶品質優良；⑷商譽良好；⑸提供完善的交易與服務；⑹商店位置適中及交通便利；⑺塑造品牌形象等因素。

第六章

情緒與工作行為

　　情緒深深影響著你我的生活與工作。好的情緒，不僅帶動了整個生活環境的氣氛，更能使自己活在一個充滿希望的環境中，同時活化了個人本身的人際關係，進而增加自己與他人之間溝通合作的機會，使每個人在和諧的氣氛中，生活的快樂成功。

　　為了激勵我們的正面情緒，每個人不妨在生活中累積一些小小的成就感，讓這小小的成就，為自己建立起一些信心；如果生活中不斷建立起小小的自信，積少成多，久而久之就構成一股動力，使人有足夠的信心去完成較大的目標，建立起較大的成就。因此，情緒是個人生活多采多姿、事業成功發展的一種動力源；當然，情緒失控，毀人傷己，它也可能成為人生發展的絆腳石，不可不慎。

現在的我有什麼感覺呢？

🐟今日，此時此刻我的心情是…

　　我怎麼面對…

🐟做一件自己喜歡的事，我的心情是…

　　我怎麼面對…

🐟必須和一個討厭的人一起工作，我的心情是…

　　我怎麼面對…

🐟我常擁有不快樂的情緒是…

　　我喜不喜歡這些情緒…

　　我通常用什麼方法來管理這些情緒…

仔細的品味自己的心情，

想想看在各種心情下你有什麼想法和反應，如此，

你將會對自己有更清楚的了解。

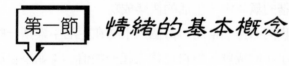

第一節　情緒的基本概念

　　俗云：「人有七情六慾」，又云：「人是感情的動物」，情緒如同人類的其他慾望，爲我們生命中的一部分，情緒之於人，有如影之隨形。正因人類擁有高低起伏的情緒變化，因而豐富了我們的人生色彩，使生活不致於日復一日的在單調旋律中滑落。

一、情緒的意義

　　所謂「情緒」，乃是指個體受到刺激後所產生的一種激動狀態，此種激動狀態雖為個體所自覺，但不易加以控制，因此對個體的行為具有干擾或促動作用，並導致其生理上與行為上的變化。

　　基本上，情緒是非自發的，而是刺激所引起，包括外界環境的刺激和個體內在的刺激。刺激不但引起情緒，個人的情緒也常隨音樂旋律或小說情節等刺激而起伏演變。通常情緒的經驗要當事人自己才能察覺得到，他人雖可由其外貌行為的變化去推測當事人的情緒狀態，但面對喜怒不形於色、情感內斂或社會經驗豐富的人，推測往往未必真實。故情緒經驗必須透過當事人的自我省察或陳述，他人才能真正了解。

二、情緒的分類

　　心理學家運用數學上座標的概念來分類情緒反應。藉由橫座標（正向—負向）和縱座標（強烈—微弱）將情緒區隔為四類（亦即 I、II、III、IV）：

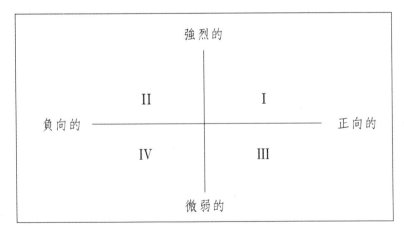

1. 第一類包含快樂的、雀悅的、興奮的、充滿信心的……等強烈又正向的情緒。

2. 第二類包含憤怒的、不滿的、仇視的、生氣的……等強烈又負向的情緒。

3. 第三類包含平淡的、恬適的、滿足的、寧靜的……等微弱又正向的情緒。

4. 第四類包含無奈的、失望的、難過的、哀傷的……等微弱又負向的情緒。

　　情緒分類的目的在於協助我們迅速且有效的來辨別自己和他人的情緒，以使我們能適當的表現反應，達成良好的人際互動。

三、情緒的理論

　　人類的情緒反應包括三個歷程：㈠知覺的歷程：了解刺激情境的意義與性質；㈡生理的歷程：人類的呼吸、循環、肌肉、腺體等活動會隨情緒狀態而變化；㈢反應的歷程：主觀的情緒反應，是恐懼、是悲傷、是愉快等。所謂情緒理論，廣義言之固然在探求對人類情緒行為作原則性或系統性的解釋，但狹義言之，在於針對上述三種歷程之間的關係加以說明。茲舉三種主要的情緒理論說明如下：

㈠詹郎二氏情緒論（James-Lange Theory of Emotion）

　　美國心理學的先驅詹姆士（James, W.）在一八八四年最早對情緒的歷程提出系統解釋。詹氏之解釋是：1. 先有引起個體反應的刺激；2. 該刺激引起個體生理反應；3. 最後由於生理反應而產生情緒經驗。

　　他把平常公認對情緒反應的因果關係倒置，認為情緒並非由刺激所引起，而是由生理變化所引起，亦即由生理變化而激起的神經衝動傳導至中樞神經系統後，始產生情緒。約在同時（1885），丹麥生理學家郎奇（Lange, K.G.）對情緒的歷程，也提出同樣的解釋。因此，

一般稱二氏之情緒理論爲詹郎二氏情緒論。詹郎二氏之情緒理論闡述了刺激情境、生理變化、情緒經驗等三者的相互影響，如圖 6-1。詹郎二氏的理論，不但與生活中常識性的經驗不符合，就是在生理研究上也引起很多爭議，於是解釋情緒的其他理論乃應運而生。

圖 6-1　詹郎二氏情緒論

(二)康巴二氏情緒論（Cannon-Bard Theory of Emotion）

　　首先反對詹郎二氏情緒論者爲美國生理學家康南（Cannon, W.），他對詹郎二氏所主張「先有身體之生理反應而後產生心理之情緒經驗」的看法，提出三點不同意見：

　　1.身體上的生理變化，在各種情緒狀態下並沒有多大的差異（例如興奮與憤怒），可是個人確能體會到各種不同的情緒經驗。

　　2.體內的各器官反應係受自主神經的支配，對刺激的感應遲緩，不足以說明情緒瞬息變化的事實。

　　3.身體內部變化可藉由藥物的注射使之形成，但事實證明並不能由此一身體變化來製造某種情緒。

　　因此，康南以爲控制情緒者乃中樞神經，而非周圍神經系統。康南認爲外界刺激引起的神經衝動先傳送至腦部的視丘與下視丘，由該二處同時發出神經衝動，一方面上達大腦，另一方面下達交感神經，**情緒經驗的產生即由於這二方面神經活動交互作用的結果**。康南氏的情緒理論約提出於一九二七年，後經巴德（Bard, P.）支持並極力推廣，故以後即稱爲「康巴二氏情緒論」。該理論可由圖 6-2 說明之。

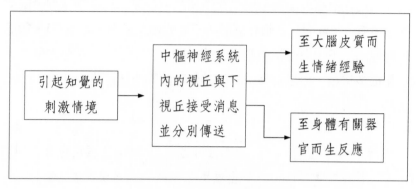

圖 6-2　康巴二氏情緒論

(三)情緒歸因論（Attribution Theory of Emotion）

　　新近的學者，已不再像詹姆士與郎奇二人般相信生理反應是構成情緒經驗的主要條件，而是認爲個人對自己身體變化感受的解釋，才是構成情緒經驗的主要原因。如此等於是將個人的情緒狀態歸屬於自己能夠了解的某種原因。此種解釋情緒形成的理論，謂之爲「情緒歸因論」。情緒歸因論係由夏凱特等人（Schachter & Singer, 1962）所提倡，主張個人對自己情緒狀態的認知解釋是構成情緒的主要因素。

　　換句話說，決定個人情緒經驗者心理因素大於生理因素，例如醫生有時給失眠者服用維他命片劑以代替安眠藥片，只要失眠者相信醫生而又相信安眠藥確能幫助他睡眠時，維他命對他也將發生同樣的安眠作用。不過，情緒歸因論並不完全否認生理的變化是形成情緒的原因之一，只是強調個人最後的情緒經驗，決定於心理因素。因此情緒歸因論又稱之爲情緒二因論（two-factor attribution theory of emotion）。

四、情緒的發展

　　人類情緒的發展一如感覺、運動、語言等行爲的發展，係由簡而

繁，由一般性的反應而分化出特殊性的反應，有其次序性，那些情緒
行為先出現，那些情緒行為後出現，都有其發展的模式。人類情緒的
發展既受成熟的影響，也受學習的影響。此外，情緒型態隨著年齡的
增長而逐漸分化，情緒行為的對象也隨著年齡的增長而變化，例如小
孩子害怕的對象隨著年齡增長在改變。嬰兒時期，引起害怕和刺激的
情境為大的聲音、動物、暗處、高處、突然的移動、一個人獨處、痛、
陌生的人、生疏的地方等等，不過對這些刺激和情境的恐懼害怕隨著
年齡的增長而逐漸改變。對於巨響、陌生人的恐懼，隨著年齡的增加
而減少，對於黑暗獨處的害怕則隨著年齡的增長而增加。當然，情緒
發展與個人的調適修養也有相當的關係。總之，情緒是天生的，但情
緒的表達與管理則是後天學習而來的。

第二節 情緒與工作、生活

　　在我們的日常生活中，情緒究竟扮演何種角色？許多生活的常識
教導我們：快樂等「正向情緒」有益身心發展，俗云「笑口常開，延
年益壽，養顏美容」；反之，焦慮等「負向情緒」則有礙身心發展，
有道是「痛徹心肺」、「鬱鬱以終」、「哀莫大於心死」。誠然，短
暫的負向情緒未必全然有害，諸如「生於憂患，死於安樂」，但是長
期不良的情緒壓力（緊張、恐懼、悲傷）對個人健康的影響與個人人
格的塑造有著密切的關係。因為此種情緒若無法得到宣洩疏導，長久
停留在個體內，將易導致生理與心理的失調現象。

　　從醫學觀點來看，某些疾病雖確有生理上的癥候，但其病因有時
卻來自於心理因素，臨床醫學也已證實：潰瘍、哮喘、偏頭痛、皮膚
病及高血壓等疾病都和長期情緒緊張有密切的關係。此類本屬心理上

的病因後轉化成身體方面的疾病，經常容易傷害個人的身心健康，也容易使個人與他人發生衝突，破壞和諧的人際關係，進而影響個人人格的健全發展。

至於情緒與工作效率之間的關係，心理學家探討這方面的問題時，通常將**焦慮情緒的程度**與**學習活動的結果**分別作為自變項與依變項，探求二者之間的變化關係。焦慮可以說是一種較為抽象的情緒，其產生不完全是由於原始性的動機受到阻撓，而是由於學習性的動機得不到滿足。

心理學家研究焦慮與學習效率，常採用兩種方法來判別焦慮情緒的高低程度：一種屬於語文式的自陳法或自我評定法；另一種乃是採用生理反應法。綜合學者研究焦慮與學習效率關係的問題，大致可獲得幾點結論（張春興，民72）：

1. 一般而言，焦慮情緒與學習效率兩者關係，如以曲線表示，大致呈現拋物線的相關。焦慮太低或太高時，均不能表現良好的學習成績。只有在焦慮程度適中時，才能發揮最高的學習效率，如圖6-3。亦即適度的壓力情緒有助於工作效率的提昇。

2. 考量焦慮的個別差異，平常焦慮較低者（情緒較穩定、不易衝動），其學習效率較高焦慮者為優。

3. 若以學習情境的壓力與焦慮個別差異的關係而言，通常低焦慮者可因情緒的壓力而提高學習效率，但高焦慮者的學習效率則受壓力的影響而減低。

4. 若以學習情境的壓力與學習工作性質兩者的關係而言，簡單的工作會因情緒壓力而提高效率，但複雜的工作則常因情緒壓力而使工作效率降低。

情緒是人類行為最複雜的一面，情緒是指個體受到某種刺激所產生的激動狀態，因而對個體的身心發展具有促動或干擾的作用，並導致其生理上與行為上的變化，例如在遭遇到挫折、令人難過的時候，

會有傷心的舉動，而遇上令人心曠神怡的事時會有愉快的反應。人的一生約有三分之一的時間是在學習或工作，因此工作行為難免受到情緒的影響，好的情緒不但可以增進個人的人際關係，並且還可以避免不必要的工作誤會與衝突，這就說明了每個人在工作上除了要有專業的 IQ（智商）外，更要有成熟的 EQ（情緒智商）。

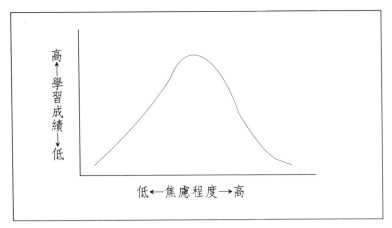

圖 6-3　焦慮情緒與學習效率的關係

　　每個人在工作上都會有情緒低潮的時候，低潮的情緒會直接影響到個人的工作表現。一個人情緒低潮或工作表現不佳，隱含工作所給予的壓力已超過了個人所能負荷的範圍，具有預警作用；同時，組織內的領導主管，也可依此而採取適當的領導、管理與輔導，協助員工身心調適與情緒管理。

　　通常，工作情緒低潮的人較會刻板的依循一定的模式來工作，當有旁人加以指正時，往往會以負向的行為反應來應對對方，甚至不加理會。此種人較不喜歡在工作上花腦筋思考，做事敷衍，只求完成工作，不求做好工作。此外，工作情緒低潮的人，較容易缺乏信心、缺乏耐心，工作上表現不佳或有缺失時，往往推諉塞責，怨天尤人。率性而為，不喜歡遷就他人。

　　面對情緒低潮的人，宜適當給予認同與關懷，不必過於同情或遷

就當事人。多多探討當事人爲何情緒低潮，若是工作困擾所致，不妨提供其資訊適度予以協助。若是非工作因素，不妨適時的調整其工作時間、工作內容或工作地點，甚至給予其休假，以鼓勵員工放鬆一下自我。總之，企業乃是一個整體的組織，成員彼此之間會互相影響，惟有設法消除人際之間負向的阻力，發揮其正向的影響力，才能創造良好的工作氣氛與生活情緒，提高工作效率與生活品質。

第三節 *EQ 與情緒管理*

近年來，EQ已成爲新時代的新顯學，美國時代週刊和財星雜誌在一九九〇年代都曾專文指出：EQ才是影響個人工作發展、事業成功與否的最重要因素；企業在做內部人事擢升或精簡人力時，考慮的重點不再是IQ，而是EQ。何謂EQ？EQ的原意是指Emotional Intelligence Quotient，代表的是個人處理情緒的能力標準，又稱爲「情緒智商」。這個新名詞涵蓋了個人的自制力、熱忱、毅力、自我驅策力等。情緒無論在人際關係上、工作中或生活裡都有舉足輕重的影響力，一如前述，所以如何管理自身的情緒，就必須進入EQ的領域中探索。

一、EQ 與工作表現

EQ是情緒智商，它是一種綜合性的概念，意指個人在情緒方面整體的管理能力。現今社會中，有許多人之所以無法在工作和社交上有良好的表現，肇因於他不擅於了解別人的情緒狀態，不知在什麼情況下該說什麼樣的話。所以要增進人際關係，先要學會洞察別人的情緒，所謂「知己知彼」之後，才能「出奇致勝」，進而推展到己身的工作

層面上。一般人在面對工作的同時，常常困擾於生活周遭的各種壓力、挫折，經常忽略了活在此時此刻的重要性。因此，高 EQ 的人都能時時活在生命中的當下及每一剎那間，而且常保鮮活的心情，如此人生的價值才得以展現。面對工作，也才能更積極、更進取、更努力。EQ不僅反映在工作層面與人際層面上的表現，而且也反映出兩性在IQ與EQ方面的個別差異，如表 6-1（生涯雜誌，181 期，民 85）。

表 6-1　高 IQ 與高 EQ 男女之特徵

	高 IQ	高 EQ
男	《優點》 • 具有廣泛的智識、興趣與能力。 • 做事有抱負有效率。 • 不易為自身的問題困擾。 《缺點》 • 呆板而頑固，疏離而淡漠。 • 較驕傲、好評斷。 • 一絲不苟且自我壓抑。 • 面對性與感官享樂無法自在。	• 社交能力極佳。 • 外向而愉快。 • 不易陷入恐懼或憂思。 • 對人對事容易投入。 • 正直且富同情心 • 情感生活較豐富但不逾矩。 • 無處不自安。
女	《優點》 • 對自己的智力充滿信心。 • 善於表達自己的看法。 • 好沉思。 《缺點》 • 較內向。 • 易焦慮愧疚。 • 通常採間接方式來表達憤怒的情緒。	• 直接表達感受。 • 富自信。 • 覺得生命有意義。 • 外向合群。 • 能適度表達感覺。 • 善於調適壓力。 • 容易結交新朋友。 • 能表現幽默的創意及坦然享受感官的經驗。 • 甚少陷入憂思、愧疚。 • 無處不自安。

工作時的情緒好壞是很重要的，如果能夠以愉悅的心情來投入其中，相信工作自有一番情趣。如果因工作情境中的人事物，造成了己身的焦慮、挫折，一再的壓抑，其實不是最好的解決之道，即使當時沒有對引發個人情緒的對象發脾氣，但心中憤怒的情緒仍然存在，日積月累，到最後實在壓抑不了，一旦宣洩出來，就如火山爆發，威力非常可怕，不但自己會受傷，對方更難以承受。所以高 EQ 者不會壓抑個人的情緒，反而會將情緒適度的表露出來。

一位情緒低落的員工，無論是記憶力、注意力、學習力及決策的能力都會減退。EQ 不僅可幫助我們掌握自己、同事或客戶的情緒，發生爭議時也能妥善處理避免惡化，工作時較容易投入。此外，談到個人事業的管理或規劃，最重要的是認清自己對目前工作的真正感受，以及如何讓自己對工作更滿意，因為職場上個人 EQ 的低落影響的是企業的實質盈虧，嚴重時甚至會影響到企業的存續問題。高 EQ 的人善於人力的組織協調，能領導眾人建立共識，化不滿為建設性的批評，能參考別人的觀點且具說服力，創造多元合作而不衝突的工作環境，進而提高工作效率。

EQ 對企業成本效益的影響扮演著重要的關鍵性功能，試想團體中若有一個人或主管總是無法克制火爆的脾氣，或絲毫未顧及他人的感受，對整個團體組織會有怎樣的影響？「EQ」一書作者高爾曼（Goleman, D.）指出，職場上許多情緒管理、處理失當的問題，諸如士氣低落、下屬飽受欺壓、上司傲慢自以為是等，常會造成企業生產力降低、工作進度落後或員工流失等不良的後果。因此一個企業管理者要如何做好自己和員工的情緒管理、提高個人的情緒智商，是一門大學問。下一單元所列的方法可做為個人情緒管理的參考。

二、情緒管理

高爾曼認為：負向的情緒與習慣對個人身心健康的危害絕不亞於

抽菸致癌。現代兒童的情緒問題較之於上一代更為嚴重，此外，這一代的青少年也較為孤單、抑鬱、易怒、不馴，而且容易緊張、衝動、好鬥。高爾曼強調高 EQ 的人，必須要能克制個人的慾望、衝動、惰性、焦慮、憂鬱、失望、好奇及分心。要學習基本的社交技巧、學習自我情感的表達，學習自我掌握與同理心。同時，生活中要儘量避免產生不利於個人健康的三種情緒：

1. 憤怒：經常容易生氣的人，其心臟負荷往往超過常人的 5%至 7%。
2. 焦急：經常焦慮的人，其免疫系統易遭破壞，抵抗力降低，易生疾病。
3. 沮喪：沮喪會影響一個人的身心健康，生病的人若經常感覺沮喪，則會嚴重影響其身體復原的速率。

此外，高氏的研究發現，每個人應與他人保持和諧的人際關係，一位孤立自閉的人，其死亡率是常人的 1.5 倍（女性）或 2 至 3 倍（男性）。若要訓練一個人的高 EQ 能力，就必須從家庭教育做起。從小培養兒童七種學習能力（與 EQ 有關的能力）：自信、專注、進取、自制、人際、溝通與合作。當遇到人生挫折時，人必須學習自我安慰、心平氣和，增強自我信心，恢復個人安全感，才能成為成功的高 EQ 者。若欲成為一位情緒管理的高手（高EQ者），不妨參考下列方法：

(一)接納自我的情緒狀態

情緒既是生命中的一部分，惟有面對並接受它的存在，才是調適情緒的第一步。逃避或否定其存在，徒然增加我們解決問題、調適情緒的另一層「負荷」，特別是在與他人交往時，適切的接受並理性的反映自我的情緒狀態，將有助於彼此了解與溝通，減少不必要的傷害（對自己或他人皆然）。當面對別人有心或無意的負向評價時，與其心中獨自品嚐委屈不滿，倒不如適切的表露於對方（非攻擊性的），使其知道修正當時或未來的反應，例如：「我很抱歉！這個玩笑我實在不知如何接口？」「我內心很難過，因為你似乎對我有誤會。」這

才是高 EQ 者的情緒表達方式。

(二)遠離情緒的刺激情境

情緒是由刺激所引起，故負向情緒呈現時，個人宜遠離其刺激情境，以「冷卻」可能衍生的爆發性情緒，經常聽人說：「生氣或罵人的話不要當真」，正是此理。因此，若引發情緒波動的刺激是當時所處的環境（含人、事、物），則當事人不妨暫時離開該處，避免觸景生「情」。相同的，若因某人的刺激而導致自己內心不平衡時，在無法理性委婉地呈現自我情緒時，不妨雙方隔離冷卻，以免導致「一洩不可止」，引起更大的殺傷力，君不見兩人發生衝突時，旁人須「拉開」雙方以免衝突愈烈，所謂「保持距離，以策安全」。

(三)建立有效的社會支援系統

任何人處於情緒低潮時若能有個傾訴對象，對當事人絕對有益，但是必須注意這個支援系統是否「有效」。有的人相交滿天下，但能傾訴心事的對象卻很少。至於對方傾聽你的心事後，能否有效提供解決方法倒是其次，更重要的是他能否「保密」，以免當你盡情發洩之後，卻引發更大的困擾，缺乏安全感；高 EQ 的人，在感性的當下仍然會保有理性的判斷能力。換句話說，個人的支援系統在精不在多。一般而言，當你對親友吐露低潮情緒的因由後，不但可疏解壓抑在心理的負向感受，也可由他們的建議或反應，獲得解決問題的良方。

(四)運用認知調整歸因

有時候個人情緒低潮是來自於認知角度的偏差，諸如多愁善感、鑽牛角尖、神經敏感，此時宜重新調整對事件的歸因，以改善自我的不平衡情緒。平時我們應避免太快把任何事件都歸諸於運氣或難度，如此才能減少不愉快情緒的發生，化被動為主動，以獲得更多學習的機會。所謂「半杯水」、「一朵花」、「一口井」的價值觀正說明了

不同角度的思考對個人生活意義的影響。經常只想到「僅剩半杯水」、「花朵易凋謝」、「井水會取竭」的人，必然是陷於無奈、悲傷、消極的情緒中；相反的，能領會到「還有半杯水」、「花謝而後復生」、「井枯逢甘霖」的人，自然是處於愉悅而又充滿希望的生活裡，這才是高 EQ 者的認知反應。

(五)塑造堅毅忍耐的性格

　　低潮的情緒既不可免，就要學習忍耐，從中體會適應成長。人在生命的任何階段裡都必須培養、調整自己的性格。透過家人、師長、朋友或專業輔導人員的協助，重新學習解決問題的有效方式，也學習去面對問題，察覺自己的弱點，以及培養重新整頓現有情境的能力。每次的情緒危機正是塑造健全人格的契機，愈是經歷多重人生際遇、挫折的人，愈是善於調適控制情緒者。不要忽略平時的自我省察與人格涵養，若能如此，才能解決困境以獲得愉悅與滿足。

(六)運動及身體效能訓練

　　適度的運動可以調解內在自我運作系統，達成情緒昇華之目的。當然，運動的方式很多，必須以能夠獲得情緒的發洩與身心平衡的效果為目的，避免造成運動傷害，例如靜坐、太極拳、土風舞、韻律操皆可，此外，「身心鬆弛法」、身體效能訓練也是屬於一種調適情緒的活動（詳見本書第十二章壓力管理）。

(七)轉移注意力

　　心理學上所強調的「心理防衛轉機」：轉移作用、昇華作用、補償作用等只要運用適當而不過度，未嘗不是一種理想的情緒調適方法。此外，情緒低潮時，以寫日記、唱歌、聽音樂、洗熱水浴、演奏樂器、打枕頭、撕或數衛生紙等來移轉注意力以發洩情緒也可以嘗試，只要不是損人害己的轉移情緒（例如攻擊別人、酗酒吸毒等），皆可運用。

因此，平時適當的培養生活情趣、安排休閒生活是必要的。

總之，人類情緒的發展與其他行為的發展一樣，受個體生長成熟程度與環境中學習訓練條件等兩個因素的影響。個體的情緒調適是可以經過學習的歷程而臻於成熟的。大致而言，低潮的情緒有時會短暫呈現，也有的會持續一段時間；有時不加以處理會自然消失，也有的會牽涉到生理狀態或生活作習。隨時省察自我，了解個人與環境的互動關係，再根據個別差異以擬定中長程的成長計畫，必能有助於個人的情緒管理，提昇自我的EQ，促進身心健康，增進工作效率與人際關係，進而獲得幸福愉悅的人生。

 ## 組織氣候與工作環境

個人的情緒會影響人類生活與人際互動，情緒的個別差異一如工作環境的複雜多變。人類的情緒發展由簡而繁，具有一般性、刺激性與特殊性；因此，由個體組成的群體組織，自然也具備了「群體情緒」，個人的情緒會影響其工作表現與人際互動，同樣的，群體的情緒也會影響工作環境與組織氣候。惟有塑造快樂、效率的工作環境，才能形成「樂在工作中」的組織氣候。

一、組織與組織氣候

如果將組織視為一個人體，則團體便是人體內的各類系統（例如消化系統、循環系統、排泄系統等），而個人則為組織內最基本的細胞。組織、團體與個人三者關係密切，是行為科學研究的主體。所謂「組織」（organization），乃是指將個體及其所組成的團體相互運作、

發揮功能以達成目標的集合體，亦即負有使命的正式職位結構。組織通常包括數個團體，在團體內每一個體雖有其獨立功能，惟個體獨立功能之發揮乃受團體既有的結構所支配，組織就是在集合結構所有個體的功能，以達成屬於團體的既定目標。基於此，**構成組織的基本變項有組織結構及組織目標二者**。一般而言，一個良好的組織必須具備：*1.*目標確實；*2.*業務清晰；*3.*權責分明；*4.*足夠的情報資料與工作工具。組織的主要特徵是大家為了達成某一特定的目標，各自分擔明確的任務，在不同的權力分配下，扮演不同的角色。

組織可以區分為正式組織（formal organization）與非正式組織（informal organization）。正式組織是經過規劃過程而形成的團體，反映了設計規劃者的管理理念，有明確目標（追求利潤或提供服務等等）、講求效率、分配角色任務並形成人群關係與管理的階層性。通常正式組織的結構嚴謹，角色分工明確，而且會制訂各種法令規章來約束個體，使其內的每一個體行為較有一致性。至於非正式組織乃是基於人與人之間共同的價值觀念或其他特質、需求，自然而然（自發性）的產生，其內個體彼此相互影響，甚至形成共同的力量，以與正式組織抗衡，角色職務未必明確分配；然而，其運作仍可以滿足個體不同的需求，有其存在的意義與價值。

無論正式組織或非正式組織，個體的行為深受組織環境的影響，包括組織內環境與組織外環境，如圖 6-4（湯淑貞，民 80）。組織並非孤立於外界環境中，因此組織深受外界複雜多變環境的影響，包括政治、經濟、文化、技術、原料、法令及消費大眾等；而後塑造出組織內的環境特性，含專業技術環境、人際關係環境及組織結構環境，從而直接、間接影響個體的行為反應與知覺感受。此一組織內環境所形成的工作氣氛及影響力，就是一種「組織氣候」（organizational climate）。組織氣候是指一個組織內所有成員對組織體所具特徵的知覺，此等特徵將會影響個體的工作行為，此等知覺則是來自於個體的主觀感受；換句話說，**組織氣候係指員工對工作環境的主觀感受**（個人感

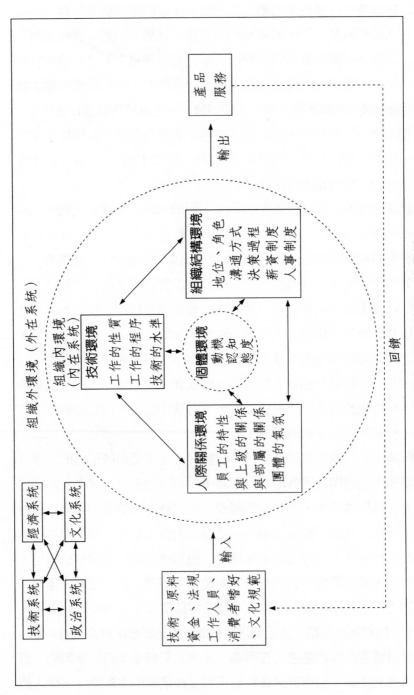

組織外環境（外在系統）

組織內環境
（內在系統）

技術環境
工作的性質
工作的程序
技術的水準

組織結構環境
地位、角色
溝通方式
決策過程
薪資制度
人事制度

個體環境
動機
認知
態度

人際關係環境
員工的特性
與上級的關係
與部屬的關係
團體的氣氛

產品
服務

輸出

技術系統

經濟系統

文化系統

政治系統

技術、原料
資金、法規
工作人員、輸入
消費者嗜好
、文化規範

回饋

圖 6-4　個體與組織內外環境的關係

（資料引自：湯淑貞，民 80，頁 229）

受未必與客觀事實一致），從而反映出來的一種工作滿意度。

　　人類的情緒複雜多變，會影響個人的工作表現與行為反應，同樣的，組織氣候乃是一個組織內由個體心理因素所構成的整體特徵，會影響個體的知覺與反應。從客觀的角度來衡量，形成組織氣候的內在心理因素包括：*1.*組織結構；*2.*分層責任；*3.*獎懲規則；*4.*人際關係；*5.*組織目標。組織氣候代表組織的一種人格，它是由組織內管理者的特質及組織結構的方式共同催化而成。當一個組織愈是分權化，處理及上達問題所需的時間就愈長。同時，當組織愈是龐大與複雜，水平方向傳達問題所需時間也就愈長。在一個複雜的組織中，感受到問題癥結的人也許很多，但他們在相互溝通上卻極為困難，如果這系統不鼓勵團隊精神，那也就無法發覺問題，共同「集思廣義」來解決問題。

　　高度正式化的組織結構在執行解決方案時，較能避免不確定性與衝突。因為正式化的組織通常會有一套既定的規章來執行。另外，組織結構愈是複雜，執行方案愈是困難，需要協調支配的角色種類就愈多，執行的時間也愈長。不同的角色愈多，衝突的可能性就愈大。尤其是當解決方案被認為是在刪減某人或某團體的資源，而去幫助其他人或團體時，組織內衝突更是明顯。組織愈是集權，命令的執行愈快，但須由少數人發出指示或對執行者充分授權。組織的成長可能會改變組織氣候，而組織氣候也可能會影響組織結構，當考慮組織結構的改變時，必須了解此改變對組織氣候有何作用；相反的，在考慮改變組織氣候時，則要清楚其對組織結構的影響。

　　一個封閉孤立的組織，組織氣候必然是時時充滿了猜疑、敏感、焦慮、埋怨、不滿、無奈等情緒狀態，導致人際之間處處形成競爭、強迫、控制、監視、依賴、順從、妥協等不良的互動行為。因此，有效率的組織應是一個開放的體系，隨時與外在環境發生交互作用；有效率的組織也應是一個具有多元目標與功能的團體，能滿足不同個體的期待與需求；如同一個人必須開放地與外在環境互動，充實自我、調適功能，積極設定多元化的發展目標，才不致陷於固執、敏感、自

閉、孤立的不滿情緒中。

二、開放的工作環境

　　既然一個良好的、有效率的組織必須與外在環境發生交互作用，它必須是一個開放的體系，那麼如何塑造一個開放、有效率、具有正向組織氣候的工作環境，自然也是工商企業界的重要課題。惟有如此，才能提高組織效能，培養員工用心體察個人與他人的內在需求，減少人際衝突，有效管理自我的情緒，進而創造自動自發的企業精神。

　　若欲塑造**開放的工作環境**，可從下列三個層面來著手：*1.*個人性工作環境：包括環境知覺與空間認知、個人評價與專家鑑定，以及人與其相關環境等；*2.*社會性工作環境：涵蓋個人工作空間、領域性、擁擠性、隱私性，以及人際行為與環境交界面的互動等因素；*3.*物理性工作環境：包含人類影響物理環境與被物理環境影響的各種狀況，例如：人因工程、環境工程、資源管理等。研究工作環境的目的，旨在解決人在工作環境中的各種問題，從而創造人與環境理想的互動關係，以提高個人效率與環境效能。上述三個層面，個人性與社會性工作環境兩部分，詳如本書第二章及各章節所述，在此謹針對物理性工作環境來加以探討。

　　有關物理性工作環境方面的研究乃是工業心理學（industrial psychology）與人類工程學（human engineering，一稱人因工程）等學科的研究範疇，旨在考量人類的心理與行為因素，設計適切的物理設備，以改善工作環境，提高工作效率。早在一八九三年「美國科學管理之父」泰勒（Taylor）即開始研究工作時間，以期工作合理化，增加工作產量。一九一一年貝達克（Bedaux）研究人的工作體力；一九四八年魏納（Wiener）研究人與機械的溝通控制；同年，史萊特（Sleight）研究不同儀錶型式對工作行為的影響；爾後，歐美許多先進工業國家不斷研究物理性工作環境對人類工作行為的影響。今日「人與機械」、

「人與環境」等科學的研究普遍受到重視，許多研究成果也陸續發表，對人類的生活與經濟的發展產生莫大的貢獻。

眾人皆知，整體的工作環境將會影響員工的工作表現，通常員工在熟悉的工作場所表現較佳，消費者也較習慣至熟悉的商店購物。工作場所的大小及員工人口密度的高低，也會影響員工的工作情緒與行為表現，若是廠房內雜亂擁擠，員工心情較容易浮躁不安，也容易發生意外事故。但員工人手不足，也易增加工作負荷，引發情緒反彈。是故，**員工人數多寡**與**人口密度的高低**會直接影響其工作表現，間接影響工作環境內的人際互動。

至於**噪音與照明設備**等工作環境也非常重要。任何一個製造產品的工作環境，要完全避免噪音的干擾是不可能的事，不同的機器運作會產生不同的聲音分貝，如圖6-5。當噪音遠超過員工（消費者）身心狀況所能負荷（約90db）的範圍時，會對人體產生不同程度的傷害，例如長期的噪音可能升高工作者的血壓。

此外，工作環境的照明設備好壞及光線是否充足，也會影響工作者（消費者）的工作情緒（消費情緒），例如白熱燈泡受到許多人喜愛，卻比日光燈價格昂貴，只因前者照明效果較佳，事實上後者對人體的健康與工作表現並無不良的影響（蕭秀玲等，民80）。工作時，燈光太明或太暗，皆可能影響到個人情緒與行為反應。儘管生活空間、工作場地不宜太暗而須明亮，但持續閃光或亮度過分刺眼的場所也會傷害人體的身心健康，例如一九九七年十二月十六日，日本全國各地約有七百名兒童因觀賞電視卡通「口袋怪物」，受到畫面持續閃光的影響而導致身心不適送醫。醫學專家證實強光有時會引起「光敏感性癲癇」的病症，值得警惕。

氣候也是一項影響人類行為表現的因素。由於氣候包含著溫度、濕度和空氣流動等許多可能形式，故任何一種形式的氣候皆會影響人類的工作情緒與行為。例如太冷太熱的天氣，逛街購物的人數會明顯減少。一般而言，在夏天，21.7℃（或 71℉）左右的氣溫最令人感到

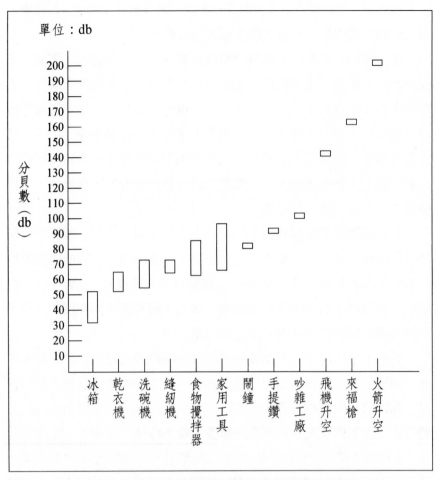

圖 6-5　不同的機械運作及其產生音量之相關

（資料引自：蕭秀玲，莊慧秋等，民 80，頁 211）

舒服；在冬天，20℃（或 68°F）左右的氣溫最適宜，因此，工作場所的理想溫度宜控制在接近上述標準的範圍；當然，在不同溫度下的工作時間也必須加以控制，在溫度太高或太低的情境下，工作時間皆不宜過久，否則工作績效會降低，如圖 6-6 及圖 6-7（陳家聲，民 83）。

　　除了空間大小、人數多寡、氣溫高低及照明、通風等因素之外，**工作場所的佈置**也非常重要，一盆花、一張畫、一飾物，皆可能改變

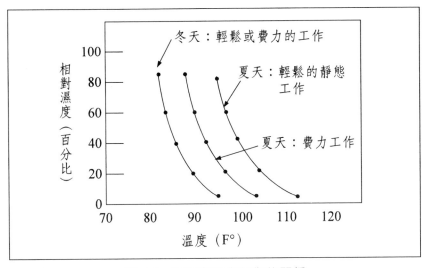

圖 6-6　氣溫與工作行為的關係

（資料引自：陳家聲，民 82，頁 185）

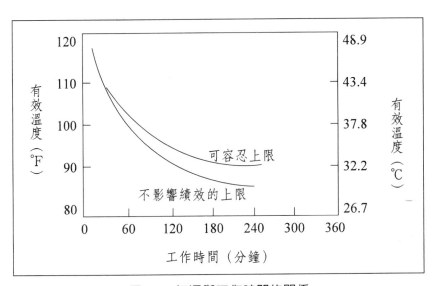

圖 6-7　氣溫與工作時間的關係

（資料引自：陳家聲，民 82，頁 185）

工作氣氛與購物情緒。當然，工作環境的佈置與建築若有特色，自然也會讓人產生「樂在工作中」、「樂在消費裡」的情緒感受。所以探討人類的情緒與組織氣候時，不可忽略物理性、個人性及社會性等工作環境的重要性。惟有如此，才能塑造有效的工作環境、理想的組織氣候，以提高工作效率，增進人際和諧。

摘　要

Notes

1. 情緒是指個體受到某種刺激後所產生的一種激動狀態，此種激動狀態雖為個體所自覺，但不易加以控制，因此對個體的行為具有干擾或促動作用，並導致其生理上與行為上的變化。

2. 人類的情緒反應包括三個歷程：(1)知覺的歷程：了解刺激情境的意義與性質；(2)生理的歷程：人類的生理現象隨情緒反應而變化；(3)反應的歷程：個人主觀的情緒反應。上述三者歷程，不同的排列、組合與強調論點，形成了三種不同的情緒理論：詹郎二氏論、康巴二氏論與歸因論。

3. 人類的情緒與其生活、工作及人際關係有密切相關，甚至影響個體的身心健康。心理學家證實：適度的情緒壓力有助於提高工作效率，過度的情緒壓力不但會降低個人的工作效率，長期下來也會導致個人身心病變。

4. 當一個人工作情緒低潮或工作表現不佳時，隱含工作所給予的壓力已超過了個人所能負荷的範圍，具有預警作用；同時，組織內的領導人員可據此給予員工適當的管理與輔導。基本上，工作情緒低潮也具有身心調適與工作安排的指標意義。

Notes

5. EQ 是新時代新顯學，意指「情緒智商」，代表一個人管
   理自我情緒的能力標準。EQ 與 IQ（智力商數）一樣具有
   個別差異性。EQ 往往影響一個人的工作行為與人際行為。

6. 高 EQ 的人善於調適、管理自我的情緒，其方法有：(1)接
   納自我的情緒狀態；(2)遠離情緒的刺激情境；(3)建立有效
   的社會支援系統；(4)運用認知調整歸因；(5)塑造堅毅忍耐
   的性格；(6)運動及身體效能訓練；(7)轉移注意力等。

7. 組織乃是個體及其組成團體的集合體，藉由功能運作以達
   成目標。組織氣候是指一個組織內，所有成員對組織體之
   屬性特徵的知覺，此等知覺會影響個體的工作行為。

8. 組織氣候代表組織的一種人格，形成組織氣候的因素包括：
   (1)組織結構；(2)分層責任；(3)獎懲規則；(4)人際關係；(5)
   組織目標等。

9. 一個良好的、有效率的組織必須與外在環境產生交互作用，
   它必須是一個開放的體系。欲塑造開放的工作環境必須從
   三方面來努力：(1)健全個人性工作環境；(2)調整社會性工
   作環境；(3)改善物理性工作環境等。

10. 物理性工作環境方面的研究乃是工業心理學與人類工程學
    的研究範疇，旨在考量人類的心理與行為因素，設計適切
    的物理設備，以改善工作環境，提高工作效率。物理性工
    環境包括工作場所的噪音、照明、通風、室溫與佈置等方
    作面的設計與控制。

知覺與商業行為

　　「人類行為經常受到所處環境的影響」，此乃心理學的重要法則。舉例而言，消費者購買到物美價廉的商品，心情因而感覺愉快；受到主管的讚美，相對地提昇了員工的自我價值感；店員遇到喜歡討價還價又態度惡劣的客戶，內心感到不滿委屈等。茲因外界環境變化的本身便是一種刺激，刺激又影響到個體，故個體表現出一連串反應而形成行為。

　　由此可知，刺激與反應之間的關係，涉及個體「如何接受刺激」、「如何解釋刺激」以決定其行為反應。「相同的刺激，引發不同個體的不同反應」，也可能「相同的刺激，引發不同個體的相同反應」、「不同的刺激，引發不同的個體相同的反應」，例如：公司調薪，有人因加薪而喜，也有人不滿加薪比例太低；甲、乙二人加薪比例不同，但二人仍然一樣的努力工作。換句話說，決定個人行為反應的因素未

必來自於刺激，更重要的是個體如何「覺知」該項刺激並加以意義化。

　　不同的認知思考會影響到個體不同的情緒反應與行為變化，所以每個人所覺知到的「世界」與他人所覺知到的「世界」，甚至與客觀的世界之間，都可能存在著極大的差距。無論是人類生理歷程得到的感覺（sensation）經驗或心理歷程得到的知覺（perception）經驗，每每存在著極大的個別差異，也在在影響人類的行為表現。「知覺」是相當複雜的心理歷程，它也是決定個人行為的重要因素。在商業行為上，消費者的知覺往往影響其購買意願，管理者的知覺也經常反映在其領導統御上，知覺深深的主導了人類日常的生活作息與人際之間的互動關係。因此，自商業心理學發展以來（甚至早自科學心理學興起時），知覺一直是心理學研究的焦點之一。

第一節　知覺的基本概念

　　知覺（perception）是個體經由感官對環境中事物及事物間關係了解的一種內在歷程。有人認為感覺（sensation）是知覺的一部分，經由視覺、聽覺、嗅覺、味覺、膚覺與動覺等感覺器官的運作，以提供個體知覺刺激，進而產生反應。事實上，「感覺」的產生主要屬於感覺器官的生理性活動歷程，在生理歷程中，感官獲得的訊息多屬簡單的事實性資料（factual data）；而「知覺」的產生則是將感覺資料加以統整並予以解釋的心理活動歷程，知覺統整後的資料多屬有效的資訊（useful information）。

　　感覺與知覺二者並非存在著絕對的因果關係，知覺經驗雖來自於感覺的生理歷程，但人有感覺未必一定產生知覺，如同我們的眼睛每天看到的事物不只萬千（有感覺），但不見得每一事物刺激都會引起

我們的關心、記憶、思考及語言等反應。通常我們都是從感覺資料中選取一部分加以整理與解釋，這也說明了，爲何市場上商品品牌無數，我們選擇購買甲牌，卻拒絕了其他品牌，只因甲牌在眾多商品資訊的刺激中，較能引起我們的注意，留下深刻印象；或者是甲牌所訴求的宣傳重點較能夠獲得我們的認同，此等注意、記憶、認同便是知覺的歷程。

一、知覺的意義與特性

知覺是一種基本的心理活動，人類藉此活動，審度周遭環境與其本身所發生的事件並賦予其意義。同時，透過此種活動以了解個體內在與外在環境的變化，同時設法了解其他物體，亦設法了解物體與事件的性質。從生理學的觀點而言，人類知覺歷程涉及人體三類器官的運作：

1. 接受刺激的受納器官

包括視覺、聽覺、嗅覺、味覺、觸覺、動覺與平衡覺等感覺器官，其中又以前二者（視覺及聽覺）最爲重要。

2. 顯現反應的運動器官

包括肌肉與腺體的運作及活動。

3. 受納器官與運動器官之間的連結器官

主要是指人類的神經系統，包括中樞神經系統（腦及脊髓）、周圍神經系統（體幹神經系統及自主神經系統）等。

上述歷程中，由感覺器官所得到的直接、事實的經驗，乃是構成個人對外界刺激與事物了解的主要依據。當然，知覺所組織的經驗資料往往超越了感官所獲得的經驗事實。換句話說，個人主觀覺知的世界，往往與客觀的世界存有差距。因爲知覺是一種經過選擇而有組織的心理歷程，所得到的感覺常與個人以往的經驗，以及當時的注意力、

心向、動機、情緒與認知思考等心理因素結合。正因如此,廠商要了解消費者的心理與行為,必須透過嚴謹的規劃,符合科學精神與方法,大規模的市場調查分析、消費者調查分析及商品調查分析,才能建構「客觀的消費世界」資訊。

知覺乃是一種「經由感官以覺知環境中物體的存在、特徵及其彼此之間關係的心理歷程」,知覺雖以感覺為基礎,然而感覺經驗未必形成知覺經驗,二者仍有其不同之處:

(1)感覺係以生理為基礎,個別差異較小;知覺則是生理基礎加上心理作用,個別差異大。

(2)感覺運作較少涉及「選擇」的歷程;知覺則易受個體心理因素的影響而產生不同的選擇歷程。

(3)感覺受限於個體遺傳與成熟的發展因素;知覺較受個人成長歷程中學習經驗與環境的影響。

(4)感覺只是個體獲得此時此地的「事實性資料」;知覺則是個體藉由選擇、組織與解釋等歷程,並且統整感官經驗的事實性資料而形成的「意義性資訊」。

(5)兩相比較,感覺較偏向於生理學的研究範疇;知覺則多為心理學家探討的問題焦點。

二、知覺形成的基礎

日常生活中,有人「視而不見」、「聽而不聞」,若非當事人不夠專心注意,便是目標刺激不夠顯著。一般而言,人類對於外界環境的刺激、物體或事件的知覺經驗植基於二類因素:

㈠刺激因素

指刺激、物體或事件本身的特質,包括其大小、顏色、形狀、構造及環境良窳等。

(二)個人因素

指個體本身的特質條件，包括個人的感官、期望、情緒、動機、過去經驗與知覺防衛等。無論是刺激本身或個人狀況，基本上，二者皆能單獨或共同建構，形成個體知覺經驗的基礎。

在商業行為上，上述兩項因素均能解釋消費者在消費市場上的反應，甚至一些精細或粗糙的商品小包裝、小廣告，只要能引起消費者的注意與知覺反應，往往也能達成商品促銷的效果。通常要引起消費者的知覺印象以產生消費反應，首先必須引起其注意力，消費者若是對商品或商業資訊不予注意，根本無從對其產生知覺，也就不知此一商品（廠商）的存在。欲引發消費者的注意，則必須從增強外在（商品）刺激與激發個人內在誘因兩方面著手，前者涉及廣告設計與商品包裝的問題，留待本章後二節中討論，後者則是本節所欲探討的「影響個人知覺的因素」，以及本章第四節所要研究的「商品價格問題」。

一般而言，外在刺激因素與個人內在因素，二者交互作用的結果在在影響人類的知覺經驗，此二者也可能彼此牽制、相互消長。有時外在刺激因素增加影響力時，個人內在特質影響知覺經驗的作用會減低，所以現實生活中，往往尖銳的聲音、亮的顏色、好的形狀、大的體積，較易引起我們的注意；至於微弱的聲音、暗淡的燈光、單調的顏色、小篇幅的資訊，僅在我們有興趣、有需要或有期待時，才會引起注意，例如想找工作或想聽演講，才會仔細的在報紙的求職欄及活動看板中尋找閱覽，平時恐怕不會注意上述版面的報導消息；家有學齡前兒童的家庭主婦，才會努力搜集各種安親班、幼稚園的宣傳單與招生資訊。當然，印刷精美的宣傳單較單色粗糙的印刷品容易引人注意，空飄的大汽球較信箱內的小傳單易引人注意，凡此在在說明了刺激本身因素對個體知覺經驗的影響力。

三、知覺的特性

　　日常生活中，經常聽人提及「貨比三家不吃虧」的消費建議，此乃「相對性」的知覺經驗及其效果應用。凡是刺激呈現明顯對比或一再重複出現，常能加深個人的記憶與印象，促成知覺上的反應與選擇。同理，一個人若有很深刻的反應廣度、感受深度、心理定向及慾望需求，往往也會加深個人知覺的記憶與反應。究竟人類的知覺具備有那些特性，如何影響人類的生活與行為，實在值得探討。綜合學者的研究發現，人類的知覺具有相對性、恆常性與組織性等三大特性，茲分述如下：

(一)知覺的相對性

　　人類感覺器官對環境中各種刺激所獲得的經驗，是相對的，而非絕對的。在一般情況下，我們觀察外物，無法孤立物體周圍的刺激僅單獨看見物體本身；我們必須同時也看到物體周圍所存在的刺激，而且物體周圍刺激的性質及其與該物體的關係，必將影響我們對物體的知覺。圖 7-1 所示，若你以白色為背景，以黑色為物體焦點，則圖中呈現兩個面對面的人頭側寫；反之，若你以黑色為背景，以白色為物體焦點，則畫面出現一個高腳酒杯。在商業情境中，商品的陳設也經常運用此一知覺相對性的原則，藉著商店內櫥窗的佈置與氣氛的營造，來烘托出商品的特性與價值。所謂「紅花綠葉」、「萬綠叢中一點紅」即是明證。

　　此外，有時由於兩種不同刺激同時或相繼出現，彼此影響，增強個人對兩刺激之間的知覺差異，此乃知覺的對比性（perceptual contrast）。圖 7-2 顯示，A、B 兩圓圈內之中心圓似乎大小不相等，A 圈內中心圓似乎較 B 圈內中心圓為大，實際測量結果，二者大小相等。之所以有如此的知覺經驗乃是由於刺激之間引起的對比所致，此一對

比有時源自於形象與背景的知覺對比現象（即知覺相對性），有時源自兩刺激（A、B二圈）相互比較下的錯覺（illusion）。

圖 7-1　知覺的相對性：物體與背景

（資料引自：Clarkson, 1999, p.6）

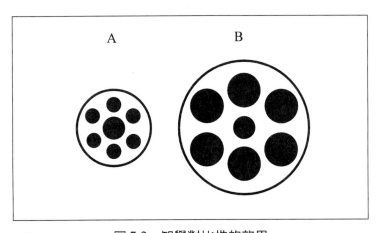

圖 7-2　知覺對比性的效果

（資料引自：張春興，民 72，頁 285）

(二)知覺的恆常性

外界複雜的刺激與現象,一再反映到人類的感覺器官及中樞神經之後,無形中使個體知覺經驗構成一些相當穩定而持久的物理特性;亦即物體的大小、形狀、明度及顏色等雖受環境情況的影響而有所改變,但我們對該事物的知覺經驗,卻常有保持其固有特徵而不隨之改變的心理傾向,此即為知覺的恆常性。知覺恆常性與我們的生活習性與消費習慣息息相關。在商業行為上,消費者的「品牌忠實性」(brand loyalty)固然與其人格、學習經驗有關,消費者個人使用後的知覺經驗往往也會左右其購買行為,消費者對某項商品品牌一旦形成正向的知覺與印象,此等消費習慣不易受其他品牌同類型商品之大小、包裝、價格的影響而改變。

知覺恆常性包括大小恆常性、形狀恆常性、明度恆常性與顏色恆常性等,茲分別說明於後:

1. 大小恆常性

外界物體與刺激在人類視覺網膜上構成的影像大小,常隨距離遠近而改變;距離若是愈遠,物體在人類視覺網膜上的影像就變得愈小。但是由前述生理功能所得的視覺資料,往往不會影響到我們對不同距離物體之大小知覺的判斷,此即為「知覺的大小恆常性」。例如一位遠離我們視線的大人,他在我們的視覺網膜上雖然變小了,但我們仍然知道「他是大人」,身高約為多少等。

2. 形狀恆常性

從不同角度觀察同一物體時,雖然該物體在人類視覺網膜上構成的影像隨之改變,但所得的知覺經驗仍有保持該物體特徵不變的傾向,此即「知覺形狀恆常性」,如圖 7-3,雖然視覺網膜上的物體線條不完整,但我們仍然知道它是一匹馬。

圖 7-3　知覺的形狀恆常性

（資料引自：黃天中、洪英正，民 81，頁 104）

3.明度恆常性

一枝白色粉筆無論置於明亮處或晦暗地，我們都知道它是白色的；一張相片畫面中人的臉部，一半晦暗一半光亮，我們都知道那是攝影時角度與明度不同所造成的結果，而不會誤認其爲「黑白郎君」或顏面傷殘者；一塊蛋糕，無論置於光亮處或陰暗處，縱然我們的視覺網膜上呈現蛋糕不同的明度，但無損於我們的認知感受。此一因外界照明環境與亮度結構的改變，無損於人類對物體知覺印象的經驗，謂之爲「知覺的明度恆常性」。

4.顏色恆常性

人類對熟知物體的顏色，在不同情境下亦有保持不變的知覺傾向，謂之爲「知覺的顏色恆常性」，例如，除非色盲者，否則戴太陽眼鏡的人，縱然外界的物體顏色有所改變，個人也不會因眼鏡鏡片顏色的改變，而影響其對熟知物體顏色的辨別判斷。因此，在商品包裝及廣告色彩的設計上，有時必須考量消費者知覺上顏色恆常性的原理。

(三)知覺的組織性

人類習慣於將環境中所接觸的所有刺激，加以組織、整合，使之

成為有意義的訊息，包括分類、歸納與推理的知覺經驗。此種「靈活地組織各種孤立的外界刺激，使其知覺成一個整體或一個明確物體的現象」，稱為「知覺組織性」。知覺的組織現象，幾乎成為我們日常生活中常見的認知經驗，也是心理學家研究的主題之一。常見的知覺組織性包括接近性、相似性、封閉性及連續性。

1. 接近性

同類物體因在空間上彼此接近時，其中物體有被視為構成整個知覺組型一份子的傾向。圖 7-4 顯示八條直線易被視為四組平行線。「知覺接近性」說明了，為何新上市的產品必須上櫃（上市、上架）在已有知名度的、信用良好的商店中，所謂「名店售精品」。

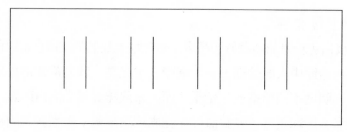

圖 7-4　知覺接近性的實例

（資料引自：張春興，民 72，頁 290）

2. 相似性

不同的物體因其大小、形狀或顏色上有相似的特徵，人類在知覺上有將之歸屬同類的反應傾向。圖 7-5 中顯示：A 圖是一整區的正方塊，B 圖則因圓十字的相異，而分類成四區的正方塊。「知覺的相似性」說明了為何新上市的產品，必須在商品包裝、商品品名等設計上與已有市場佔有率的同類型知名商品相似的原因。

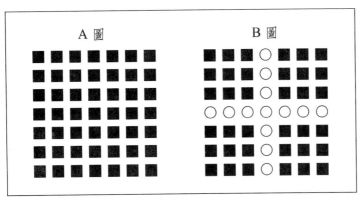

図 7-5　知覺相似性的例證

（資料引自：張春興，民 72，頁 291）

3.封閉性

　　有時知覺刺激中的特徵顯示並不十分清楚，無法表現不同物體間具有何種關係，可是當我們根據以往經驗去解釋它的時候，習慣上會主觀的增減它的特徵，以符合我們的解釋。在圖 7-6 中，觀者很自然的會將中間空白處「認知」為一個三角形。在商業情境裡，消費者也習慣於依個人既有的經驗去選擇商品，不易接受新產品，此種知覺的封閉性極易反映在消費習慣與生活經驗中。

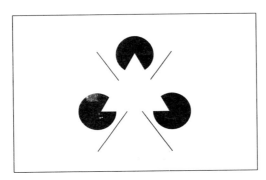

図 7-6　知覺封閉性的範例

（資料引自：黃天中、洪英正，民 81，頁 104）

4.連續性

　　與上述封閉性相似的另一種知覺組織傾向便是「知覺連續性」。人類習慣於將某一事物（刺激）與其具有相同特徵、關係的事物（刺激）加以銜接、類化。圖 7-7 顯示，人往往將 B 圖視為是 A 圖合成，只因 A 圖之二種線條皆有視覺連續性，不易加以區隔；意即不會將 B 圖視為是畫者由左至右、由上至下勾繪出的複雜線條。

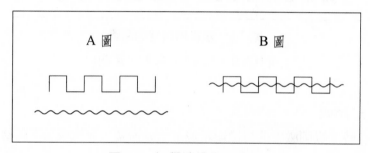

圖 7-7　知覺連續性的實例

（資料引自：張春興，民 72，頁 292）

　　總之，知覺是一種相當複雜的心理歷程。除了上述特性之外，物體或刺激呈現的單獨性、規則性、一致性及獨特性也會影響人類的知覺判斷。此外，透過單眼線索（monocular cues）與雙眼線索（binocular cues）的差異性，也會造成人類不同的知覺經驗，前者涉及物體（刺激）直線透視、相對大小、重疊、平面高度及移動等問題；後者係因輻奏作用（convergence）與雙眼像差（binocular disparity）對人類知覺的影響。此外，空間知覺、時間知覺、運動知覺、錯覺都是人類重要的知覺現象，與我們的日常生活息息相關。上述知覺現象與特性在各種心理學的專業書籍中皆有深入的探討。

四、影響知覺的因素

除了外界刺激與物體的客觀特性（大小、形狀、顏色、位置等）會影響人類的知覺經驗之外，個人與環境事物互動時的主觀因素也會影響其知覺經驗，包括個人的學習與經驗、注意與選擇、需要與價值、知覺防衛等。

(一)學習與經驗

知覺是否爲人類學習性的行爲？或是天生的？答案則視知覺的刺激複雜度而定。事實證明，動物出生不久即有明確的立體知覺反應；嬰兒約到六個月以後開始爬行時，當他爬到床邊會自行停止，這就表示他的立體知覺已形成。有一個「視知覺懸崖」的實驗情境，用以試驗嬰兒及各種出生不久的動物對立體知覺判斷，其實驗結果發現，在三十六位六至十四個月的嬰兒中，幾乎全部會躲避懸崖，無論母親在崖另一邊如何逗他，每至二平面的交界處，即行停止。像此種較爲單純的空間知覺，學習並非重要因素。然而，如果情境複雜而且是帶有蘊藏意義時，知覺行爲無疑的將與學習有密切的關係；特別是人類對自己製造的刺激，如文字、符號等知覺反應。

(二)注意與選擇

通常個體面對環境中無數個影響他的刺激，只是選擇其中一部分甚至其中一個去反應；由選取的刺激中獲得知覺經驗，對其他刺激則「置之不理」。因此，在同一情境下，不同的人對同一刺激的感受反應也有差異，有的人對刺激印象深刻，有的人卻是視而不見或聽而不聞。像此種選擇並集中於環境中部分刺激反應的心理活動現象，即稱爲「注意」（attention）。就個人主觀因素而言，影響個體注意力的心理因素甚爲複雜，其中，動機與期待可能是兩個最主要的變項。

(三)需要與價值

此外,影響知覺的因素尚包括需要與價值。「需要」可說是個體缺乏某種東西時所產生的一種內在狀態。一般而言,需要、價值與知覺經驗三者有密切的關係,當個人缺乏某種事物因而產生需要時,該種事物對他就具有較好的價值;又對個人具有價值的事物,較容易構成知覺刺激,而且人對具有價值的刺激特徵常有誇大的傾向。此種因個人主觀價值而誇大刺激特徵的心理現象,自然不僅限於環境中的物體,同時也表現在個人對事、對物、對人等各方面的知覺行為。

(四)知覺防衛

上述三項因素,固然都會影響個人的知覺經驗,但影響的原因多屬於個人不自覺或不在意的狀態。假如個人面對的刺激情境是個人不願意或不喜歡接觸的事物,自然不容易產生知覺經驗。一般認為此乃是一種個人有意保護自我的心理傾向,故稱之為知覺防衛(perceptual defense)。例如經常使用且為社會規範所接受的各種單字,個人較容易加以認知,若屬違犯社會禁忌的字詞,個人就不易產生反應。個人可能為避免此種不愉快的情緒,而產生逃避記憶或反應的心理傾向。

除了上述心理因素往往會影響個人的知覺經驗之外,個人的生理狀態、教育程度、性別、年齡、期望水準、情緒反應等因素也在在影響個人對外界環境中物體與刺激的知覺感受。在商業行為上,個人的認知態度、消費習慣與交易行為也深受上述知覺因素的影響,從事商業活動與領導管理的人員必須予以重視、了解並善加運用之。

第二節 知覺與廣告設計

　　知覺是人類相當複雜的心理歷程，而廣告則是人類多彩多姿的創意表現。儘管有些人不喜歡商業廣告呈現的手法與內容，然而，廣告卻是廠商與消費者之間的一種溝通橋樑，也是商品與顧客之間的一種重要媒介，經由它，廠商可以有效地將商品（商業）資訊傳遞予消費大眾，廣告是消費者獲得商場訊息的主要來源之一。創意設計與精緻製作的廣告物總能令人回味無窮，甚至其內之廣告詞也能成為人們溝通對話的流行用語，有些發人深省，有些博君一笑。

　　任何一項廣告設計，都結合了專業人士的心血結晶與創意思考，同時也會考量到消費大眾的知覺、記憶與學習行為等心理歷程，藉由廣告媒體的傳播，企圖引起消費者認知上、態度上或行為上的改變，並拉近商品與消費者之間的距離，以塑造良好的企業形象。因此，廣告與知覺的相關性及其重要性是不容忽視的。

一、廣告與廣告設計

　　自古以來，人類便有宣傳的觀念，廣而告諸大眾的具體事實。早自古希臘時代，許多古代的建築物上即刻有建築師或捐獻者的姓名及其建築背景。爾後，配合人類科技進步、造紙印刷技術的發明、文藝復興與文化交流等運動的盛行，間接帶動了廣告事業的發達。台灣最早的一本雜誌刊物「台灣教會公報」，創刊於清光緒十一年（西元一八八五年），其所刊載的第一則雜誌廣告，便是台南長榮中學的招生啟事；而台灣最早創立的一家電視媒體「台灣電視公司」（成立於民

國五十一年），所播出的第一部廣告片便是「黑人牙膏」。事實上，廣告、傳播媒體與人類生活的關係是相當密切的。

㈠廣告與廣告媒體

「廣告」意指在明確的贊助者支持下，經由給付代價的媒體，所達成的一種非人員式的溝通型態。廣告原本是因應商業的需要而產生，但隨著廣而告之的主體不斷在改變，要影響的不再僅是「消費」一項，廣告遂由「商品廣告」之外，衍生出「促銷廣告」、「合作廣告」、「企業廣告」、「意見廣告」、「業務性廣告」、「公益廣告」、「政治廣告」及其他等九大類。

今日，使用廣告的對象並不限於商業團體，諸如博物館、慈善機構和各式各樣的社會團體，也常運用廣告來傳達本身的訊息予不同的目標大眾。換句話說，廣告的目的在於：(1)吸引社會大眾的注意力；(2)引發社會大眾的興趣；(3)協助社會大眾察覺個人的需要；(4)引導社會大眾收集訊息；(5)激發社會大眾評量、選擇、決定等行為反應。

廣告是一種傳遞訊息的溝通活動，此一活動兼具有說服性、目的性與計畫性；廣告通常是有「廣告主」的（亦即負責生產或提供這項商品、廣告的機構業主），有時廣告主或業主會配合廣告進行一些促銷商品的活動，即使是「公益廣告」也兼具有「塑造企業形象」的目的。任何一項廣告都是經過專業人士的規劃與設計，有其一定的時效、主題與程序，並且深深影響商品的行銷，如圖 7-8。廣告須利用各項媒體來傳播訊息，**常見的廣告媒體種類**如下：

1. 電視廣告 （TVCF）

電視廣告是以傳送聲光、色彩、影像、動作等訊息來達成廣告目的，是最具說服力與促銷性的媒體。因電視普及率高、收視者層次廣，其所廣告之商品與內容常會引發全面性流行風潮。電視除有廣告時間之外，有時商品也會出現在節目本身中，此種「電視節目（或電影）廣告化」也是一項趨勢。

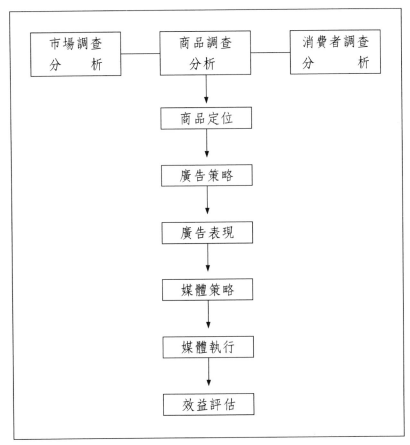

圖 7-8 商業廣告之規劃步驟

2. 報紙廣告 (NP)

報紙是最早被廣泛使用的大眾媒體,包括宣傳廣告、雜項廣告、專輯廣告、分類廣告等,廣告可連續刊登,也可短期(擇日)刊登。

3. 雜誌廣告 (MG)

雜誌廣告是偏重於視覺傳訊的平面印刷媒體,因雜誌有其類別性、主題性,故其廣告的商品大都與雜誌本身具有「同質性」。惟因涉及發行量與讀者群,故在商品全面性促銷的功能上發揮有限。

4.電台廣告（RD）

今日廣播電台林立，收聽者層次相當廣，且不受限於任何時間（包括上班工作、休息時間），普及率高，故與前三者並列為**廣告的四大強勢媒體**。惟因廣播以聽覺訊息為主，故不易發揮視覺的宣傳效果，降低其吸引力與說服力。

5.戶外廣告（OD）

指暴露在大自然環境中的廣告，多用於指示公司位置或宣傳商品特性。戶外廣告容易受空間限制，也易影響市容觀瞻，包括霓虹燈、公車車體、店招、壁面、空飄汽球、燈箱……等。

6.店頭廣告（POP）

專指購物場所的廣告，設計與管理方便，運用靈活，包括吊牌、海報、傳單等。店頭廣告有時也被歸類為「戶外廣告」的一種。

7.特殊媒體廣告

指其他各種足以發揮廣告宣傳效果的工具與管道，例如發票、火柴盒、檳榔盒、電視牆等。

8.電腦網路

隨著資訊科技發達，許多商品也開始利用電腦網路來宣傳促銷。然而相對於其他廣告媒體，電腦網路的廣告宣傳仍僅限於特定商品與「電腦族」的消費群，應用上仍不夠普遍。

9.人

人是最基本的廣告體，有時藉由「口碑相傳」、「消費者爭相傳頌」更能發揮說服效果。所有上述各種類型的廣告媒體都是由人來經營、規劃、設計與製作，故人是廣告宣傳與商品促銷的原動力。

㈡廣告設計的決策

一般廣告決策的設計作業主要為「5W2H」：(1)為什麼要製作廣告（why）；(2)廣告預算有多少（how much）；(3)溝通對象是誰（to whom）；(4)所要傳遞的廣告是什麼（what）；(5)廣告要如何表現

（how）；(6)廣告要排什麼時段（when）；(7)廣告要刊登在什麼媒體
（where）。

在著手進行**廣告設計**之前，應先擬定廣告策略，以界定工作、提供資訊及管制品質。廣告策略通常可由行銷人員、企劃人員與廣告人員共同研討、提筆撰寫。其**步驟**如下：

1. 目標的設定

首先，發展廣告方案時必須為此方案訂定目標，這些目標且須配合廠商原本決定之目標市場、行銷位置與行銷組合。因為整個行銷方案均有賴於市場定位與組合策略予以界定。許多商品的溝通管道與銷售目標，均可配合廣告設定。他們可依告知、說服或提醒等目標的不同及商品「壽命」（發展階段）的不同，而有不同的分類與設計，包括：

(1)告知性質的廣告（informative advertising）：主要使用於產品的導入階段，也就是說要建立消費者對商品的基本印象，例如酵母乳業者首先要讓消費者了解的就是酵母菌的營養價值與其多重用途。其廣告的目標通常設定為新產品與新用途的發展、產品性能的說明、建立公司的形象等。

(2)說服性質的廣告（persuasive advertising）：配合產品成長階段的廣告。主要的目的在建立消費者的選擇性需求，許多說服性的廣告後來都演變成比較性的廣告，以利用特別的比較方式使自己的產品在同一品級的商品中突出獨特的優越性。通常使用比較性廣告的商品有除臭劑、牙膏、面紙、洗髮精、紙尿片、輪胎和汽車等。這類廣告的目標通常設定為建立品牌的偏好、鼓勵顧客改變消費習慣、改變顧客對產品特性的認知、說服顧客立即購買等。

(3)提醒性質的廣告（reminder advertising）：此類廣告在產品發展的競爭階段或成熟階段裡特別重要，其主要目的乃在促使消費者時常想起此一產品，正如可口可樂於雜誌上大做廣告，無非

想促使消費者經常想到它，並無任何告知或說服的意義。此一廣告的目標通常設定爲提醒消費者未來使用之可能性、提醒消費者至何處購買等資訊。

2.預算的編列

廣告的目標確定後，廠商即可爲各產品編列個別的廣告預算。廣告的角色在於提昇消費大眾對產品的需求，廣告公司希望以最佳的預算來設計精緻的廣告，一般企業公司則希望能以最少的預算來達成最大的銷售目標，如何平衡二者之需求，乃是廣告預算編列的一項挑戰。

3.信息的決策

廣告目標與預算確定之後，企劃部門就得發展出一個具有創意的廣告。廣告設計的信息決策包含以下三個步驟：

(1)信息的產生：具有創意的人，常會運用各種不同方式來創造廣告點子以達成廣告的目標，許多有創意的人經常藉著與消費者、零售商、專家及競爭對手等人閒談的機會思考出點子來。許多有創意的人根據過去的經驗認爲消費者欲從產品中獲得的滿足需求不外以下四種：**理性**、**感性**、**社會性**與**自我滿足**。只要能將這些需求滿足與消費者的消費型態相結合，就能創造出許多的廣告信息。

(2)信息的評估與選擇：廣告設計者必須評估各種可能的設計信息，信息可依**滿意性**、**獨特性**與**可信性**來加以評比，亦即信息須先使人覺得滿意有趣，且須具有別種產品所沒有的特性（優點），最後還須具有可靠性，值得讓人信賴。

(3)信息的製作：信息不但受表達內容的影響，同時亦受表達方式的影響。信息的製作對廣告的成功與否往往具有決定性的影響。廣告設計者必須採用適當的方式來傳達訊息，以爭取目標觀眾的注意與興趣。因此，廣告的製作是一項專業。廣告設計者的職責在於尋找與廣告製作有關的型態、風格、遣詞與格式。任何一種信息均可以各種不同的製作型態出現，譬如生活型態、

記憶片段、幻覺、氣質、形象、音樂、人格象徵、技術專業、科學證據、個人證言等。**廣告信息的製作過程包括：**

①資料搜集：搜集商品、市場、競爭者、消費者等資料。

②資料分析：過濾分析資料、尋找訴求重點（key point）。

③產生設計：根據訴求重點，加上嚴謹的邏輯思考、豐富的知識、活潑的思想而產生廣告信息。

④廣告實現：注意品質、時效的掌控。

(4)信息的溝通：廣告設計者還得為廣告選擇一種合適的風格。在廣告中有關產品的介紹，一定要讓消費者了解得一清二楚，而且絕不能在廣告上鬧笑話，以免影響觀眾對信息的注意力。廣告製作過程中，所有相關人員必須時時交流意見，常見的**廣告設計之信息溝通有三類：**

①創意溝通：創意帶有濃厚個人色彩，故執行時要透過團體內所有設計人員的不斷溝通、協調。它是一種屬於專業設計人員的溝通。

②橫向溝通：廣告公司設計部門內部產生共識後，再與業務部或其他部門溝通。它是一種屬於組織內的平行溝通。

③直向溝通：廣告公司內部產生共識後，向客戶提案說明。它是一種屬於組織間的溝通。

　　廣告信息的格式成分不同（譬如：大小、色彩、圖畫等）和成本預算多少一樣，均會對廣告效果造成不同的影響。有時在廣告的信息內容上做少許的改變，往往可使廣告更為醒目。許多大的廣告並不見得需要大的投資才能引人注目，彩色插圖固然比黑白廣告更能提高效果，但成本會相對的遞增。

4.媒體的決策

　　廣告設計人員最後的任務即須為廣告選擇媒體以傳遞廣告信息，其步驟如下：

(1)接觸層面、次數與影響力的評估——選擇媒體之前，廣告設計人員必須設定想要接觸的對象是誰、次數多寡和影響力等，以及何種媒體才能達成廣告目標。

①接觸層面：廣告設計者必須決定在某一特定的期間內，希望有多少目標觀眾接觸到此一廣告。

②次數：廣告設計者尚須決定於某一特定期間內，欲使每一目標觀眾接觸到此一廣告活動的平均次數爲多少。

③影響：最後廣告設計者尚須決定何種廣告傳播才能產生最佳的影響效果。一般而言，電視信息的影響比廣播來得大。因電視乃集視、聽效果之大成。

(2)選擇主要的媒體形式——廣告設計人員應該知道各主要媒體各自在接觸、次數與影響力上的效果爲何。純就廣告業務量的大小視之，依次爲報紙、電視、直接郵寄、廣播、雜誌與戶外廣告，各種媒體均有其各自的優點與限制，廣告設計人員可以針對某些考量因素而選擇、評估媒體。現就考量因素中擇其要者敘述如下：

①目標群接觸媒體的習慣：以年輕人而言，電腦網路與電視應是最好的媒體。以退休的年長者而言，報紙與廣播是信息傳送的重要媒體。

②產品的特性：婦女服飾的廣告應刊於彩色雜誌；其他諸如拍立得相機的廣告，則宜以電視媒體爲佳。各種媒體在示範、展示、解說、可信性及色彩等諸構面均各有所長，如表7-1。

③信息的內容：「明日即將降價」的消息宜於電視、廣播或報紙等有時效性媒體上呈現，至於一些技術性的資料則應利用專業性的雜誌或直接郵寄等媒體。

④成本的高低：電視廣告費用較高，相對的報紙廣告即較便宜。廣告預算編列的方法常見有：A.量入爲出法；B.銷售百分比法；C.競爭對等法；D.目標任務法等四種。上述方法可參考

表 7-1　主要廣告媒體的比較

項目／媒體	優　點	缺　點
報紙	彈性大、時效佳，能涵蓋不同地區，市場普及且受人信賴，價錢便宜，製作容易，發行量大，可隨身攜帶。	壽命短，有時效限制，印刷效果不好，非訂戶的讀者太多，廣告分散；對象太廣，不易設定訴求焦點。
電視	集視、聽、動作、感性、效果於一身，具吸引力，接觸率高，說服力強，能充分發揮創意，傳播迅速廣泛。	絕對成本高，變異性大，時間短且不易選擇目標觀眾，廣告時間易流於觀眾「關機」時間，製作耗時。
廣播	普及率高且比較有地區與人口的選擇性，成本較低，收聽率廣，不受時段限制。	只有聲音的傳達，吸引力比電視低，頻道太多，屬性差異大，品質不易受控制。
雜誌	地區與人口的選擇性高，品質佳，持續時間長，訂戶的讀者多，保存性強，可反覆閱讀，也可以選擇目標觀眾，彈性大，專業性較高。	購買廣告的前置時間長，有些發行（資源）浪費，而且無法有位置選擇的保證；相對成本高，讀者群較有層次限制；多半屬於月刊，有時效限制；涉及雜誌內容及品質，無法大眾化。
戶外廣告	彈性高，可以重複展露，成本低，競爭少。	無法選擇觀眾，地域性小，風險高，創意空間小。

　　廣告設計或成本會計等專業性書籍的說明。

(3)規劃特定的媒體與內容——決定媒體的主要形式之後，接著廣
　　告公司或廠商必須開始規劃一個最經濟有效的媒體工具及內容，
　　例如想在雜誌上登廣告，則須先找出不同版面、色彩、種類與

欲刊載的雜誌、成本及其發行量等資料。換言之，必須依據可信度、信譽、地區或職業別的發行、印刷品質、編輯風格、前置時間與心理因素等條件評估每一種雜誌。如此一來，廣告公司或廠商才能依一定的成本，決定一個在接觸率、次數與影響力各構面俱佳的雜誌媒體。

(4)媒體時程的安排——廣告設計者必須依據商品的特性、季節的變動、經濟發展的趨勢來安排廣告的時程，例如十二月若是某種產品消費的尖峰期，到了三月就會逐漸衰退，則廣告公司或廠商在廣告的安排上，即可有三種的選擇：①將廣告的重點安排在十二月至三月；或②安排在五月至七月，以提高此期間的銷售量；當然，③亦可以每個月作年平均的分配，例如藥品、素食或飲料產品之類的廣告。

除此之外，廣告設計者還得決定採取持續性或間歇性的廣告型態。所謂持續性的廣告係指在某一特定時間內，連續均衡地推出廣告。至於間歇性的廣告，則為某一期間內，大量地推出廣告，廣告的時間參差不一；換言之，一年如果有五十二次的廣告，一周一次的是持續性的廣告，而間歇性廣告則可能集中在某幾個時期大量推出。主張間歇性廣告的人認為其優點：(1)目標觀眾可以更徹底的了解訊息；(2)比較省錢。

5.廣告方案的評估

廣告方案與成效必須不斷地予以評估，才能發揮經濟效益，因此廣告公司或廠商必須運用各種不同的技術來衡量廣告的溝通效果與銷售效果。

(1)溝通效果的衡量：溝通效果的衡量，旨在使吾人獲知廣告是否能有效達成預期的目標。作法上，可採取所謂的「文案測試」問卷調查的技術，它可在廣告推出前使用，亦可於廣告印刷或播出後實施。如果係使用於廣告推出之前，廣告客戶必須先了

解：消費者是否會喜歡，信息是否容易傳達；如果是在推出後實施，則必須衡量：消費者對廣告的記憶率是否提高，是否仍有印象。

(2)銷售效果的衡量：經由銷售效果的衡量，我們也可以測知，由於廣告而使品牌的認知增加多少，品牌偏好增加了多少，銷售量會增加多少。由於產品本身效能因素也在影響銷售效果，此種評量方式當然會很複雜。衡量廣告銷售效果的方法之一，即是比較過去與現在廣告的費用與產品銷售量，另一方法則係利用實驗設計來衡量銷售效果。

由於廣告的目的在於刺激消費者的購買慾，增加產品的銷售量，因此許多人常以「立即的銷售」成果做為評估廣告效果的標準。問題是影響商品銷售的因素並不是只有廣告，是故廣告效果的評估，必須有整體性考量。總之，若無法確認廣告的目的何在，審慎的編製預算，有效的決定信息、選擇媒體與事先做好廣告效果的評估設計，則花費大量冤枉錢卻又無法產生廣告成效將是可預見的事。

6. 廣告決策與公共決策的執行

由於廣告對社會大眾的生活型態與公眾輿論頗具影響力，因此常會受到政府部門的注意與審查，例如近幾年來廣告所受的時段限制愈來愈多，主要即為了確保社會責任之履行。因此，企業界應儘量避免採用歧視的或違反法令的廣告，包括：

(1)不實廣告：廣告客戶應儘量避免作不實的廣告，或發表一些產品本身並不具有的功能。

(2)詐欺廣告：即使不會有人因而受騙，廣告客戶仍應避免詐欺意味的廣告，例如減肥麵包不能因切片細薄，就在廣告中強調熱量已降低。

(3)誘騙廣告：推銷人員不能假借不實名義吸引消費者，例如推銷員打出七十九元的產品廣告，卻又拒絕出售而極力推銷其他產

品。

(4)變相促銷折讓與服務：公司實行折讓與服務等促銷活動必須一視同仁，不可獨厚某一消費族群或搭配促銷其他商品，以免引發不必要的消費糾紛，傷及企業形象。

(三)創意表現的廣告範例

電視、廣播、報紙與雜誌乃是重要的廣告媒體，具有較強的宣傳功能，也是人類重要資訊交流或生活娛樂的管道。現代人少有不接觸影視媒體的，正因如此，電視、廣播或報章雜誌的廣告（不論是商業性或公益性），只要是用心製作、畫面吸引人或廣告詞令人琅琅上口者，無不令人莞爾或令人印象深刻，其影響力不僅在商品的銷售業績，甚至成為人際互動、生活多彩多姿的一環。下列範例乃是台灣地區八○年代至九○年代令人印象深刻的創意廣告：

1.中興百貨的廣告實例

過去中興百貨曾以特別、高品味、意識形態的廣告來作為促銷商品與建立形象之訴求，例如其廣告內容以「中國風」或「一年買二件好衣服是道德的」為焦點，以不同於一般的推銷訴求，打動定位自己在高品味的消費者，企圖藉廣告營造成中興百貨的商品皆為高品味、有自我風格的形象，以及到此消費即可滿足自己不流於庸俗之雅痞形象。

2.司迪麥的廣告實例

普通的口香糖，加上不容易理解的意識形態廣告，造成司迪麥在一般消費者心中不平凡的形象，覺得使用司迪麥是個較有品味的選擇。

3.統一超商（7-11）的廣告實例

強大、親切的廣告，造成消費者對其商店存有溫馨的感覺。例如，統一超商常發起公益活動，創造非常健康的形象，使消費者產生與其到其他商店購物不如到統一超商消費以協助推廣社會公益活動；此外，後者也給予消費者一種「少了一分營利，多了一分便利」的美好印象。

4.創意性廣告詞

廣告要使人印象深刻、達到促銷商品的目的，其所涉及的因素相當多，除了商品本身品質、廣告設計之外，一句淺顯易懂、通俗有創意的廣告詞更是重要。茲舉例如下：

(1)常喝健康茶，疾病不找碴。（健康茶）

(2)讓你的腳自由自在吧！（休閒鞋）

(3)聽聽山的聲音，學學山的胸襟。（罐裝咖啡）

(4)「亮」出聰明的選擇！（燈飾）

(5)中興用心、客戶安心。（保全）

(6)潔淨的心、潔淨的水。（礦泉水）

(7)肝若好，人生是彩色的；肝若不好，人生就是黑白的。（台語廣告詞，保肝藥）

(8)愛我，就請餵我吧！（環保）

(9)握著我纖細的身軀，揮灑出巧妙的新視野。（原子筆）

(10)認真的女人最美麗。（信用卡）

(11)今年的污垢今年清。（清潔劑）

(12)為夢想上色。（塗料、油漆）

(13)優先卡位。（信用卡促銷）

(14)千里傳訊，言而有信。（電傳視訊）

(15)喝就喝，講那麼多！（台語廣告詞，烏龍茶）

(16) Trust me, you can make it！（瘦身美容）

(17)鑽石恆久遠，一顆永流傳。（鑽石戒指）

(18)薄薄的一片，讓我幾乎忘了它的存在。（衛生棉）

(19)不在乎天長地久，只在乎曾經擁有。（手錶）

(20)化去心中那條線。（汽水飲料）

(21)它抓得住我。（攝影軟片）

(22)它傻瓜，你聰明。（攝影軟片）

(23)世界上最重要的一部車是爸爸的肩膀。（汽車）

⑷安全，是回家唯一的路。（交通安全宣導）

⑸回家的感覺真好。（食品）

⑹捐血一袋，救人一命。（捐血）

⑺流汗總比流血好。（交通安全宣導）

⑻好東西和好朋友分享。（罐裝咖啡）

⑼有點黏又不會太黏。（食米）

⑽心動不如馬上行動。（家電用品）

⑾灰姑娘的傳奇不再只是神話。（服飾）

⑿讓你無法一手掌握的樂趣。（遊樂器）

㈣創意廣告策略掃瞄與實例

國內著名的統一企業公司，配合每一種新產品上市，均會事先詳細的擬訂該產品的廣告策略。茲舉一例，摘述如下：

◎**商品品名**：統一左岸咖啡

◎**市場範疇**：罐裝咖啡（開闢冷藏咖啡新領域）

◎**競爭品牌**：伯朗咖啡、歐香咖啡

◎**目標消費群**：20-30 歲都會女性，崇尚流行，懂得享受

◎**消費者心中的問題點**：罐裝咖啡口感不好，不新鮮

◎**商品利益點**：包裝獨特，口感香醇之唯一冷藏咖啡

◎**支持點**：新鮮冷藏包裝，口味香醇，不同於一般罐裝咖啡之焦味。

◎**廣告目的**：讓消費者了解統一左岸咖啡是新鮮且口感香醇之冷藏咖
　　　　　　　啡。

◎**廣告表現與風格**：現代感性訴求，將左岸咖啡館塑造成追尋自我，
　　　　　　　　　　滿足人文、藝術與浪漫情懷的個性產品。

◎**廣告預算**：2000 萬

◎**媒體選擇**：電視、報紙、雜誌、廣播

◎**行銷活動**：舉辦徵文且集結出書

廣告設計策略的內容相當複雜，未必有共通的格式，然而任何一份廣告企劃書大致都具有下列要點：1.行銷目的與策略簡述；2.背景分析；3.消費者認知分析；4.廣告欲解決的消費問題；5.廣告目的；6.廣告預算；7.目標視聽眾；8.廣告主張（Ad. proposition）；9.主張支持點；10.期望的消費者反應；11.品牌個性（brand personality）；12.表現要求／必要元素。

今日，各大廣告公司與企業體系中，幾乎都會發展出自己一套的創意廣告策略／綱領，以供創意人員與業務人員設計與溝通之用。茲舉蕭富峰（民80）研究有關廣告公司創意溝通格式的實例如下：

1. 重視定位的奧美廣告，其流程表（brief /check list）是許多人所熟悉的，其中包括八大步驟，分別是：1.行銷目標；2.廣告目標；3.目標市場；4.競爭範疇（competitive frame）；5.定位；6.消費者承諾（consumer promise）；7.支持點（support）；8.調性。

2. 以單一概念主張（single-minded proposition）著稱的沙奇廣告集團（Saatchi & Saatchi）則以三段式表格，做為廣告設計的依據。首先，他們先就產品現有狀況加以分析，其中包括：1.產品形象；2.市場概況；3.競爭品牌分析；4.競爭品牌廣告分析；5.產品過去所做的各種廣告活動檢討；6.限制條件（例如來自客戶、外在環境等）。其次，則談到如何塑造產品，其中包括：1.表現方式；2.目標市場（設定一個消費群代表，可較細膩深入描述）；3.廣告目的；4.單一概念廣告主張；5.支持點；6.特別限制（例如logo等）；7.塑造形象。最後，對媒體部門作簡報，其中包括：1.目標消費群對媒體的敘述；2.建議用什麼媒體；3.預算；4.調查資料；5.行銷目的；6.廣告目的。

3. 楊魯廣告公司（Young & Rubicam）則主張有紀律的創意（disciplined creativity），其廣告設計創意綱領（creative work plan）包括：1.商品資料；2.廣告需要解決的難題；3.確定廣告目的；4.目標對象；5.主要競爭者；6.對消費者的承諾；7.支持點；8.表現要求。

以 big idea 著稱於外的李奧貝納廣告公司，其廣告策略格式則包括：1.市場描繪；2.品牌表現；3.品牌與消費者之間的關係；4.廣告目標；5.目標視聽眾；6.消費者主張；7.支持點；8.調性。由此觀之，不同的廣告公司也有相通的廣告設計策略與格式。

二、影響知覺的廣告因素

廣告是一種商業藝術，也是一門專業學問，更是一項溝通媒介，其影響層面甚廣。儘管廣告在商品開發與行銷促銷的過程中，扮演著重要的角色與任務，例如製造衝擊（impact）、增加商品或企業的知名度、給予消費者商業訊息、溝通消費意見、鞏固既有消費族群的關係及建立消費者的使用偏好等；然而，每一個廣告所賦予的任務宜愈單純愈好，過多的廣告任務，反而會模糊所要傳達的主要訊息焦點，造成適得其反的效果。同時廣告設計與執行的過程中，也要考量消費者的心理與行為，包括消費者的動機、需求、偏好、記憶與知覺等因素。當然，商品的開發與「壽命」，也間接影響了廣告的設計。

由於人類的知覺深受個人學習經驗、動機需求、注意心向及心理防衛的影響；加上人類的知覺有其恆常性、組織性與相對性；因此，廣告本身的刺激因素：大小、位置、數量、顏色、形狀、對比運動、強度及頻率等，也無一不影響人類的知覺感受及其對廣告的接受度與行為反應。換句話說，廣告設計除了要考量專業的美學、美工設計之外，也要考量商品的使用壽命及人類知覺、記憶的心理歷程。茲分述如下：

(一)商品「壽命」與廣告

本章節「廣告設計的決策」單元中，曾提及廣告目標的設定（告知性質廣告、說服性質廣告、提醒性質廣告）必須考量商品的發展週期，例如新上市的產品，其廣告目標重在告知消費訊息，成長期產品

的廣告目標設定在<u>說服</u>消費行動等。此等商品的發展週期即爲「商品壽命」。人有壽命，商品當然也有壽命。此壽命並非指食品腐壞或是指機器製品毀損而言，主要乃是指商品上市後維持銷售率持續成長的時間。通常商品的壽命發展可分爲五個時期：

1. 導入期

指的是商品剛產出的階段，此階段因商品不爲大眾所知，所以銷售量無法突破。

2. 成長期

指的是商品的成長時期。此時廣告成果及銷售活動已經相當顯著，業績正直線上升。

3. 競爭期

此時期不同品牌與不同企業的同類型商品，陸續加入市場的競爭行列。

4. 成熟期

激烈競爭告一段落後，市場上將會形成均勢狀態或優勢品牌。

5. 衰退期

商品在市場上已經失去了活力，並且開始銷聲匿跡或滯銷。

一般而言，剛上市（導入期）的商品，爲了加深消費者的印象，增加商品的知名度，有必要透過各種媒體，大量的運用廣告媒介來促銷商品、提供新知、教育群眾。至於在「成長期」、「競爭期」發展階段的商品，基於增加商品成長空間，考量不同品牌同類型商品的市場競爭性，又爲了鞏固既有的消費群，同時吸引更多不同層次的消費者，促成其交易消費，提升其欲求，此時期大量運用商品廣告仍有其必要性；如此一來，消費大眾隨時隨處都可接收到大量的商品廣告訊息，藉由此等資訊使消費者能了解和比較不同品牌的商品，從而建立有利於本身商品的市場開拓機會。當然，若是商品已經進入「成熟期」、「衰退期」，則廣告對商品的促銷功能已大爲減弱，對消費者

的消費態度與交易行為影響有限,因此,商品廣告呈現的次數頻率也會隨之減少。

(二)人類知覺與廣告

　　廣告使人類對自己的慾望有了具體的對象目標,同時,使社會大眾益形努力或付出代價來獲取廣告物(商品),進而實現自我、塑造自我及改善生活品質。為了激起消費大眾的慾望與需求,廣告必須因應人類知覺原理與感官特性。試想:一個設計精緻的廣告,必能呈現廣告物(商品)的特色,賞心悅目的廣告更能擴大消費大眾的視野,滿足其慾望與感官享受。一般而言,廣告的大小、對比、顏色、位置、數量、強度及運動等因素的差異,皆會影響消費者不同的知覺感受與行為反應。

1. 廣告大小

　　理論上,廣告篇幅或版面愈大者較容易引起消費大眾的注意。然而,是否小廣告就效果不佳呢?是否廣告加大一倍,亦可引起消費者加倍的注意與興趣呢?是否大廣告的內容就較小廣告的內容為之充實豐富呢?上述三個問題,答案未必能夠確定。一般而言,小廣告若是內容簡明扼要、符合消費者的需要慾望,仍然有其一定的廣告效果,特別是以平面廣告而言,若是在許多大廣告的版面中出現一則小廣告,後者在「知覺相對性」、「知覺對比性」的原理反映下,也許會有意想不到的好效果。

　　至於廣告版面加大一倍是否也能引起消費者的加倍注意力,根據韋伯定律(Webers Law)指出:其他因素相等時,欲使注意力加倍,則廣告的大小必須增加四倍,亦即刺激大小呈幾何級數增加,而知覺反應僅以算術級數增加;此即為注意力增加與方根大小的關係,稱之為「方根定律」(square root law);換句話說,廣告大小增加一倍,只能增加消費者注意力的百分之五十。

2.廣告數量

通常廣告呈現的數量與人類知覺注意力之間有正相關，亦即，廣告數量愈多，愈容易引起社會大眾的注意力。值得探討的是，是否商品廣告數量愈多，就一定會引起消費者正面的注意力（良好印象）？就一定會增加商品的銷售率？一般而言，商品剛上市或上櫃，沒有廣告宣傳，自然無法引起消費者的注意，也無法加深其印象，這是已公認的事實；然而，知覺反應與行為反應之間無絕對的因果關係，許多消費者知道某項商品（S），但因個人或所屬團體並無使用需要（O），因此不會想去購買（R），「S-O-R」乃是心理學研究人類行為的重要原則，詳見本書第二章。

由此看來，商品必須要有廣告宣傳，但商品廣告數量愈多，未必增加「等量」的銷售率；此外，過多的廣告數量（例如宣傳單、印刷品）有時會引發消費者的反彈與反感。現代都會地區的大廈公寓，每家每戶的信箱內充斥各類型的宣傳單，既影響市容觀瞻，也導致資源浪費與環保問題，值得深思。

3.廣告運動

廣告版面的設計，垂直線條及鋸齒線條較之於光滑的水平線條，更能產生「運動感」，更能引起消費大眾的注意力。換句話說，動態的廣告比靜態的廣告容易被察覺，容易增加消費者的興趣與好感，此即說明了電視廣告的宣傳效果較報章雜誌的平面廣告效果為佳，前者集合了聲光畫面，給予消費者視聽知覺的享受。

今日許多商品的展示場、貨品原料的採購點，其室內的擺設與商品的陳列力求動態化、生活化與藝術化，以激發路人及消費者的好奇心，吸引其注意力。此外，許多戶外廣告霓虹燈、電動看板及電子花車等，每隔幾秒鐘透過電流來旋轉、變化不同的文字、圖案或花樣，以吸引消費者的注意力，間接促銷商品或廣告物，增加經濟效益。凡此均足以顯示出廣告運動的重要性。

4.廣告強度

心理學家研究人類的感覺與知覺等心理歷程發現：聲音較大的刺激易引起個體的聽覺反應；亮度較強的刺激易引起個體的視覺反應。因此，亮度較佳的廣告比昏沈晦暗的廣告，容易引起消費大眾的注意與興趣，後者的廣告予人「江河日下、美人遲暮」的無力感，間接地使人對廣告物（商品）的使用效果感到懷疑。然而，強度過高的刺激，也容易導致個體主觀的反感與知覺反應的停滯，故商品廣告與促銷不宜過分刺眼、刺耳、刺鼻及誇大等。廣告強度如同「廣告大小」一樣，強度增加一倍，未必能夠引起消費大眾一倍的注意力與增加商品一倍的銷售率。

5.廣告顏色

每一個人都會嚮往多彩多姿的生活，若是廣告的色彩也能千變萬化，相信更能引起消費大眾的知覺反應。然而，廣告色彩若是過度複雜，有時也會模糊了宣傳重點與商品特性。因此在設計廣告顏色時，不妨考量下列原則：

(1)基於「知覺的對比性」，以黑白為主的平面媒體（例如報紙、書籍）可多用彩色的商品廣告；反之，以彩色為主的廣告媒體（例如電視、雜誌），有時適宜的運用黑白設計的廣告，更能引起消費者的注意。

(2)除非設計者對色彩與美學有專業性的了解，否則「同色系」的廣告較「對比色系」的廣告予人有清新、典雅的知覺感受。

(3)從發展心理學的觀點而言，以兒童為銷售對象的商品廣告，其色彩搭配宜鮮明、亮麗、多變化；以成人為銷售對象的商品廣告，則應考慮商品的特性、消費階層，以作適度的顏色設計。

(4)考量「知覺的相對性」，廣告版面宜以商品（廣告物）或人為主體，輔以顏色設計，避免「喧賓奪主」，導致消費者只注意到廣告顏色的設計而忽略了商品本身。

(5)廣告顏色愈有變化，「套色」愈多種，廣告費用自然愈高，但

是廣告效果未必等值增加，商品的銷售率也未必能夠等量增加。因此廣告顏色宜考量商品特性、消費大眾觀感及流行趨勢等專業因素作一整體性的考量設計。

6.廣告位置

商品廣告呈現的方式與位置不同，可能引起不同的廣告效果。一般而言，廣告物（商品）是主體，故以置於廣告版面中央為宜；若從美工設計觀點而言，將商品移置於非中央位置也未嘗不可。此外，在條件恆等的情況下，一般印刷品的上半頁較下半頁、左上角較右下角易引起消費大眾的注意，此乃西方國家的語文由左至右排列的文化背景因素使然。

至於我國的文字書寫一般習慣由右至左（例如報章雜誌，橫寫除外），是否右半頁較左半頁易引起消費大眾注意，恐怕尚須進一步探討。再從有關人類記憶研究的觀點而言，不同商品的廣告在同一廣告時間內呈現時，通常出現在前（初始記憶效果）、後（新近記憶效果）的商品廣告較其他中間時段位置的商品廣告容易受到消費大眾的注意；同時，後者又較前者易使消費大眾產生深刻的記憶效果。

7.廣告對比

許多的商品廣告為了加深消費大眾的印象，增強廣告效果，在廣告內容的設計上，採取「對比呈現」的方式，亦即利用「差異覺閾」的知覺原理（差異覺閾 difference threshold，意指辨別兩種刺激的差異所需的最低判斷量值），將不同商品的使用效果或差異特性同時於一廣告中呈現，讓消費大眾作一比較後，而能堅定地選擇購買自家的商品。

一般而言，廣告商品的對比性愈大，愈能引起消費者的注意，例如商品「使用前」與「使用後」的對比，商品內容「多」與「寡」的對比，其他諸如音量、畫面、質感、顏色、大小等對比。在廣告設計上較常採用「對比性」方式促銷的商品包括：衛生棉、衛生紙、洗髮精、生髮水化妝品、瘦身用品、運動器材、紙尿布等。

8.廣告隔離

同質性愈高的商品廣告愈不容易凸顯，愈無法引起消費者的注意力。因此，適當地將商品廣告的設計、呈現方式與其他商品廣告作一區隔，實有其必要性。例如在一般「店頭廣告」式的街道上，採用空飄汽球或電視牆的商品廣告更容易引起效果及消費大眾的注意。此外，在許多家電用品的商品廣告中，一則婦幼用品的廣告，相對的也會引人注意，此即說明了廣告隔離的效果。

上述影響知覺的廣告因素，皆可以作為廣告設計與商品促銷活動的參考。當然，除了廣告本身會影響消費者的知覺感受之外，商品本身的條件及消費者個人的特質，亦可能會影響其購買行為。「廣告」只是增加消費大眾的注意力，並不能對消費者的消費行為產生絕對性的影響，因此，誇大不實的廣告只會提高消費者的期望水準，引發商品本身的負面效應，從而損及商品的銷售率及企業形象，不可不慎。

第三節　知覺與商品包裝

商品包裝（packaging）的良窳，直接影響消費者的知覺感受及交易行為。從人際互動與商業禮儀的觀點而言，符合人類知覺原理的商品包裝與設計，往往在人際餽贈、禮尚往來的過程中，更能夠發揮「送者大方，受者實惠」的功效。商品包裝乃是使商品適於運輸流通並能誘發消費者消費動機的一項準備行為。

凡是生產者或餽贈者（送禮者）為了方便運送商品，增加商品的吸引力與安全性，提昇人際互動與交易活動層次，而對商品作一處理的過程，謂之為商品包裝。換言之，商品包裝就是一種設計與處理受納商品之容器與材料的活動。近年來，伴隨科技發達與精細分工的市

場趨勢，商品包裝甚至成為一項專業，有些企業組織或行銷體系內尚且設有專業部門及人員來負責商品包裝的工作。

一、商品包裝的重要性

俗云「人要衣裝、佛要金裝」，商品自然也要加以包裝，才能刺激消費者的消費慾望，從而在競爭激烈、同類型商品林立的市場中脫穎而出，以影響消費者的消費抉擇與交易行為。商品包裝不僅在於提昇社會大眾的生活品質，也有助於建立品牌風格與企業形象，目前市面上許多的商品包裝，也在在反映了該企業的經營理念。包裝精緻、美觀的商品，在展示場中或陳列架上，自然「一枝獨秀」的引人注目，容易引起消費大眾的注意力。在整個商品開發與行銷過程中，商品包裝與商品廣告是促發消費者購物行為的二大外在誘因，至於商品本身特性與消費者個人需求則是主要的二項內在消費誘因。除此之外，商品包裝也有保護商品品質、便利商品使用、達成市場營運計畫及增加銷售利潤等作用。

處在今日人際互動頻繁、講求禮尚往來的工商社會裡，如何選購商品、包裝商品已是一大學問，美國商場有一句流通語：「沒有包裝，就沒有商標；沒有商標，就沒有商業」。事實上，許多企業在編列產品成本預算時，生產成本與配銷成本往往各佔相等比例（百分之五十）；而在配銷成本中，包裝費用所佔的比率相當高。事實上，一般國際外交禮儀的場合中，許多贈禮有時在成本預算上，包裝費往往高於產品本身的製造費，因此商品包裝也反映了一種對他國（人員）的尊重與禮遇，某些落後國家的政府官員甚至重視商品包裝、保留商品包裝高過於享受產品本身。凡此皆足以證明商品包裝的重要性。

二、商品包裝的功能

　　商品包裝不僅在於保護產品，使消費者易於辨認產品，而且可以增加美觀、便於運輸攜帶，同時吸引消費者的注意力。具體而言，商品包裝具有下列功能：1.保護商品，以防震、防壓、防衝擊；2.預防商品潮濕或保持商品潮濕及防止其蒸發；3.防止商品蟲蛀與腐蝕；4.防止商品受盜竊；5.防止商品發生化學變化；6.防止商品發霉；7.防止塵垢侵染商品；8.免於商品零件散失；9.提高商品身價；10.包裝材料具有再使用的價值。意即保護商品、辨識商品、流通商品及提昇商品質感。

　　除此之外，商品包裝也有助於塑造企業的品牌、形象，並與其他同類型的商品作一市場區隔，例如食品類商品，本身差異性不大，口味與花樣變化有限，然而，商品包裝卻有多樣性的面貌，甚至可從不同包裝的商品一窺其企業經營理念與訴求的銷售對象。同時，在配銷制度中，批發商的利潤有時來自於製造廠商商品包裝的保護，而且零售商也可因此減低配銷費用，促進銷售，提高售價。商品包裝的功能不只是消極地用來保護商品，更肩負積極性促銷商品的意義，直接或間接的勸誘顧客消費財貨與勞務，尤其是新上市的產品，商品包裝有時擔負行銷失敗率的風險，無怪乎商品包裝被稱譽為「一位了不起的沉默推銷員」。

三、商品包裝的原則

　　商品包裝乃是為了便於保護商品、辨識商品、流通商品與提昇品質。基於前述功能，商品包裝必須考量商品本身的因素、消費者的感覺知覺與社會文化的特性。美好的商品包裝有助於吸引消費者的視覺、改變消費者的印象與購物習慣；正因如此，近來年工商企業界投下大

量的人力、物力與時間，在各項商品的開發與包裝的設計上。

(一)商品包裝的設計

　　在商品開發與行銷的過程中，商品包裝的功能與重要性，一如前述。商品為了吸引消費者的注意力，充分凸顯商品的性能特色，並給予社會大眾信心，提高商業信譽與企業形象，任何企業都必須重視商品的包裝與設計。一般而言，**商品包裝的設計過程**有下列四個階段：

1. 調查階段

　　首先辨明商品的性質，究竟是農產品、農產加工品、工業製品或半製成品等；商品的用途為何，究屬食用或非食用、耐久財或非耐久財、消耗品或非消耗品等；商品製造成本為何；售價或市價為何；製造的困難度為何；設定的消費族群為何等。

2. 研究階段

　　了解商品的性質之後，便是要決定選用何種包裝材料，以配合產品的製造與運送、儲存等。此外，尚須研究商品包裝的技術性問題，例如成本問題（包裝費率是否公平合理？是否轉嫁至消費者來分擔……）與材料問題（包裝容器的尺寸、重量、結構及美工設計……）等。

3. 試驗階段

　　將前述研究設計與重點加以試驗，驗證其容器強度、包裝方法、美工圖文、包裝材料等項目之市場適合性與消費者接受度，並考量其儲運過程中的安全性及經濟性。

4. 製造階段

　　經過前述階段的試驗與修正後，在嚴格的品質管制與預算控制下，配合商品的產量製造包裝物料，以行銷商品予消費大眾，供應市場需求

　　商品包裝是商品與消費者之間的媒介物，當消費者願意付出較高

的價錢來購買商品時，自然希望獲得品質較好的商品，若是商品出售前是密封包裝或禁止試用時，消費者欲判別商品品質的優劣或衡量「餽贈禮數」的適切與否，往往必須根據商品品牌及商品包裝來決定其購買行為。此外，商品包裝有時也反映了商品的價值與消費者的社經地位，在一個高價位、高所得的消費市場上，商品的包裝必然是質感精緻、圖案高貴、外型大方；反之，一般的消費市場，商品包裝設計必然以「雅俗共賞」、實用簡便為原則。

(二)商品包裝的考量因素

一般而言，商品包裝的質感要配合商品本身的價值與功能。產品精良高貴者，包裝設計宜高尚典雅；普通產品不妨包裝樸實通俗，以免包裝精緻高貴使消費者誤以為高價位商品而「裹足不前」，降低消費者購買的意願。若以消費者的知覺反應與購物行為而言，**商品包裝的設計必須考量**消費者的性別、年齡、所得水準、教育程度等**個人因素**，也必須顧及商品的大小、用途、屬性等**商品因素**，甚至注意商品使用者所處環境的文化、習俗、民情、制度等**社會因素**。易言之，廠商必須配合市場分析、消費者分析與商品分析等研究結果，探討各種不同類型的消費者與市場需求，以擬訂銷售策略，輔以良好的商品包裝，才能增加商品的知名度與銷售率。良好的商品包裝必須注意下列設計原則：

1. 考量消費者的性別

性別差異不只反映男女雙方在生理機能、心理感受、生涯發展與人際互動等層面的不同；同時，也顯現在生活習慣與消費行為上的差異。因此，商品包裝首先要考慮商品消費者與使用者的性別。一般而言，男性用商品的包裝較傾向男性化、陽剛性，甚或含有性的暗示，例如「香車美人」、「烈酒紅唇」等；而女性用商品的包裝較顯現其內在傳統美與外在現代感，例如「好媽媽、好太太、好女人、好婆婆」、「都會新女性」等。當然，性別不同，影響所及包括商品包裝

的材料、顏色、大小與質感等。

　　近年來，由於兩性平權與兩性教育的觀念盛行，今日的社會發展已有朝向中性化的趨勢；是故，目前許許多多的商品包裝物（容器、手提袋、包裝紙、包裝手法等）也多呈現「男購女買兩相宜」的中性化色彩。儘管如此，傳統「豪邁帥氣」或「千嬌百媚」等兩性形象塑造的包裝手法，仍有其一定的市場消費魅力。

2.考量消費者的年齡

　　消費者年齡層的不同自然影響其消費型態、購物動機與商品屬性，如同廣告設計必須考量廣告對象的年齡層次一般，商品包裝的設計也要因消費者年齡層次的不同而有所變化，以減除消費者知覺感受上的「代溝」，增加商品的親切感與銷售率，例如不同年齡層使用的商品購物袋與包裝紙，其色彩、圖案及廣告詞必然有所不同；又如成人用與小孩用的健康食品，其商品包裝設計也一定會有差異，後者可能增加許多卡通圖案以吸引兒童的好感。當然，有時因應商品泛年齡化的特色，有些商品包裝也不須刻意強調年齡因素，以免侷限了銷售市場與消費對象，增加其反效果。

3.考量消費者的經濟所得

　　一般而言，廠商在訂定商品價格時，往往將商品的配銷成本（運輸、包裝、行銷、廣告等費用）與生產成本，併入製造成本一起加以估算。因此，商品包裝的成本比例愈高，如表7-2（鍾隆津，民77），商品的售價自然也愈高，消費者的負擔也隨之加重。因此，除了銷售對象設定為高所得消費者的高價位商品，其他的商品包裝都要考量消費者的所得水準。

4.考量商品及其包裝的形狀、大小

　　今日，商品包裝已是一項專業，美國企業界設立有「包裝委員會」的組織，由全美各大企業之研究、企劃、生產、品管、銷售、財務及管理等部門的代表所組成，負責商品包裝之設計與專業研究的工作。廠商設計包裝時，不但要考慮消費者的因素，同時也需要配合經銷商

的需求，包括便於商品陳列、運送、訂價與裝卸等。因此，商品及其包裝的形狀也必須作一整體性的專業設計。一般而言，包裝外形較大的商品，代表經濟及容納量大；外形小而輕巧的包裝，其商品在儲藏、攜帶上較為便利。女性較喜歡圓形或橢圓形的包裝，男性則偏愛方形或矩形的商品包裝。通常體積愈小的商品，其包裝愈益精緻、花樣也較多變化；反之，商品本身外形碩大者，在包裝上較費時費力且略嫌粗糙。

表 7-2　商品售價之包裝成本比例

商品種類	包裝成本百分比	商品種類	包裝成本百分比
膠水業	40.0%	玩具	9.1%
化粧品	36.3%	香煙	8.0%
藥品	35.2%	餅干等製品	7.8%
專用機油	35.0%	肉類	6.5%
啤酒	30.0%	飲料	5.2%
食品	24.1%	汽車零件	5.0%
糖果	21.2%	刀叉	5.0%
文具	20.2%	五金	4.0%
打光腊	15.0%	辦公機器	1.4%
油漆	12.5%		

（資料引自：鍾隆津，民 77，頁 75）

5.考量商品包裝的材料質感

　　商品的形狀、大小將會影響商品的包裝質感，而商品包裝的質感又受限於包裝的材料。傳統農業社會，人際間的餽贈送禮大都以方形花布包裹、攜帶，取其喜氣禮意且經濟實用（可重複使用），對於其他包裝材料的品質與選擇，消費者較不重視（有時甚至以報紙包裝禮物）；廠商也往往基於節省成本的考量，任何的材料均取而用之，只

要能夠達到包裝的效果，並不在意商品包裝的安全、美觀及給予消費大眾的知覺觀感。

近年來，工商業發達，企業的競爭激烈，商品種類繁多，若商品包裝的材料不佳、質感粗糙，往往無法吸引消費者的注意，例如香煙盒面的美工設計及以玻璃紙包裝，即在於考量消費者的使用知覺，同時保持香菸本身的適當濕度，使癮君子享受此一吸聞可口的味道。因此，商品包裝的材料必須注意其強度、品質、荷重、抗張力、撕烈度及耐壓、耐熱、耐濕等功能，如表 7-3。

表 7-3　常用之包裝材料及其特色

包　裝　材　料	特　　色
玻璃紙	防潮濕、防蒸發
普通紙、包裝套	價廉、大眾化、可回收
折摺平放之木框架	體積不大、易儲存收藏
輕金屬框架	輕便、耐用
塑膠化學木料	堅韌結實
輕金屬箔紙	清潔美觀
瓦楞紙板、紙箱	易於加工、可存物他用

6. 考量商品包裝的色彩美感

持久性商品（例如家電用品）為防止碰撞毀損，必須加強商品包裝；同樣的，非持久性商品（例如飲料食品）為減少化學變化或增加銷售業績，也要重視商品包裝。人類最重要的感覺器官乃是視覺，眼睛素有「靈魂之窗」的美譽。是故，商品包裝的色彩設計乃是一項重點，必須鮮明悅目，符合美學，以構築出人類多彩多姿的消費世界。

不論是傳統金壁輝煌的色彩或現代清新脫俗的色系，商品包裝的色彩設計也要配合商品本身的色調、風格、價值及用途等屬性。通常

金銀色代表高貴、華麗；紅色代表喜氣、活力；黃色代表開朗、浪漫；黑色代表成熟、冷靜；白色代表純潔、大方。我國民情一向保守含蓄，故商品包裝色彩較傾向用深色系及紅色系，前者取其端莊穩重之意，後者顯示吉祥喜氣之感。當然，今日為使產品增加吸引力與銷售率，商品包裝的色彩必須更加鮮活有美感。

總之，強調人類感官刺激與知覺反應的商品包裝，已成為現代工商業在產品製造過程中的重要一環，許多大規模的製造業與企業機構且設有專業的包裝部門來職司其事。從過去到現在，儘管一般消費大眾較少注意商品包裝方面的變化趨勢，惟基於增加銷售率、吸引顧客、強化競爭力、塑造企業形象及掌握時代脈動等因素，未來的企業與製造商必須不斷研究、開發、設計、改變商品的包裝。「包裝工業」已成為一種新興的熱門行業，「包裝技術的革命」趨勢，必將與商品的行銷開發同步發展，帶動消費市場的景氣繁榮。

第四節　知覺與商品價格

目前台灣地區每人每年的國民所得已逾一萬三千美元，消費能力普遍提高。儘管如此，消費者面對商品的採購選擇時，「價格」（price）仍會影響其消費態度與購買行為。事實上，價格也往往反映了商品的品質與使用者（或購買者）的社經地位。在一般消費者的知覺印象中，「價格」往往是商品的重要標記，消費者期望「價廉物美」、「貨真價實」。當一位消費者面對兩項不同價格的同類商品，在選購上，往往會根據個人所得與需求來決定。

我國傳統上有「一分錢一分貨」的觀念，價格較高的商品，其品質也較佳。消費者也經常期望價格高的商品，品質能更好，同時獲得

更高的消費滿足。當然，隨著國人生活水準與消費能力的提高，商品價格也由「生產成本導向定價」轉而爲「消費者導向定價」，此種以消費者的知覺、動機、態度等心理特質爲考量基礎所訂定的商品價格，謂之爲「心理性價格」（psychological price）。

　　日常生活中，舉凡房租、學費、薪資、票價、費率、利息、路費、保險費、鐘點費、工資、佣金、所得稅、顧問費及掛號費等都是一種「價格」。究竟商品的價格是如何訂定的？早期價格的訂定是由買賣雙方協議後所決定的。賣方會開出高於他實際想收取的價格，買方所開的價格則會低於他所願意支出的，然後雙方經過討價還價，最後達成彼此都能接受的價格爲止。直到十九世紀末期，大規模零售業興起後，才發展出一種公訂價格或不二價的觀念。

　　今日，不同公司不同商品的訂價方式各有不同，訂價的層級、計算方式或考慮的因素也不盡相同。一般公司在決定產品的基本價格時，所採取的步驟包括：選擇訂價目標、確定需求狀況、估計成本、分析競爭者的價格、選擇訂價方法及決定最後價格，如圖 7-9。

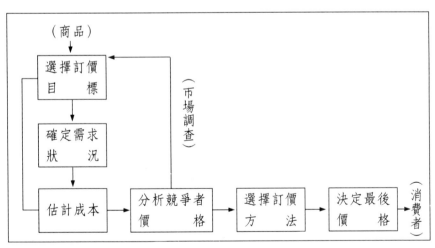

圖 7-9　商品價格的制訂程序

一、市場型態與商品價格

基本上，賣方（廠商）的訂價策略，決定於各種不同的市場型態。商品若是屬於「完全競爭市場」（pure competitive market），則賣方的價格不能比現行市場價格還高，因為買方隨時可以以市價買到所需的商品。商品若是屬於「獨佔競爭市場」（monopolistically comeptitive market），則因買方與賣方的數目均很多，故買賣的價格在一個範圍之內，而非單一市場價格。再則，商品若是屬於「寡佔競爭市場」（oligopolistic market），則因賣方僅有少數幾家，彼此間對於價格與行銷策略有高度敏感性、協調性，一家降價，其他競爭者就必須跟進降低價格或提昇服務品質，以穩住既有的市場與消費群；反之，任何一家也不敢貿然率先漲價，以免給予其他競爭者有機可乘搶佔市場。

最後，商品若是屬於「完全獨佔市場」（pure monopoly market），因賣方只有一家，訂價原則隨其組織體性質（國營獨佔、受管制的民營獨佔、不受管制的民營獨佔）之不同而有差異。國營獨佔市場的產品因配合政府政策，可能訂價較低以照顧消費大眾，也可能訂價偏高以抑制消費。受管制的民營獨佔市場，其產品價格乃是根據政府允許的一個公平報酬來訂定，以賺取合理利潤，維持公司營運。至於不受管制的民營獨佔市場，其產品價格固然可以自由訂定，惟必須考量消費者的接受度，以免引起政府干預、市場被迫開放、產品滯銷及資金被套牢等風險。

在正常情況下，市場需求量與產品價格之間呈反比關係，亦即價格愈高，市場需求量愈低；反之，價格愈低，有助於刺激消費者的購買慾，增加市場的需求量，如圖 7-10 之 A。然而，某些地位類、威望類的商品，其市場需求量高低未必隨產品價格的高低而呈現負的直線或曲線，有時反而呈現正斜率的需求曲線，如圖 7-10 之 B。換句話說，一般性商品，價格增高（P1 升至 P2），其需求量、銷售量會降低（Q1

降至 Q2）；而地位類、威望類商品（如皮衣、汽車等），價格提高（P3 升至P4），有助銷售量增加（Q3 升至Q4），因為消費者的知覺印象認為高價位意謂高品質。只是若價格太高（P4 升至P5），有時市場需求量反而降低（Q5 低於 Q4）。是故，商品價格與市場需求之間有顯著相關，惟須考量消費者知覺心理與商品的市場型態等變項。

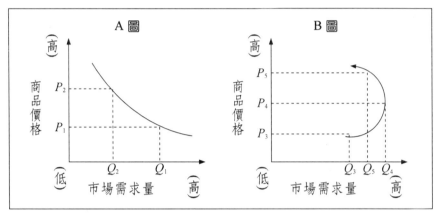

圖 7-10　不同類型商品的價格與市場需求量之關係

二、商品價格訂定方法

　　訂定商品價格時，主要考慮二大因素：一為產品本身的經濟因素，另一為消費者個人的心理因素。前者訂價的下限是依據商品實際的生產成本，其次考量競爭者的價格與替代品的價格，而商品的功能特色則是訂價的上限。後者則以消費者的消費動機、知覺感受等心理因素做為訂價的參考依據，亦即前述之「心理性價格」。

　　一般商品訂價的方法有三種：㈠成本導向訂價法（cost-based pricing）：包括成本加成訂價法（cost-plus pricing）及損益平衡分析與目標利潤訂價法（break-even analysis and target profit pricing）；㈡競爭導向訂價法（competition-based pricing）：包括現行價格訂價法（going rate pricing）及投標訂價法（sealed-bid pricing）；㈢消費者導向訂價法

（buyer-based pricing）：亦即以消費者的心理知覺、對產品的價值感受為訂價標準，又稱為認知價值訂價法（perceived-value pricing），茲簡述如下：

(一)成本加成訂價法

這是一種最簡單的訂價法，此法乃是根據產品的生產成本加上某一成數的利潤來加以訂價，例如果汁機成本若是八百元，加上 50%的加成，售價則訂為一千二百元；零售商的毛利若是四百元，則其營運成本為三百二十元，邊際利潤為八十元。不同商品的加成成數並不相同，零售價的加成也有差異。

(二)損益平衡分析與目標利潤訂價法

「損益平衡分析」乃是探求產銷量達於何種水準時，其總成本與總收入方能相等。此一訂價法乃是廠商試圖決定一個價格，使廠商能夠達成其利潤目標，這是一般公共事業較常持用的訂價法，例如每件商品售價若是十五元，廠商必須賣出六十萬件商品，才能達到損益平衡，亦即總收益等於總成本。假如廠商設定兩百萬元的利潤目標，必須要賣出八十萬件商品，那麼當廠商把商品價格調高為二十元時，就不必賣出這麼多商品也可以損益平衡且達到設定的目標利潤。

(三)現行價格訂價法

此法係指廠商依據競爭者的價格來訂價，而不完全在意廠商本身的成本與市場的需求量。通常多用於寡佔競爭市場的商品訂價，在市場上也是一種相當普遍的訂價法。

(四)投標訂價法

當廠商靠公開投標方式來爭取業務時，通常採用投標訂價法。廠商訂價的主要依據是預期競爭者所可能訂出的價格，兼或考慮廠商本

身的成本或市場需求狀況。其重點在於爭取訂單業績，以免增加廠商本身機器與人力資源的浪費。當然，廠商投標的價格也不可能訂得過低或過高，太高不易得標，太低不符成本。

(五)消費者導向訂價法

　　此法又稱「認知價值訂價法」，主要係以消費者的認知價值來訂定價格，而非以銷售成本為依據。此法利用商品開發行銷過程中的非價格因素，企圖在消費者的心中建立產品的認知價值，而後價格就是依此一認知價值來訂定，例如一杯果汁，水果店的售價自然較西餐廳的售價便宜，而學生餐廳的果汁售價必然又較水果店的售價便宜。當然，採用此法訂價的廠商、企業體必須在消費者的心目中建立商品的認知價值，使消費者產生良好的知覺印象與態度傾向，亦即所謂「價廉物美」的認知價值。

　　廠商訂定商品價格時，不僅考慮訂價的經濟層面，也須考慮訂價的心理層面（即「心理性的價格」）。廠商在訂定價格時，除了參考商品生產成本等經濟因素之外，為了達成促銷目的，也可依據消費者的心理知覺來加以訂價，例如九十九元與一百元雖只差一元，然而，感覺上似乎前者較為便宜，此乃消費者因心理知覺差異所形成的結果。從總收益來看，心理性價格對廠商整體的利潤並無太大影響，但卻可收「薄利多銷」的知覺效益。此外，商品價格的每一數字都有其象徵性和視覺性的質感，例如「8」具有對稱性，對商品本身或消費者具有圓潤的知覺效果；「7」較具尖銳性，「4」與「死」同音，均代表不調和、不吉祥，宜避免訂定此等數字之價格。

　　總之，廠商訂定商品價格所須考量的因素相當複雜，不論是經濟性或非經濟性的因素，皆必須注意競爭者與消費者的知覺反應。此外不同的商品也有不同的訂價，即使是創新性產品、模仿性產品與傳統性產品所訂的價格也會有所差異。因此，上述各種商品訂價法皆可單一使用或混合採用，以使價格成為消費者購買產品的最佳誘因。

摘　要

Notes

1. 知覺是一種經由感官對環境中事物及事物間關係了解的內在歷程。感覺與知覺並不存在絕對的因果關係。「感覺」的產生主要屬於感覺器官的生理性活動歷程，其所獲得的訊息多為「事實性資料」；而「知覺」則是經由個體心理功能統整後所獲得的「意義性資訊」。

2. 人類知覺歷程涉及人體三類器官：(1)受納器官：包括視覺、聽覺、味覺、觸覺、嗅覺、動覺與平衡覺等；(2)運動器官：包括肌肉與腺體等；(3)連結器官：包括神經系統、腦及脊髓等。

3. 影響人類知覺的因素有二：(1)刺激因素：指刺激、物體或事件本身的特質，包括大小、顏色、形狀、構造及環境等；(2)個人因素：指個體本身的特質條件，包括個人的感官、需求、期望、情緒、動機、過去經驗與知覺防衛等。

4. 人類的知覺具有相對性、恆常性與組織性等特性。其中恆常性包括大小恆常性、形狀恆常性、明度恆常性及顏色恆常性；而組織性則包括接近性、相似性、封閉性及連續性等。

5. 知覺是人類相當複雜的心理歷程，而廣告則是人類多彩多姿

Notes

的創意表現，二者關係密切，有助於縮小商品與消費者之間的距離，塑造良好的企業形象。

6. 廣告乃是因應商業需要與產品開發行銷而產生的一種專業學問，其目的在於：(1)吸引社會大眾的注意力；(2)引發社會大眾的興趣；(3)協助社會大眾察覺個人需要；(4)引導社會大眾收集訊息；(5)激發社會大眾評量、選擇、決定等行為反應。

7. 廣告是一種傳遞訊息的溝通活動，常見的廣告媒體種類有：電視廣告、報紙廣告、雜誌廣告、電台廣告、戶外廣告、店頭廣告、特殊媒體廣告、電腦網路及人等。

8. 廣告設計的決策，主要作業為「5W2H」(why、how、whom、what、when、where、how much)。廣告設計的步驟包括：(1)目標的設定；(2)預算的編列；(3)信息的決策（信息的產生、信息的評估與選擇、信息的製作）；(4)媒體的決策（接觸層面、次數與影響力的評估、選擇主要的媒體形式、選擇特定的媒體、媒體時程的安排）；(5)廣告方案的評估（溝通效果的衡量、銷售效果的衡量）；(6)廣告決策與公共決策的執行等。

9. 廣告設計策略的格式內容大致包含下列重點：(1)行銷目的與策略簡述；(2)背景分析；(3)消費者認知分析；(4)廣告欲解決的消費問題；(5)廣告目的；(6)廣告預算；(7)目標視聽

Notes

眾；(8)廣告主張；(9)主張支持點；(10)期望的消費者反應；
(11)品牌個性；(12)表現要求／必要元素等。

10. 影響知覺的廣告因素甚多，除了個人的學習經驗、動機需求、注意心向及心理防衛等因素之外，廣告本身的刺激因素也相當重要，包括廣告的大小、數量、位置、顏色、形狀、對比、強度與隔離性等。

11. 商品的壽命與廣告的設計（表現）也有密切相關，一般產品的壽命發展有導入期、成長期、競爭期、成熟期及衰退期。其中以前三期的產品最需要大量且密集的廣告，以刺激消費者知覺，提高產品銷售量。

12. 商品包裝的良窳，直接影響消費者的知覺感受及交易行為，也間接影響人際互動與商業（饋贈）禮儀。商品包裝具有商品保護、商品增值、商品流通及企業辨識等功能。

13. 商品包裝必須注意下列原則：考量消費者的性別、考量消費者的年齡、考量消費者的經濟所得、考量商品及其包裝的形狀、考量商品包裝的材料質感及考量商品包裝的色彩美感等。

14. 商品價格的訂定也必須考慮消費者的經濟條件與心理知覺，同時考量商品的市場型態（完全競爭市場、獨佔競爭市場、寡佔競爭市場、完全獨佔市場）。常見的商品價格訂定方法有三大類：(1)成本導向訂價法：包括成本加成訂價法及

Notes

損益平衡分析與目標利潤訂價法；(2)競爭導向訂價法：包
括現行價格訂價法及投標訂價法；(3)消費者導向訂價法（即
認知價值訂價法）等。

第八章

職場人際與溝通

人類的商業活動是一種人際之間財貨與勞務的交易行爲。今日，處在競爭激烈的工商業社會裡，人際之間的互動重法理、講實利、輕人情，因此導致許多人內心充滿寂寞、挫折與無力等負向情緒，如何經營良好的人際關係已成爲現代生活的重要課題。人際之間的互動關係受到許多因素的影響，內在因素包括個人的人格個性、知覺態度、動機需求、情緒感受與過去經驗等方面；外在因素包括社會階層、個人儀表、社經地位、教育程度及時空距離等條件。

人際之間的互動關係可以區分爲指責型、討好型、電腦型、打岔型及一致型（成熟型）等五種。「指責型」的人與他人交往時，只考量自己，以自我爲中心，處處挑剔別人，不願承擔責任；「討好型」的人經常委屈自己遷就別人，容易向他人妥協；「電腦型」的人，爲人呆板單調，一個刺激一個反應，不知變通；「打岔型」的人經常無

法了解他人及其週遭的環境，在搞不清楚的情況下，往往令互動的對象難以與之相處。「成熟型」的人是職場中最受歡迎的人際類型，他們為人處世會考量自己的立場，也會關心現實環境與別人的需要，懂得應對進退，表裡如一。正因職場上有各式各樣的人，因此如何與之互動、溝通，便是重要的一大學問。

第一節　職場中的人際關係

　　人是企業發展的基礎。所謂「人際關係」（Interpersonal relationship），又稱「人群關係」，係指人與人之間互相交往、互相影響的一種狀態。它是一種社會的影響歷程，也是一種行為模式。人際關係是可以觀察、評量的，它也可以經由學習、訓練來加以塑造、強化與決定。不同性質的人際關係，其所產生的交互作用與影響力也有不同。人際關係的分類，依發展時間的不同，有長期的人際關係與短期的人際關係；依發展內容的不同，有人我取向的人際關係與工作取向的人際關係；依互動層次的不同，有深層次的人際關係與社交層次的人際關係；依互動人數的不同，有個別式人際關係與團體式人際關係；依功能目的的不同，有工具性的人際關係與人本性的人際關係等。

　　日本學者鈴木健二（1990）研究成功人士的個案，發現成功人士的條件只有百分之十五與個人的專業知能、技術經驗有關，另有百分之八十五則是決定於其人際關係的良窳。換句話說，人際關係不僅是一種人性美德，也是一種工具性、科學性的知能，具有經濟效益。近年來，相當重視一種高 EQ 的人際關係，其實它就是一種強調能夠自我管理又能與他人和諧相處的人際互動模式。

　　職場中的人際關係，其對象不外乎上司、同事與部屬等三個層面。

為了使人際關係圓融，對於不同職位的同仁，要有不同的應對方式，與主管互動重在「理智」，與同事交往重在「互助」，與部屬相交重在「親善」。辦公室如同「戰場」，經營辦公室的人際關係要能：(1)熟悉戰場；(2)培養戰力；(3)全力作戰。適度的「掌握先機」有助擴展戰力與充實人力。

　　如何經營與上司的互動關係不妨考量下列原則：(1)澄清上司的期望；(2)欣賞上司的優點；(3)多與上司建立互信的關係；(4)多與上司溝通；(5)給與上司情感支持；(6)先求付出，再談收穫；(7)協助上司成功；(8)冷靜處事，謹慎互動等。至於與同事的相處之道則重在於：(1)多多「溫故知新」，增進「舊雨新知」的人際關係；(2)適時分享成功經驗，但避免炫耀自己；(3)自信而非自大，不要損及同事的自尊心；(4)適當的拒絕同事不合理、不合法的請求；(5)多用理智，少用情感來解決同事間的人際衝突；(6)參考一般性的人際交往原則。

　　職場中，如何經營與部屬的良好互動關係更是企業主管的重要課題。領導管理是職場內一項「承上啟下」、「由內而外」的複雜工作。基本上，領導是一種影響力作用，係指領導者藉各種手段，謀取合作，主導成員行為，使之朝向目標的一種過程。領導與管理、指揮、統御等行為在本質上仍有差異。領導也是一種複雜的行為，同時受多項因素的影響。領導者個人特質、能力、領導情境等因素都會影響其領導成效。領導者之所以有其影響力，乃因領導者具有法定的權力、專家的權力、酬賞的權力、懲罰的權力及考核的權力等職權，因此對部屬員工的工作行為具有相當大的影響力，員工懾於領導者前述權力（power）必須服從領導者規範、指揮。有效的領導行為須靠平時的訓練和經驗來獲得，常見的領導行為包括：介入指導式行為、契約管理式行為、認知教育式行為、支持同理式行為與澄清引導式行為。

　　一般而言，領導者的領導型態包括權威式（獨裁式）、民主式或放任式。有效的領導必須視組織性質、團體目標、組織氣候、團體動力及領導者個人條件（理念、能力、權力基礎及人格特質）等因素的

不同而決定。三種不同的領導型態各有不同的意義、人性假設、行為表現與溝通型態，必須視所領導的情境以決定採取何種的領導型態為佳。通常為期發揮領導功能，達成組織的目標，領導者必須注意下列有效的領導原則：(1)尊重成員、關心成員；(2)肯定勞心與勞力成員的平等價值；(3)建立自我肯定的情緒調適行為；(4)培養清晰適切的表達能力；(5)掌握組織氣候，整合衝突；(6)富有朝氣活力，能凝聚團體的向心力；(7)重視溝通，給予成員充分表達意見的機會；(8)積極的人生觀，並引導成員達成組織目標。此外，一位有效的領導者在職場上必須重視員工的獎懲與績效考核（績效評估），並且兼顧法理情地表現其領導行為。

企業內的員工獎懲乃針對員工行為予以獎優與懲劣。員工的獎懲須具備合理性、實用性與功能性。同時，考量獎懲的項目、方法與原則。任何企業皆必須重視職工福利，以改善員工生活，增進勞資和諧。有效的、公平合理的員工獎懲必須植基於專業的績效評估。所謂績效評估，或稱考績，乃是確定員工獎懲的依據。對員工平時或一定期間的工作成果表現，以有系統的科學方法，予以考核及評量，認定優劣的程度，作為晉升、降職、調遣、加薪、減薪等人事獎懲之依據，藉以達到賞罰分明、鼓舞員工士氣、提高工作效率。員工績效評估有其功用與原則，評估的項目與方法宜力求多元周延，藉以達到賞罰分明、鼓舞員工士氣、提高工作效率。績效評估係工作評價的一環，為企業建立公平人事制度所應用的科學管理方法。

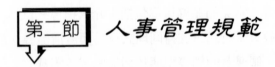

第二節　人事管理規範

人事管理乃為研究如何配合組織的目標，有效羅致、運用人力資

源的應用科學，包括人才的甄選、訓練、發展、薪資管理、人事調整、人群關係、勞工關係及福利措施等業務的規劃、組織、領導與控制。常見的美式與日式的人事管理各有優缺點，值得國內企業借鏡，例如美式管理重法治、系統化、制度化；日式管理則重人治、企業利益高於個人利益等。茲以「〇〇百貨公司」人事制度為例說明人事管理的重要規範如下：

人事任用

1. 任用標準依據

本公司員工之任用，將依員工之學歷、經歷、能力及品德經甄試、教育、訓練及試用合格後予以正式任用；員工任用條件如下：

(1)男性須服滿兵役或免役。

(2)年齡須滿十八歲，高中職（含）以上學歷。

(3)經本公司人評會特准者。

2. 任用除外條件

為避免本公司任用之人員因個人不良因素而影響企業形象及其他員工之安全，凡有下列情況之人員，不得任用為本公司員工：

(1)有被褫奪公權尚未複權者，或有重大犯罪前科者。

(2)罹患精神病、法定傳染病或其他疾病，不堪任職者。

(3)曾受公、私機關懲戒免職處分者。

(4)現受禁治產之宣告者。

(5)有不良嗜好者，例如吸毒、販毒及參加幫會、結黨營私等。

(6)因虧空、贓私處法有案者。

3. 錄用

凡經本公司甄試合格之人員，經需求單位依相關裁決權限核准後，由人事單位辦理錄用作業；錄用作業應按下列作業程序辦理：

(1)錄用通知：由人事單位統一辦理。

(2)報到手續：

①新進員工應於錄用通知單內規定之日期報到，若遇有延期報到之情況時，人事單位須知會需求單位，確認是否任用。報到時應繳納下列文件：
- 員工資料卡
- 員工保證書
- 服務自願書
- 扶養親屬表
- 學歷證件影本
- 身份證影本二份
- 本公司薪資給付之指定銀行存摺影本
- 二吋半身相片五張（含兩張彩色相片）
- 退伍令（男性須繳）
- 其他經指定繳驗之書件

②凡新進人員自報到日起（含）七日內資料繳交不完全者，該員當月薪資不得發放，若超逾十五日未繳齊者，公司得以停薪處理。

③報到地點：凡公司新進員工應於報到日統一至人事單位報到，再由需求單位派人帶回。

4. 試用

(1)凡新進員工均須先行試用三個月，試用期滿後，公司依其試用時之表現予以延長試用、正式任用或停止試用與予以解雇等。

(2)試用期間經發現如有違反任用條例規定者，人事單位得經呈報上級主管核准後，予以退職處理。

(3)新進員工試用未滿五天離職或退職者，不發予薪資。

5. 薪資

(1)每月薪資於次月五日發放，直接存入個人帳戶。

(2)每月薪資按月計算，殘月薪資以實際工作日數計算。

人事保證

(1)保證人須於中華民國台灣地區境內有固定住所或營業所，且具下
　　列資格之人士者：
　　①個人保者須有正當職業或社會上具有相當地位及信譽之人士。
　　②舖保者須合法登記之殷實廠商。
　　③財產保者須擁有不動產且無不良行為記錄，經本公司認為有賠
　　　　償能力之人士。
(2)本公司現職員工、股份有限公司及被保員工之配偶、直系親屬不
　　得為保證人。
(3)保證人人數應有個人保及舖保各一或個人保二人。
(4)保證人須詳閱保證書及規約之內容，並親自簽名蓋章於本保證書
　　（視為同意遵守本規約之條款）。嗣後保證人職業或住所變更時，
　　應以書面通知本公司人事單位更正資料，以利作業之正確。
(5)被保員工於服務期間如有虧損公款、財物或違反法令、侵害公司
　　利益（包括利用職務上之機會、權限圖利本人或他人致公司蒙受
　　損失）時，保證人應負連帶清償責任並放棄先訴抗辯權。
(6)兩人以上為保證人時應連帶保證責任，並各有單獨完全賠償之義
　　務，本公司亦得選擇對保證人中之一人請求賠償。
(7)保證人欲中途退保時，應以書面通知本公司人事單位，經被保員
　　工換具新保證書滿二個月後始得卸除保證責任，否則縱使保證人
　　以登報或片面聲言等其他方式退保者，概不生退保效力。
(8)若本公司認為保證人之資格、能力、信用不適合保證或保證人中
　　途退保時，被保員工應於被告知起七日內覓妥另一合乎規定之新
　　保證人。
(9)保證人有下列各款情事之一發生時，被保員工應通知人事單位，
　　並依前條規定辦理保證人之更換，其怠於通知者應予議處：
　　①保證人死亡或因案受刑之宣告確定者。

②保證人受禁治產之宣告或破產者。

③保證人之信用、資產有重大變動，因而無力保證者。

⑽本公司于保證人保證有效期間內，將依職級職務之不同，採用定期或不定期方式以書面或派專人對保。保證人應親自簽章證明或函覆，對本公司調查事項並有提供資料或證明之義務。

⑾凡員工之離職經辦妥離職手續者，其證人責任需俟該員離職後一年公司查明確無經手未了之情事或虧短款後始生解除保證責任效力。

⑿連帶保證人若因違背保證規定而與本公司發生爭執時，以中華民國台灣○○地方法院爲第一審管轄法院。

離職、留職停薪

(1)當然離職：係指本公司員工在職死亡而解職。

(2)自動請辭：

　①員工自請辭職應於預告時間內提出「離職申請書」，俟核決權限之單位主管核准及辦理移交手續後始得離職；其不按期限預告呈准或未辦妥移交手續即擅離職務者，視爲曠職而改予免職處分。

　②員工自請辭職應依下列預告時間內提出書面申請，否則即視爲曠職而改予免職處分，並扣減該月一半薪資：

　　• 理級（含）以上人員：一個月前提出。

　　• 組長級（含）以上人員：二週前提出。

　　• 組長級以下人員：十天前提出。

　③員工離職應繕具移交清冊，辦妥離職手續，將工作或所經管公司之財務交接清楚，經主管核可後始得發給薪資或其他應付之款項。

(3)留職停薪：

　①員工服務年資滿一年，可因特殊事故於一週前提出留職停薪申

　　請送達人事課並經公司核可，辦妥移交手續後生效。

②實際留職停薪期限由公司核定，最長以一年爲限。

③公司得視情況要求員工於留職停薪期間復職。

④留職停薪人員於停職原因事由消滅後，應於五日內申請復職或
　自動請辭，否則以免職論處。

⑤留職停薪期間不計服務年資；復職當年度之特休、慰勞假及年
　終獎金亦按比例核發。

(4)免職：員工有下列情事之一者應予免職——

①就職時爲虛僞意思表示，使公司誤信而有受損害情事者。

②考績列入丁等或連續二年考績丙等者。

③連續曠職三日或全月累計曠職六日及一年累計曠職達十二日者。

④全年累計記大過二次，無法功過平衡抵銷者。

⑤依獎懲管理辦法應予免職者。

　　～被免職員工之薪津核算至免職日爲止，且應辦妥移交手續後
　始得發放並不享有退職等其他各項待遇～

人事異動

(1)員工於接獲人事派令後，應依規定日期到任新職，除因特殊情形
　經申請延期核准外，凡逾三日仍未至新單位報到者，以曠職論處。

(2)區分：

①公司命令調動：

- 單位主管於三日內，一般職工於二日內辦妥移交手續。

- 調任職工在接任者未到職前，其所遺職務由原直屬主管指派
　適當人員暫行代理。

- 派駐外縣市補助辦法另定之。

②個人請調：

- 單位職務有適當之空缺。

- 需於二週前填妥調職申請單，呈遞核准。

- 單位主管於七日內，一般職工於三日內辦妥移交手續。
- 調任職工在接任者未到職前，其所遺職務由原直屬主管指派適當人員暫行代理。

(3)異動後之制度、薪資、福利均需依新單位之規定辦理，不得異議。

人事獎懲

(1)獎勵分類：員工之獎勵分下列四種——

①嘉獎；②記功；③記大功；④獎金。

①有下列情事之一者，予以嘉獎——

- 品性端正，工作努力，能適時完成重大或特殊交代任務者。
- 拾物不昧（價值五千元以上者）。
- 熱心服務有具體事實表現者。
- 有顯著之善行佳話，足為公司榮譽者。
- 其他應予嘉獎者。

②有下列情事之一者，予以記功——

- 對公司管理制度建議改進經採納施行，著有成效者。
- 遇災難，勇於負責，處置得宜者。
- 代表公司對外參加政府機構或全國性各種競賽獲得冠軍者。
- 發現重大違規或足以損害公司利益，予以速報或妥為防止損害足為嘉許者。
- 其他應予以記功者。

③有下列情事之一者，予以記大功——

- 遇有意外事件或災害，奮不顧身，不避危難，因而減少損害者。
- 對主要業務有重大改善，成效卓著者。
- 對公司經營管理、設備研究之改善有顯著具體效果者。
- 維護公司重大利益，避免重大損失者。
- 其他重大功績應予以記大功者。

④有下列情事之一者，予以獎金或晉級——

- 研究發明，對公司確有貢獻，並使成本降低、利潤增加者。
- 對公司有特殊貢獻，足爲全公司同仁表率者。

(2)懲罰分類：員工之懲罰分下列四種——

①申誡；②記過；③記大過（降級）；④免職。

①有下列情事之一者，予以申誡——

- 在工作場所內喧嘩或口角，不服糾正者。
- 上班時，躺臥休息，擅離崗位，怠忽工作者。
- 因個人過失致發生工作錯誤，情節輕微者。
- 妨害工作或團體秩序，情節輕微者。
- 不服從主管人員合理指導，情節輕微者。
- 不按規定穿著服裝或佩掛名牌者。
- 不能適時完成上級交辦事務者。
- 其他應予以申誡者。

②有下列情事之一者，予以記過——

- 對上級指示或有期限之命令，無故未能如期完成，致影響公司權益者。
- 在工作場所喧嘩、嬉戲、吵鬧、妨礙他人工作而不聽勸告者。
- 對同仁惡意攻擊、誣告、僞證、製造事端者。
- 工作中酗酒致影響自己或他人工作者。
- 未經許可不候接替人員先行下班者。
- 因疏忽致機器設備或物品材料遭受損害或傷及他人者。
- 對主管態度傲慢、言行乖張者。
- 故意損毀出勤卡、識別證或名牌，經查證屬實者。
- 其他應予以記過者。

③有下列情事之一者，予以記大過（或降級）——

- 擅離職守，致公司蒙受重大損失者。
- 損毀塗改重要文件或公物者。

- 怠忽工作致使公司蒙受重大損失者。
- 輪班制員工抗拒接受輪班者。
- 發現危害公司安全不即速報告而任其發生者。
- 代人或託人打卡或偽造出勤記錄者。
- 違抗命令或威脅主管之行為及情節者。
- 攜帶或暗藏違禁品、危險物品進入公司危害公司安全者。
- 張貼、散發煽動性文字、圖片、海報，足以破壞勞資情感及危害公司聲譽者。

④有下列情事之一者，予以免職——

- 對同仁暴力威脅、恐嚇、妨害團體秩序者。
- 毆打同仁或相互毆打者。
- 在公司賭博者。
- 偷竊或侵佔同仁或公司財物經查證屬實者。
- 無故損毀公司財物、損失重大或第二次損毀塗改重大文件或公司公物者。
- 未經許可，兼任與本公司同類業務者。
- 在公司服務期間受刑事處分者。
- 無故連續曠職三日或全月累計曠職六日或一年曠職達十二日者。
- 非法怠工或罷工之具體事實者。
- 吸食毒品經查獲者。
- 偽造、變造或濫用公司印信者。
- 攜帶刀槍、其他違禁品或危險品進入公司者。
- 故意洩漏公司技術、營業上之機密致公司蒙受重大損害者。
- 利用公司名譽在外招搖撞騙，致公司名譽受損者。
- 一年中記大過滿二次，功過無法抵銷者。
- 參加非法組織者。
- 其他違反法令或勞基法規定情節重大者。

- 在公司吵架、謾罵；對顧客不禮貌者。
- 顧客購物付現，報帳時卻以禮券、提貨單或信用卡轉帳虛報者。

(3)功過之相抵及累積

本公司員工在同年度內功過累積如下——

①功、過可以相抵，嘉獎、申誡亦可相抵。

②嘉獎累積三次以記功一次計，記功累積三次以記大功一次計。

第三節　商業溝通

　　溝通（Communication）是一種手段、一種過程、一種權利保障，更是一項工作技能。今日，各行各業中，少有不須與人溝通、接觸的工作，即使是創造性的工作，也必須與人交談互動，或促發靈感，或集思廣義。至於第一線的工作角色，諸如：接待員、記者、櫃台售貨員、推銷員、教師、外交人員、秘書、電話接線生、導遊、服務人員、店員、律師及護士等人，無一不需要有基本的人際溝通能力；甚至能否有效的與他人溝通，將會影響其工作成敗。即便是私人的或單位內的答錄機，其語音、語意的傳達，往往也影響著親友、消費者或社會大眾的觀感，影響到個人聲譽或組織形象。換句話說，人際溝通對個人人際的互動或整體工作的進展，都具有不可忽視的影響力。

　　人際溝通困難，企業營運不善，以及工作關係緊張，有時根源於無法了解別人的觀點。不論是經理、主管或按時（件）計酬的工人，當難以與人相處時，都會對他人說：「如果你不能以我的方式論事，我們就無從討論。不照我的話就免談」。工作上的困擾往往是因誤解和偏見而產生，所以為了確定自己清楚對方的意思，你可以用自己的

話把對方的話覆述一遍，詢問對方你說的是否正確。若能如此，對方必會欣喜於自己被人了解，也會對你在溝通中的努力印象深刻，無形中，可以促進工作中的人際關係。

有時工作不愉快、生產力低、轉換職務等現象，大都不是因為對工作本身不滿，而是由於「人」的問題：和老闆、同事、部屬或客戶、消費大眾之間的摩擦。良好溝通意謂經由言語或非言語的方式，明確表達你的意向，更重要的是表示你了解對方想要表達的意念，如此，便可以節省時間，有效率的創造工作表現。試想：一位冷冰冰、被動注視的店員，顧客如何會上門購物？購物時怎會心情愉快？消費時心情不佳，顧客下次怎會再度光臨惠顧；一位獨斷獨行、不喜歡聽部屬意見的人，如何獲得更多工作資訊？如何了解部屬？如何與部屬擁有合作的人際關係？上司與部屬互動情形不佳，辦公室工作氣氛怎會和諧？如何創造工作效率呢？工作效率不佳對上司與部屬皆有不利影響；一位濫用肢體語言（非語言技巧）的同事，怎會不被同事孤立。凡此現象皆足以顯示：人際溝通與工作表現是密切相關的。

商業溝通中最重要的是「商業洽談」，它不僅是商業情境中的一種人際互動，同時，影響一個公司的業務成長與個人的工作績效。通常商業洽談的程序有四個步驟：*1.*接近：設法製造與顧客接觸的機會；*2.*切入正題：亦即進行商品說明，強調消費商品的賣點（selling point）；*3.*消除抗拒：設法找出顧客抗拒的原因，一方面配合顧客的反應，另一方面思考突破抗拒的方法；*4.*簽約：看清顧客的買意，完成商業洽談的目的。

一個理想的、有效率的工作人員在進行商業洽談前，最好個人先清楚的理清訪問、洽談的目的（究竟是洽談至何一程序階段），而後擬訂洽談的計畫再開始洽談。當然，商業洽談的焦點是買賣雙方的財貨、勞務與成本利益，因此，工作人員或業務人員宜先深入的了解交易主體（商品、財貨或勞務等）的特性與知識，包括商品本身的知識、商品的賣點、使用商品的知識、交易條件的知識及其他相關知識，如

表 8-1。

表 8-1 商品知識的內容

商品知識	商品本身的知識	• 品名、暱稱　　　　　• 用途 • 性能、機能　　　　　• 代替性 • 品質、規格　　　　　• 開發理由 • 製造工程、方法、技術　• 改良的歷史 • 原料成分 • 零件、附屬零件
	商品的賣點	• 對顧客有何益處
	使用商品的知識	• 使用的目的、時間、地點 • 操作方法 • 使用上的注意事項
	交易條件的知識	• 售價、成本　　　　　• 退貨、交換條件 • 支付方法、支付條件　• 售後服務 • 交貨期限　　　　　　• 保證條件 • 庫存、生產狀況
	其他相關的知識	• 和別家商品比較優勢之處 • 其他使用者的滿意度 • 市場佔有率 • 主要經銷處

　　除了前述商業洽談前的準備之外，最好也要了解顧客或客戶的基本資料及洽談的時間、地點等溝通的輸入變項與輸出變項。同時準備各項商品知識的輔助說明資料，列出欲洽談或拜訪的對象、訂出訪問基準、訪問路線等相關事項。此外，對於洽談的內容與溝通的技巧可事先預作準備（如圖 8-1）：如何切入話題、如何建立關係、如何消除抗拒、如何掌握重點、如何結束洽談留下良好的人際印象等。更重要的是，洽談人員必須有健康的心態（心理準備）：積極、自信（對自

己、對商品、對公司等）、使命感及成功的信念。若能具備上述的要素、方法與步驟，必能創造成功的商業溝通。

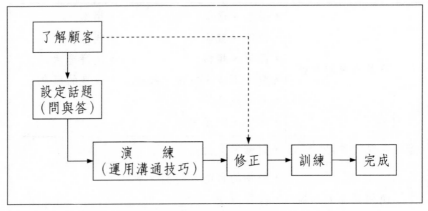

圖 8-1　商業洽談前的訓練模式

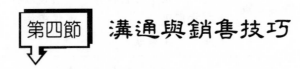

商業「行銷」（marketing）係指「透過交易過程，以滿足人類需求及欲望的活動」。是故，任何交易的過程，都必須藉由人與人的互動方式來達成財貨與人互動的目的，而人與人之間互動的方式又以「溝通」為必要的條件。至於「推銷」（selling）則是一種將財貨商品（或觀念）直接銷售予消費者的活動，它是整個行銷計畫的一環，也是最重要的部分，任何行銷策略，包括人物行銷（person marketing）、場地行銷（place marketing）都是為了達成財貨商品推銷的目的，如圖8-2。換句話說：「推銷」就是銷售人員進行財貨售出的活動，其程序包括發掘和選擇、事先籌畫、接近、推介和示範、應付抗拒、成交、交易後追蹤等七個步驟。

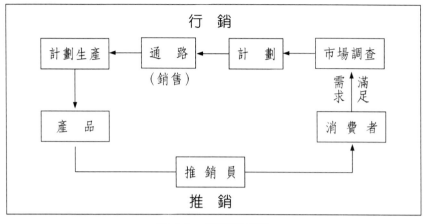

圖 8-2　行銷與推銷

　　一般的企業公司均有推銷人員,許多企業組織並視其為行銷組合上的一個重要角色。由於此種人力資源成本昂貴,因此需要有效地進行銷售管理。銷售管理包括:設定人員推銷目標、判訂人員推銷的策略、編訂人數多寡與薪酬辦法、人員的招募與甄選、人員的督導及人員的評估等。人員推銷為行銷組合的一個要素,它能有效地達成某些特定的行銷目標及進行某些特定的行銷活動,諸如發掘、溝通、服務、情報蒐集及配銷等。基本上行銷和推銷雖有其關聯性,然而二者在交易的目的、方法、導向、時間及參與者等方面的比較上仍有其差異,如表 8-2。例如產品說明會、商品廣告是屬於推銷的部分;公益活動、人才訓練則是行銷的一部分。

表 8-2　行銷與推銷的比較

項目	目的	方法	導向	時間	參與者
行銷	整體利潤	間接促銷	客戶需求	長期性訴求	公司整體動員
推銷	個別業績	直接銷售	產品導向	短期面對客戶	局部銷售人員

　　推銷人員的招募及甄選必須謹慎，以避免任用不當的人員，增加公司的成本，導致商品銷售停滯、公司形象受損等。因此，推銷人員的訓練也必須加強，推銷人員除了應具備基本上的推銷技巧之外，還應有行銷規劃及分析的能力。此外，推銷人員必須熟悉推銷步驟（已如前述），設定推銷目標與對象，擬訂推銷策略：決定最有效的推銷方式（個人推銷、小組推銷、定點推銷或全面推銷）、最佳的人員編制（按商品、地區或消費對象來編制推銷人員）、推銷人員的人數多寡及推銷人員的薪酬（固定薪、紅利、津貼、佣金或其他福利）等。無可否認的，推銷人員必須面對各式各樣的銷售對象，各種複雜多變的銷售困境，因此可能會遭受很多的挫折。組織必須予以適度的督導與激勵，並藉由討論、會商、演練及研究發展等方式，來探討各種銷售技巧與溝通方法、研訂「教戰守則」，以協助推銷人員面對挑戰，敏銳地感受顧客內心的需求，迎合消費者並激發其消費需求與購買慾望，來創造更多的工作績效。

　　消費者購買財貨商品時，可能有相當多的考慮因素，衍生各種不同的消費習慣與類型：衝動型、理智型、情感型、實際型等。基本上，在今日「顧客至上」、「顧客永遠是對的」之消費時代裡，每一位推銷人員必須在與消費者接觸時掌握互動五原則：**迅速、微笑、誠意、品質與主動**。同時面對不同的客戶、消費者，服務店員或推銷人員就必須採取不同的溝通方法與銷售技巧。

(一)面對聒噪的客戶

　　遇到聒噪的客戶時，推銷人員（或店員）不必急於與之對談，更不要「聞雞起舞」，被其挑起情緒。不妨先觀察、傾聽，了解其想法與感受，適時的切入話題。言詞上避免用「對立」、「挑釁」的字眼，語氣委婉，或適時的以遞資料、送茶水來使其「降溫」，冷卻其聒噪的言行。多運用「專業的知識」與「親切的服務」與之互動。互動與溝通的原則如下：

1. 先傾聽，掌握重點，了解對方。

2. 和顏悅色，適時對其表達內容加以澄清、解釋與回應。

3. 適時的介入談話，避免打斷對方說話或造成搶話衝突。

4. 配合彼此談話內容，切入主題。

5. 以專業的知識來使客戶信服。

6. 萬一聒噪的客戶與推銷人員（或店員）發生爭執或聒噪客人人數
較多時，不妨考量：

　(1)首先由主管或其他人員出面終止客戶和店員之間的爭吵。

　(2)在滿足客戶意願之下解決問題。

　(3)另外分派一位店員或店長本人親自為這些聒噪的客人服務。

　(4)直接進入購物的主題，將聒噪的客戶注意力拉回物品上。

　(5)如果聒噪客戶人數較多，則可將其分開，避免彼此影響。

　(6)運用各個擊破的方法，使聒噪的客戶忘記聒噪的話題而由店員
　　帶領進入主題。

　(7)平時可訓練店員，即使面對聒噪的顧客，應先安撫自己的心情，
　　不可與顧客惡言相向，以免一發不可收拾。

7. 接納此等客戶，學習成長：

　(1)話多者較話少者好應付。

　(2)話多者可能具有獨特的節奏，何妨欣賞之。

　(3)多用適度的肯定句來取代否定句，以建立良好的談話氣氛。

　(4)勿受對方控制或刺激，學習理智的應用專業知能來應對之。

(二)面對二組（人）以上不同客戶同時上門時

1. 先判斷不同組（人）的客戶屬性

　(1)對兩組以上的客人，必須有相當的應對。

　(2)倘若此團體的每個人都各別購物時，可以用一對一的方式處理。

　(3)兩個以上的人同來店裏，只有某個人要買東西，其他的人只是
　　幫忙出點子或是商量的對象或購買共同的禮物時，此時，了解

其目的顯得格外的重要，伺機處理。

2. 公平地與之互動服務

(1)對兩組以上同來的客人，要盡量平衡地和每個人交談。至少，對於和購物有關的人要平等相待。

(2)要明眼分辨出每一位客人的立場和角色，並給予適當的應對。

(3)所謂立場和角色包括：(1)對購物商品有決定性的發言者；(2)付錢者；(3)領導人等等。這(1)、(2)、(3)並不一定是同一人

3. 當推銷人員（或店員）人手不足時，適當地應對服務

(1)先來者先服務，晚到者請其先看目錄資料或招待茶水請其稍後。對雙方均表達歉意。

(2)不同需求的客戶可以分別處理（例如新來購物者及換貨者，勿讓後者影響前者的消費態度）。

4. 人多時，意見也多，推銷人員（或店員）絕不可以情緒化，須更親切的、有耐心的應對，以獲得信用及良好的口碑。

(三)面對信用不佳的客戶，不便與之交易（拒絕對方訂貨）時

1. 基本上，商人重在「和氣生財」，因此即使是不理想的客戶，也必須加以包容。若能在確保自身權益的情況下，也未必要得罪或拒絕對方。

2. 必要時可以適當的理由拒絕對方（仍須真誠的對待之）：

(1)以抱歉的口吻，告訴客戶理由，例如此產品現今缺貨。

(2)以婉轉的口氣，讓客戶知道，是因客戶的存款不足無法給予賒帳或由支票付款。

(3)因為主管出差，短時間內無法給予適當的答覆，請客戶下次再聯絡。

(4)因客戶所規定的產品及交貨期限太短，怕太倉促的情況下無法達到客戶的要求。

(5)提供其他貨源、廠商之資訊。

3. 慎重地調查、查證客戶資訊：

(1)拒絕接受訂貨是件可惜的事，但是現實的交易活動中，這樣的情形為數不少。平時宜建立廠商、客戶的信用資料。

(2)拒絕接受訂貨的理由很多，例如：(1)沒有指定的物品；(2)不能如期交貨；(3)交易條件不合……等原因。

(3)無論是在什麼場合，均不得輕易拒絕，而必須仔細地調查並檢討。

4. 積極的溝通：

(1)不能只按照對方所要求的條件去交涉，而必須積極地表示自己的想法。

(2)嘗試使用別的方式，雙方在價錢、交貨期限上讓步，能交涉到什麼地步，都有可能。

(3)以電話交涉容易發生錯誤或不了解的情形。若能直接登門拜訪作深入交談，是較為理想。

5. 「買賣不成，仁義在」，多積極性的互動：

(1)如果非拒絕不可時，就要誠心誠意地道歉，並客氣地接待之。

(2)說話時要給對方留下今後在其他方面交易的餘地（至少要避免對自己不利）。

(3)建立一種不拒絕客戶也可以生產、進貨、庫存的制度。

(4)平時多經營消費關係及人際關係。

(四)面對性急的客戶

1. 妥善使用「非常抱歉」這句話

首先了解顧客為何性急、不滿的原因，然後一定要改善，而且誠懇地使用「非常抱歉」這句話來平息顧客急躁氣憤的情緒。讓他把怨氣說出來。安撫其情緒。

2.「說明」原因但非藉口或辯白

　　在充分地向顧客道歉、請求原諒與了解顧客的需要之後，對於需要說明的地方一定要穩重且清楚的向顧客說明，讓顧客充分了解事件的來龍去脈。

3.給與最適切的服務

　　適時地給予顧客最好的答覆與服務，立即找人處理，讓顧客感覺到有被重視且對馬上給予處理的方式感到滿意。若情況不許可，也可另約時間處理。

4.積極性的溝通

　　(1)適當地順著對方。即使自己只說了一部分而已，對方若即在逼問、催促，你得配合其談話「頻調」。

　　(2)勿讓對方感到焦慮或厭煩，尤其是我行我素、動作遲緩的顧客更要特別注意。

　　(3)對於初次見面的客戶，要儘早發現其是否為性急之人。

　　(4)言詞動作方面，要表現得俐落而有要領。

　　(5)商店裏對於貨款的接受（含開立發票）、貨品的包裝，也要同樣機敏而有效率。

　　(6)若要讓對方等待，必須連聲致歉：「真對不起，讓你久等……」

　　(7)態度親切、服務周到、言詞得體的應對之。

(五)面對難以取悅的客戶

　　1.不是所有的客人都是對的，故錯的未必是自己，對於無理的客人應當也要保持自己及公司的尊嚴，尤其不能將所有的錯歸究於任何一方，應先保持中立。

　　2.若有客戶對於公司的處理感到懷疑時，應以專業的知識加以告知，不使客戶對於公司的技術及服務產生任何不信任感。

　　3.身為門市服務人員，對於再難以相處的客人也應耐心的聽完客人的抱怨及意見之後再逐一的回答，不可和客人起爭執，更忌對客

人惡言相向。適當與之溝通、應對：

⑴要有耐心去應付他的無理需求，盡量迎合客人的喜好，引起其興趣。

⑵要儘量去滿足他的要求，找出顧客所需的要求。

⑶要面帶微笑，讓他知道你很有誠心替他服務。

⑷以間接方式去影響和他一起來的顧客，尋找助力。

⑸可以用售後服務或打折方式去誘發顧客購買商品的意願（不違反公司規定的前提下）。

⑹要細心觀察顧客的心理，以便了解顧客的行為模式。

⑺要尊重顧客的選擇，盡量去說服他購買該樣的產品。

4.認識每一位客戶是留住客戶最好的方法，因為客戶會認為自己很特別、很重要，所以門市人員才會記得他這個人。親切感、最好的服務都是減低客戶流動的好方法：

⑴「不懷好意的客戶」和「急躁的客戶」都是難以取悅的客戶；倘若再加上神經質、挑剔，就真的是很難應對的客戶了。

⑵再也沒有比應對此種客戶更是辛苦的事，但這時要認為它是工作，也是生意，以積極的態度、精力充沛地應對。

5.化阻力為助力的互動服務：

⑴即使心裡覺得辛苦而疲累不堪，但那些難以取悅的客戶，並非毫無希望作成生意的。

⑵此類顧客是神經質而囉嗦的人，因此，若能令對方喜歡你，那麼事情就好辦了。

⑶對不易取悅的人，要因應實情，適時地給予稱讚、激勵及幽默話語。

㈥面對態度惡劣的客戶

1.首先了解對方態度惡劣的原因：是客戶個性使然，還是推銷人員（或商品、店員、公司政策等）引起的。

2. 根據原因適當處理：

  (1)若是客戶個性使然，多包涵、勿作人身攻擊。

  (2)若是公司及推銷人員的因素，則應積極的應對：

    ①視惡劣的程度而有不同的解釋，概括的說，大多數的顧客都有點不懷好意。

    ②對不懷好意的客戶逃避、生氣或悲觀的話，就沒有資格當推銷員。

    ③要認為應對如此的客戶是考驗自己的能力，把對方當作自己研究的對象，並視其為負面的老師去應對。

    ④適當的解釋公司政策，對推銷人員的態度表達歉意。

  (3)若是商品的因素，可予以說明與更換服務。

3. 溝通時，多傾聽、多引導、多同理，避免與之爭論。必要時由第三者（公司主管或其他店員）出面緩頰處理。

4. 若客戶舉止失控有危及公司人員、財產及產品的安全，必要時再洽請督導或保全人員出面處理（儘量避免此一作法，以免事態擴大，有後遺症）。

(七)面對要求降價（殺價）的客戶

1. 先仔細傾聽消費者要求降價的理由：得知顧客提出此項要求時，先以真誠的態度傾聽，等顧客表達完他的意見，找出要求降價的原因後，再以最理想的方法來對應處理解決。

2. 儘量避免和顧客爭論，充分地和顧客溝通：儘量讓顧客了解店方的經營理念和原則、想法，從而找出折衷的方式來滿足顧客的要求。若遇逾本身權責所能決定之範圍，應速請教主管如何處理。

3. 儘可能和顧客討論他們的需求，針對其預算，提供最符合所需的產品給顧客，幫助顧客做出滿意的購買決策，以達成他們的購買目標。

4. 試圖用各種資料訊息，正確地描述產品之品質及特色，強調產品

的實用性和使用後的經濟效益及獨特的產品稀有性。而不用壓力、欺騙或用操縱等策略來影響顧客：

(1)以溫和誠懇的態度與顧客對談。

(2)詳細的為顧客解說公司的立場政策和產品的特色。

(3)讓顧客了解產品品質可以獲得保證，價格公道，不將其他附加成本轉嫁消費者，以及售後可以獲得完善的服務。

(4)針對客戶的要求去搭配符合預算的產品，並介紹其他優惠的專案。

(5)讓客戶感覺到我們是盡心的想為他們服務，並願意在不損及廠商成本及消費者又能以合理的價格買到最好的產品情況下，協調出雙方都能接受的價格去完成交易。

5.保持一貫的和顏悅色、誠懇態度，選擇明確而具體的語詞，向客戶表達店方之良好信譽與完善的售後服務，讓客戶明瞭店方以客為尊，永遠把顧客利益擺第一之經營理念。

6.遇到討價還價型顧客，應採低姿態，甚至痛苦的表情，使價錢低到某個水準即不再降低，並且設法讓顧客明白，買進了便宜貨品反而會貶低對方的形象：

(1)分析或比較產品的成份、優點，讓顧客認同此項產品的價值。

(2)堅持原價，但以贈送其他紀念品的方式，來滿足顧客的心。

(3)以多量購買則價格低為由，讓顧客多買商品並給予折扣。

(4)當顧客要求降價而無法給予折扣時，介紹其他相類似且價格較低之產品讓顧客比較。

(5)分析這項產品能帶給顧客的種種益處及優點，例如提高身份、地位……等。

(6)客戶提出降價時，若不得不 OK，也不要太快說 OK，以免使對方暗自覺得可再降價或產品不佳。必要時應該讓對方感覺到你很無奈的樣子，如此對方便會暗暗竊喜，自以為占了便宜，下次再惠顧光臨。

7. 貨真價實求商譽，市場價格、理想的原則須堅持：

(1)關於降價，各個公司、商店，都有其不同的處理方針。原則上必須遵照其方針去處理。

(2)不能因畏懼對方的壓力或是對待熟客（老主顧）就隨便給予降價或打折。

(3)對於自己難以判斷或無法應對的客人，必須找上司商量或請其代為處理。

(4)即使客戶要求減價，亦可向客戶說明、解釋：「我們對每位客戶都是按照定價出售的」而予以拒絕。

(5)對於要求減價的客戶，絕不可露出厭煩、輕視的表情或說詞。

(6)無論客戶多麼地堅持，也要堅守原則溫和的拒絕。

(7)不可輕易減價，並盡量努力以定價銷售。無論何種場合，均不可有超過公司規定限度的減價。

(8)倘若客戶只以價格作為比較而說：「比別家店稍貴。」銷售人員可以商品的差異（品質）加以說明，直到客戶能夠接納、了解為止。

(八)面對愛說道理的客戶

1. 以子之矛，攻子之盾：

(1)對於愛講道理的客戶，我們也以理相待。但是，避免與他發生爭論。

(2)反駁客戶說的話，要以冷靜、溫和的態度去應對。

(3)和愛講道理的人談話之前，要作內容的練習及資料的準備，勿遺漏任何部分。換句話說，銷售人員要具備完全的「商品知識」（如前述表 8-1）。

(4)在講道理方面，倘若贏不過對方或對方不接納自己的意見，抑或自己資料準備不足時，此時最好全面降服，並說：「先生，你說得很對」。

2.以和為貴，和氣生財，避免因看法分歧而與客戶起爭執。

3.必要時，適當附和客戶，投其所好，同時對客戶之看法表示贊同。

4.適時讚美客戶，談話中慢慢導引客戶對公司產品的特色及賣點……
　等等表示認同。

5.可藉著客戶愛說道理的特色，四兩撥千金，並在確保個人隱私權
　的情況下向其他客戶做宣傳。

圖 8-6　愛說道理的客戶

㈨面對只問價格而不買的客戶

1.首先了解此原因，究竟是客戶個性使然、商品訂價不合理或推銷
　人員的態度方法不當……：
　⑴雖然同樣是不買，但不買的原因卻因人而異。
　⑵或許換個角度想：「那些人是抱著滿懷希望而來的，只是找不
　　到自己喜歡且需要的東西，只好空手而回了。」隨機應變地應
　　對他們。
　⑶即使早已知道對方是只問不買，也不可以異樣的表情去應對。

2.不論是否完成交易，應一視同仁的服務：
　⑴對於購買以及沒有購買的顧客，應一視同仁地對待。

(2)別忘了在客人進來時說：「歡迎光臨」；客人離去時亦要說：「謝謝光臨」。

3.適時的採取促銷策略（打折、贈品等）來激發消費者的購買慾望。

4.隨機應變，投其所好：

探究客戶的消費心理，有些客戶只是以價錢來論斷產品的好壞，只有貴的東西才是最好，而未考慮到其產品的品質，此時推銷人員應先確定顧客是否有購買慾望，再強調其產品品質，推銷其他價格適中的產品，進而投其所好，來達成銷售的目的。

㈤注意溝通技巧：多具體地引導、發問、澄清、同理及解釋。

㈩面對退貨、換貨的客戶

1.首先確認公司的規定.

一般公司在下列三種情形下較可以接受客戶的退貨、換貨：1.貨品須保持原狀且退（換）貨以一次為限；2.須於規定期間內；3.須有收據或發票。原則上，大部分公司可以接受換貨，較少允許退貨。

2.符合換貨、退貨條件時

(1)查明客戶欲換貨或退貨原因。

(2)詢問客戶欲換貨或退貨。

(3)針對客戶欲換貨或退貨原因加以解決。先緩和客戶情緒，傾聽客戶的問題，使對方感覺你正視他的問題，並提出可以解決建議。

(4)查看貨品狀況。

(5)以專業眼光分析問題，最後提出使雙方均感滿意之解決方案。

(6)依據公司規定給予換貨、退貨，諸如差額問題、退款比例等。

3.違反換貨、退貨規定或拒絕客戶換貨、退貨時：

(1)瑕疵品另當別論。完好的商品，無論是同類或異類商品都以不換為原則。

(2)對於要求換貨的客戶，要溫和委婉而率直地拒絕。

(3)運用溝通技巧：多傾聽、多引導、多同理、多解釋，態度溫和、
　　立場堅定。

(4)加強售後服務或給予其他商品優惠措施，以維護商譽及消費關
　　係。

㈤推銷人員欲臨時登門推銷時

1. 首先須對自己所要推銷的產品有很深的了解，當顧客詢問的時候
才能很清楚地為他們解說產品的功能及使用方法。更重要的是要
有健康、積極的心態：

　(1)不服輸、不認輸。推銷人員首先要具備相當的耐性，總之要堅
　　持到底，不可輕言放棄。倘若十家都訪談不成的話，那麼就訪
　　問二十家，甚至一百家，貫徹始終，多作訪問。勿輸給客戶，
　　亦不輸給自己。

　(2)失敗為成功之母，平時多下工夫：

　　①事情總非一帆風順的，萬事起頭難，所以開始時賣不好，那
　　　是當然的，不必失望。

　　②多多嘗試，反而讓你有反省的經驗與檔案，甚至找到成功的
　　　契機。

2. 推銷前最好能蒐集這些產品的核准執照及專利權證明書，以及曾
獲得那些獎項的證明文件，推銷時會較具說服力。

3. 推銷員介紹產品時應態度誠懇，語氣溫和，有助於增加產品介紹
的可信度。別忘了，先說明產品的優點，再說些「無傷大雅」的
產品缺點（一、二點即可），最後再強調產品的優點，如此更具
有說服力，容易「誠實」地贏得顧客的好感。

4. 舉證專家的見解或使用後滿意者的證詞，可增加顧客對此產品的
信賴。

5. 以特價活動來吸引顧客的注意，使他們願意聽你對產品的介紹，
而不至於一開始就拒絕。

6. 針對有絕對影響力者（例如高知名度使用者或購買者）進行強力的推銷，並投其所好。

7. 最好現場示範產品使用方法或提供試用品讓顧客使用，使顧客能親眼見證產品的好處。

8. 適時地讚美顧客，讓顧客保持愉快的心情，但切勿太過虛僞。

9. 附贈贈品，吸引顧客的購買慾。

10. 提高產品的稀有性與期限性，抓住顧客「物以稀爲貴」、「再不買來不及」的心理。

11. 勿強迫顧客接受產品介紹推銷，亦勿強邀顧客購買，以免令顧客留下壞印象而損害公司的形象。

(土)與客户第一次接觸須建立良好的第一印象

1. 到一個陌生的環境首先要介紹自己讓對方知道，以幽默的方式讓對方對你感興趣（注意個人非語言的訊息表達，包括表情、服儀等）。

2. 說明自己的來意，並介紹公司產品及產品特色，遞上名片、資訊等。

3. 要察言觀色，因爲每個人的接受程度不同，如果對方不接受，簡單重點帶過，不要拖泥帶水。

4. 從對方感興趣的話題著手，讓對方感到親切感。

5. 必須以圓融的手法及溫和的語調和對方說話，且時時面帶笑容，避免滔滔不絕。

6. 推銷人員一定要具備應有的「商品知識」，不可一問三不知。

7. 推銷人員要誠懇的回答問題，不可有不耐煩或不屑回答的表情。

8. 最後要重點提示，讓對方知道我們產品的優越性，使其加深印象。

9. 遇到年長長官的推辭，必須要體諒對方的不方便，並謝謝他們的傾聽。

10. 推銷人員自己必須做一份報告，隨時提醒自己、督促自己，不畏

挫折；而且拜訪過的客戶要有記錄，隨時問候。

(圭)面對沉默的客戶（以服飾及衛浴設備推銷為例）

1. 服飾推銷範例

(1)當銷售員面對沉默的顧客時，先找出顧客的品味，適當的利用問答題方式找出顧客的需求，讓顧客能回答你所問的問題。

(2)用很輕鬆的方式切入主題，那種感覺就像朋友，絕對不能讓對方有不受尊重的感覺，可以藉由試穿方式了解客戶的喜好、風格、款式、顏色。最重要的讚美可別輕易忽略（請、謝謝等用語也應時時掛在嘴上，臉部表情也要記得微笑）。

(3)當顧客問及價格時，誠懇告之。當顧客認為較貴時，我們先略微附和他，之後再來解說貴的原因、價值所在。

(4)告訴顧客我們的售後服務，再一次強調我們的品質。

(5)沉默的人或許是個性內向，也或許是第一次陌生，也有可能只是當時心情不佳，銷售人員遇到此種顧客，一定要讓對方有高度的親切感，化解彼此的陌生尷尬，說不定還會因此結緣成為朋友。

2. 衛浴設備推銷範例

(1)服務態度方面：因客戶為沉默者，所以由客人自行觀看，當他停頓在某一產品較長時間時，上前詢問是否滿意這組產品，再陸續解說這產品特性與別組比較上突出之優點，例如色彩、省水、靜音等方面。

(2)價格方面：詢問客戶大約預算為多少，依客戶的預算介紹適合他們的產品，別漫天開價，以免客戶聽了望之卻步，而不敢再看下去，造成無法作成這筆生意的遺憾。適度地給予優惠，例如去尾數成整數或贈送精美小禮品。

(3)售後服務方面：廠商出售的並不只是產品交予客戶後就結束，而更要重視產品品質及售後服務。交貨時間明確，送貨時以電

話先予通知，專業人員從旁解說使用方法及以後隨叫隨到的維修、檢查，給予保證決不會在產品出售後不理不睬，依然採取提供最好的服務，強調是以客戶為主的態度。

(4)產品品質方面：強調本身產品在市面充斥的眾多產品上為特優，提供各種比較、數字資料及專人解說，包括與同系列的產品比較上，本產品靜音、省水、型式大方、顏色有多種選擇，配合各方面的浴室裝潢，舒適乾淨為大眾的需求。

(5)改變客戶的態度：客戶的態度直接影響產品的銷售，沉默的客戶使我們無從得知他們的需求，所以發揮銷售員的三寸不爛之舌，努力去發掘客戶的需求，介紹適當的產品，使客戶開其尊口。

3. 面對沉默客戶，基本的溝通互動原則

(1)探討對方沉默的原因──

①客戶沉默的原因不外乎：a.天生沉默，b.為了某個原因暫時性地沉默。

②前一項因素暫且不談，第二項因素就要慎重地應付，一方面要和對方說話以找出原因，並且在自己的能力範圍內，去幫助對方打破沉默。

③協助對方消除沉默的方法有下列三點：

• 解除自己謹慎緊張的心情。

• 改變對方的心情（讓對方心情愉快）。

• 改正自己多話的缺點。

(2)若對方是天生沉默的人，請尊重接納對方──

①天生沉默的人，沉默是常態，不必多費心神、口舌。

②若對此類的人說：「請你多說一點，否則很難了解你的意思」，這樣是無禮的。

③沉默的人可能以認真、誠實的人為多，不妨欣賞尊重。

(3)設法讓對方能附和你的話，適當引導對方與之溝通──

①即使是沉默的人，也會說「對」或「不對」等簡單的附和詞。

②多說和銷售有關的談話，可利用對方的附和及表示來進行談話。這時候，說話的順序性也很重要。

十四、面對客戶的抱怨（以銀行櫃台接待客戶為範例）

1. 情況一：

一位趕時間、態度又傲慢的客戶要來開戶，剛好遇到正在忙碌接電話的行員，因此客戶開始發牢騷、抱怨。

解決方法：

面對前面有客戶臨櫃且電話裡又有重要客戶查詢問題時，行員應先安撫臨櫃的客戶，且電話應儘量長話短說，待解決電話中之客戶問題後，儘快的解決並安撫臨櫃的客戶。此時行員的態度應是謙恭的道歉，再說明剛才是在為客戶解決問題而非聊天，並且說明儘快辦好這位客戶的事情。務必在最快的時間內，讓他得到最滿意的服務。

2. 情況二：

客戶辦理水電自動轉帳扣繳費，因實際扣繳程序尚未開始，客戶並不知道應先自行至金融機構繳費，以致遭斷電。

解決方法：

若客戶臨櫃抱怨其辦理之水電費扣繳未生效而到行庫吵鬧，此時行員應請客戶告知帳號及何時辦理，立刻查證。若須與自來水公司或電力公司聯繫，則請客戶留下電話，以便查明後告知客戶結果。當客戶口氣與態度不佳時，行員宜態度從容，面帶微笑，迅速地使客戶於最短時間內得到滿意的答案。

3. 面對抱怨的客戶，基本的溝通互動原則

(1)接納對方——

①會抱怨或要求索賠的客戶，與其說不再交易，不如說反而和自己更容易接近。

②抱怨會帶來下次銷售的機會，同時是擴大生意的轉機。

(2)傾聽客戶的抱怨，注意溝通技巧——

①即使你覺得：「又出問題了」，但對客戶而言，這也是很認真要重視的事。勿太過主觀地以為，這事不重要而作事務性的應對。

②當客戶說得太誇張或感情用事時，千萬要保持冷靜，勿還以衝動的言行。

③不在對方談話中途提出解釋或辯駁，並真誠地傾聽對方說完話。

④對方所說的事要具體地聽清楚，再確認詳情及事實。

(3)勇於接受公司或人員的缺失，面對責任——

①已有明顯不對時，要迅速處理並道歉。

②索賠案中，偶有客戶誤會、弄錯或是操作錯誤的情形，千萬勿利用此機會，去責備客戶或使客戶沒面子。

③事情處理後，亦要表示：「倘若還有什麼事的話，別客氣，要告訴我們喔！」

㈤商業洽談之電話禮儀

1.聲調不可太高或太低，須自然輕柔。

2.聲音顯示積極與快樂，聲音含笑，速度平和，不疾不徐。

3.左手（或右手）持聽筒接電話，右手（或左手）立即持單準備記錄。

4.以大張紙或記事本記錄，勿用小紙條。

5.持續微笑聽電話，微笑講電話，再配合談話內容變化個人的表情、語調。

6.記錄時注意人、事、時、地及如何執行，代同事記錄時更須清楚誰打來、給誰……等等，一一記下。

7.電話進行中，專心一意，積極回應，適時提出問題。

8.作記錄時對於電話號碼及數據等，須重述對方之訊息，以加強雙

方之信心及確認訊息。

9.全部訊息正確後，再次一一複述，確認訊息。

10.每一通電話都是重要電話。每一通電話都要作完美的演出，因為沒有第二次機會去創造良好形象。

　　總之，今日多元化的工商業社會，各行各業都必須面對各式各樣的消費者（客戶），推銷人員、服務人員、接待人員及公關人員等公司員工必須要妥善處理與隨機應變，如此才能建立良好的消費互動關係，使企業永續經營。面對任何的銷售對象與銷售困境，現代企業人都必須以成熟理性的思考、親切服務的態度及圓融的溝通技巧來應對之。行銷推銷如同溝通表達一樣，都是一項工作能力，也是一種工作挑戰，惟有充實自我知能，善用社會資源，加上健康成熟的心態，才能促進良好的商業溝通，建立有效的人際關係，創造理想的企業環境。

摘　要

Notes

1. 人際關係是指人與人之間互相交往、互相影響的歷程。人際類型有指責型、討好型、電腦型、打岔型及成熟型等。

2. 職場中的人際關係包括與上司、同事、部屬及消費者的互動；各有不同的人際關係經營方式。

3. 「溝通」是指個體或團體與其內外在環境、其他個體或團體之間訊息的傳遞、交換與相互影響的過程。包含三個重點：(1)溝通經常發生在二人或二人以上的團體之間；(2)溝通是一種訊息的傳送與交換；(3)溝通有其一定的動機與目的。溝通也包含了三個變項：(1)傳訊者；(2)訊息本身；(3)受訊者。

4. 人際溝通困難的原因包括：(1)時空的阻隔；(2)知識與經驗的差距；(3)個人立場的不同；(4)主觀的態度；(5)利害衝突；(6)面子問題；(7)溝通技巧不良；(8)其他因素等。常見的人際溝通障礙有：語氣的障礙、動機的障礙、情緒的障礙、形象的障礙、防衛的障礙及專業的障礙等。

5. 溝通是一種手段、一種過程、一種權利保障，更是一項工作技能。商業溝通就是一項重要的業務行為。「商業洽談」的步驟包括：(1)接近；(2)切入主題；(3)消除抗拒；(4)簽約。

商業洽談是一種買賣雙方的財貨、勞務與成本利益交易的溝通活動。

6. 「推銷」就是銷售人員進行財貨售出的活動，推銷的程序有七個步驟：「發掘和選擇」、「事先籌畫」、「接近」、「推介和示範」、「應付抗拒」、「成交」及「交易後追蹤」等。行銷和推銷皆為重要的商業行為，但是兩者在目的、方法、導向、時間和參與者等層面仍有差異。

7. 面對不同類型或問題的消費者，必須採取不同的溝通方法與推銷技巧。常見的推銷實例包括：面對聒噪的客戶、面對二組（人）以上的客戶同時上門、面對信用不佳的客戶、面對性急的客戶、面對難以取悅的客戶、面對態度惡劣的客戶、面對要求降價的客戶、面對愛說道理的客戶、面對只問價格而不買的客戶及面對欲換貨退貨的客戶等等。

8. 今日多元化的工商業社會，各行各業各式各樣的工作人員，必須學習商業溝通與推銷技巧，才能與顧客、客戶建立良好的消費關係，創造良好的工作績效。

學習原理

　　人類行為的發展主要受兩種因素的影響：其一為身體各部位器官組織細胞的變化，此類變化純以生理的生長為基礎，主要依靠成熟的因素。其二為個人在環境中與外界接觸的種種變數，此方面的變化，主要是受到學習因素的影響。換言之，人類行為的發展受到遺傳、成熟、環境和學習等因素的影響，其中遺傳及環境二個因素係影響個人行為形成與改變的客觀條件，非操之於己；至於成熟與學習兩項因素則是改變或塑造個人行為的主觀條件，操之在己；而一個人的成熟程度又深受學習性行為與效果律的影響。

　　由此觀之，人類大多數的行為都是學習而來的，包括單純的技能學習、意見表達、災害防治到複雜的科學實驗、理論建構等，心理學家也已證實：學習原理的應用將有助於人類改變不良習慣，學習有效的行為，促進人際溝通，提高生活品質。在商業情境裡，適當地應用

學習原理將有助於提高工作效率、激發個人潛能、激勵員工士氣、增強消費行為，進而帶動經濟發展。

第一節 **學習原理的基本概念**

　　從科學心理學的觀點而言，學習被視為是一種經驗的功能，促使個體產生行為的變化。「學習」（learning）是指「經由練習作用使個體行為產生持久性改變的歷程（process）」。換句話說，學習是一種行為改變的過程，而非僅指學習後行為表現的結果。至於「練習」意指在相同情境刺激下，個體多次重複相同的反應，透過練習的方式，使個體行為的改變與形成產生持久性的效果。學習原理係以「心理學」角度而非「道德學」觀點來探討人類行為，因此並不涉及好行為或壞習慣等道德判斷的問題，任何學習性行為的形成與改變，包括舊行為的新變化、新行為的產生、A 行為轉為 B 行為等皆是學習原理關注的焦點，所以「玩牌高手」、「電玩（電動玩具）行家」與「科技人才」、「品學兼優」皆同屬於「有效果」的學習性行為。

　　心理學界對人類學習現象與學習行為的研究，肇始於十九世紀末德國的艾賓豪斯（Ebbinghaus, H.）。艾賓豪斯出生於一八五〇年二月二十六日。一八七三年獲得德國波昂大學的生理學博士學位，遍遊英法等國從事獨立研究。艾賓豪斯深受費士納（Fechner, G. T.）「心理物理學」（Psychophysics）的影響，大多以心理物理學等方法來研究人類記憶，其在一八八五年出版的「記憶」（Memory）一書，便是第一部以數據來表達人類心理現象的巨著。同時，艾賓豪斯也是最早採用無意義音節（即用兩子音字母中夾一母音字母，例如 bul, gof 等）來作為研究人類記憶與遺忘之學習材料的學者。儘管世人普遍認為另一德

國學者馮德（Wundt, W.）是「實驗心理學之父」，但馮德的研究題材大多限於感覺與知覺，因此，最早以實驗方法研究人類高層次心理歷程的學者，仍首推艾賓豪斯，學界視其爲實驗性學習心理學的創始人。

　　除了艾賓豪斯之外，桑代克（Thorndike, E. L.）的學習效果律（law of effect）也對實驗性學習心理學的發展產生重大影響。桑代克出生於一八七四年八月三十一日。一八九五年就讀於美國哈佛大學，師承「美國心理學之父」詹姆斯（James, W.）。一八九八年獲美國哥倫比亞大學生理學博士學位。桑代克的博士論文題目「動物之智慧」（animal intelligence），開啓動物迷籠實驗的先河，並提出「預備律」、「練習律」與「效果律」等學習三原則，桑代克的研究與理論對心理學界的影響極爲深遠，被譽爲是「心理測驗研究的先驅」、「教育心理學的始祖」、「動物心理學的開創者」及「學習聯結論的促發者」。

　　至於現代學習心理學的研究大多是以諾貝爾獎得主巴夫洛夫（Pavlov, I.）的制約實驗，以及行爲主義修正者托爾曼（Tolman, E. C.）的認知學習爲基礎。前者爲學習原理「聯結理論」的代表，後者爲學習原理「認知理論」的代表。聯結理論與認知理論即爲學習原理的二大學派。

一、聯結理論（Association Theory）

　　聯結理論強調學習乃是刺激與反應之間建立前所未有關係的一種歷程，亦即原本不能引起個體反應的某種刺激，如經練習後終能引起該種反應，即表示該刺激與該反應間形成了新的聯結，此種新聯結形成的歷程，就是學習。又因刺激與反應的聯結一旦成立，以後每遇該刺激出現，個體就會習慣性的表現該種反應。因此這派學者把**學習解釋爲習慣**的形成，其所提議的理論，被稱爲**刺激反應聯結論**，或簡稱聯結論。聯結論的學者曾以實驗的方法證明刺激與反應之所以能形成新聯結，主要是經過「制約作用」，故又稱爲「**制約學習**」（conditioning）。制約學習因刺激與反應之間關係的不同及實驗個體的自主性反應差異，又可區分為「古典制約學習」與「操作（工具）制約學習」二種，茲分述如下：

(一)古典制約學習（Classical Conditioning）

所謂古典制約學習，係指俄國生理學家巴夫洛夫在本世紀之初用狗從事消化實驗時所發現的一種唾液反應現象。巴夫洛夫發現狗的唾液分泌量，不僅在食物置於口中時有顯著增加，而且在只是見到尚未吃到食物時，也同樣產生唾液增加的現象。巴夫洛夫認為食物入口而生唾液是一種自然反應，是一種非經學習的反應，稱之為非制約反應（UCR）。但見食物（尚未進食）而生唾液則不是自然反應，是學到的反應，稱之為制約反應（CR）。巴夫洛夫進一步實驗，發現如將一種原本與唾液分泌毫無關係的刺激多次伴隨食物入口時出現，該中性刺激以後將可以單獨引發唾液分泌的反應。巴夫洛夫稱此中性刺激（例如燈光）為制約刺激（CS），而原來引起唾液分泌的刺激（食物）為非制約刺激（UCS），如圖9-1。亦即燈光（CS）本不會引起狗分泌唾液的反應（CR）；但是狗看到食物（UCS）自然會出現分泌唾液（UCR）的反應，此乃不須經過學習的。實驗時，每次燈光（CS）出現，食物（UCS）隨即出現，狗便會分泌唾液（即流口水）；經過一再聯結訓練後，狗在見到燈光尚未看到食物時，也會出現分泌唾液（CR）的行為。

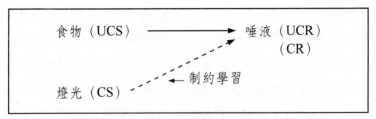

圖 9-1　古典制約的學習歷程

由圖 9-1 顯示，古典制約學習可分為三個層次的聯結歷程：*1.* 本無關係：某一刺激原來不能引起某種反應，亦即制約刺激（CS）與制約反應（CR）之間本無關係；*2.* 已有關係：某一刺激原來就能引起該種反應，亦即非制約刺激（UCS）與非制約反應（UCR）之間本來已有關係；*3.* 新建關係：制約刺激（CS）與非制約刺激（UCS）相伴出現多次，制約刺激終而也能單獨引起制約反應，亦即借助於刺激與反應間已有的關係，經由練習而建立另一刺激與原有反應之間的新關係。

巴夫洛夫是蘇俄著名的科學家，出生於一八四九年九月二十六日，一八八三年獲得蘇俄聖彼得堡大學醫學博士學位，一九○四年榮獲諾貝爾獎。巴夫洛夫對心理學的最大貢獻乃在於他以狗的消化腺分泌實驗中所發現的制約現象，用以解釋人類行為中刺激與反應之間聯結學習的基本歷程，惟巴夫洛夫始終拒絕承認其研究與心理學有何相關，強調制約反射只是動物生理上的「精神性分泌」（psychic secretion）。無可否認的，心理學中有關行為學派、學習理論中的重要名詞，諸如制約（condition）、消弱（extinction）、自發性恢復（spontaneous recovery）、增強（reinforcement）、類化（generalization）、區辨（discrimination）、高層制約（higher-order condition）等，均出自巴夫洛夫的實驗結果。

(二)操作制約學習（Operant Conditioning）

操作制約學習又稱為「工具制約學習」，此一理論係由美國著名心理學家史金納（Skinner, B. F.）所提出。史金納的實驗研究深受「美國教育心理學之父」桑代克的影響。桑代克所作的迷籠實驗是用貓作為對象。該實驗是把一隻飢餓的貓置於一個特別設計的籠中，籠外置有可見的食物。實驗者在籠外觀察記錄，以了解貓如何自行學會打開籠門吃到食物。經過多次實驗，發現貓初入籠時動作紊亂，在紊亂的活動中偶然碰到門把，門栓自動開啟，因而獲得籠外食物，以後再將貓放進籠時其紊亂動作逐漸減少，亦即錯誤動作因練習的次數增加而

減少，最後終能學到一進籠門即刻出現正確動作，抓到籠門的門栓打開籠門而得到籠外的食物。

桑代克對上述學習現象的解釋是：1.學習是一種嘗試錯誤或選擇聯結的歷程；2.學習歷程的建立，即為某一刺激與某一適當反應之聯結，而其聯結的強弱又受下述三原則的支配：(1)練習律（law of exercise）：刺激與反應的聯結隨練習次數的增多而強化；(2)準備律（law of readiness）：刺激與反應間的聯結隨個體本身的準備狀態而異，個體在準備的狀態下發生反應，則容易感到滿足，滿足自會使其繼續反應；(3)效果律（law of effect）：若個體反應後獲得滿足的效果，則刺激與反應之間的聯結益形強化。

至於史金納的實驗工具為一自動控制的設計箱，稱為史金納箱（Skinner Box），箱之一端壁上置有橫槓桿，桿下有食盤水管各一，按動槓桿時可在食盤中出現一片食物，或由水管落下飲水，視實驗的目的而定。實驗對象以白鼠為主，例如將一隻飢餓的白鼠放置箱中，初時其動作紊亂，在亂動中偶然用腳爪壓及槓桿，自然可自食盤中獲得一片食物（或一些飲水）。久之，這種按壓槓桿的反應即為按後獲得食物而滿足的結果所控制。實驗至最後階段，白鼠終能學到利用槓桿的活動以獲取食物，每次進箱飢渴時即按壓不停，其他不相干的盲亂活動完全消失。如此一來，刺激（槓桿）－反應（壓槓桿）－刺激（食物）的順序就發生了聯結的關係，制約行為即可學習完成。

根據上述史金納的實驗程序及所發現的事實，可說明操作學習的歷程為：在某一刺激的情境下，由於個體**自發性反應**帶來的結果而導致該反應強度的增加，並終能與某一刺激聯結關係的歷程，如圖9-2。操作制約的學習歷程如同古典制約一樣，也有三種層次的聯結歷程：1.本無關係：刺激與反應之間本無關係；2.已有關係：操作性反應是個體自發的，不是由某一刺激引起的，只有個體先行反應，而後才會出現刺激物；3.新建關係：由於個體偶然向某一刺激反應，而形成對該刺激習慣性的反應，至此制約行為形成。

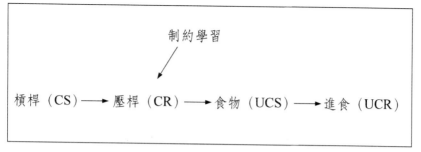

制約學習

槓桿（CS）──→壓桿（CR）──→食物（UCS）──→進食（UCR）

圖 9-2　操作制約的學習歷程

　　史金納出生於一九〇四年三月二十一日，一九二一年求學於美國哈佛大學，師承著名的心理學家柏林（Boring, B.G.）。一九三一年獲心理學博士學位。第二次世界大戰期間，史金納曾秘密參與美軍作戰計畫，以操作制約學習訓練鴿子用以控制飛彈與魚雷的發射。一九五八年榮獲美國心理學會（APA）頒贈「傑出科學貢獻獎」。史金納被視為是心理學中強硬決定主義（hard determinism）的代表，是客觀心理學的代言人，也是行為治療法的先驅，更是教學機編序教學與語言學習論的促發者。

　　「古典制約學習」與「操作制約學習」二者之差異，乃在於：1.古典制約學習是非制約刺激在前，制約反應在後，後者乃是前者所引起的；而操作制約學習是制約反應（壓槓桿）在前，非制約刺激（食物）在後。2.古典制約學習的制約反應與非制約反應在性質上是相同的（皆為唾液分泌）；而操作制約學習是兩者相異（壓槓桿、吃食物）。3.古典制約學習是一種刺激代替的過程，亦即制約刺激（例如燈光）代替非制約刺激（食物）；而操作制約學習則是沒有刺激代替的現象。4.古典制約學習的反應是由刺激引發的，個體處於被動的地位，稱為反應性行為（respondent behavior）；操作制約學習的反應是自發的，個體處於主動的地位，稱為操作性行為（operant behavior）。5.古典制約學習是受接近律（law of contiguity）的支配，制約刺激與非制約刺激接近出現是主要條件；而操作制約學習係受效果律（law of effect）的支配，操作制約反應之後能否帶出有效的結果（例如食物）乃是重要條件。儘管兩項制約理論內容有所差異，但皆對人類行為的研究有重要的貢獻。聯結理論除了「古典制約學習」與「操作制約學習」二者之外，尚有「多重聯結學習」等理論。

　　多重聯結學習（multiple-association learning）或稱多重反應學習（multiple-response learning），係指在同時具備很多刺激的情境中，個體可能表現很多反應，經過適當練習之後，某些刺激與某些反應之間，不但各自聯結，而且聯結之後又能形成一個整體的、連貫的、有秩序的、有組織的行為組型。多重聯結學習中最基本的是動作技能與語文的聯結學習。事實上，人類動作技能與語文的聯結學習都是經由刺激與反應的連鎖效應而形成（或改變），亦即經由練習而成習慣，經由回饋而校正錯誤，學習線索經由分化而簡化。

二、認知理論（Cognitive Theory）

　　認知理論的學者認為人類行為與動物行為有其實質上的差異性，況且前者遠較後者複雜難測，因此單以刺激與反應的聯結無法完全解釋人類高層次的行為現象。因此認知理論學者在學習歷程中特別強調知覺與領悟的重要性。基本上，人類慣性的行為有其自動傾向，未必為個體本身所自知，真正的學習必須是個體了解情境、洞察情境中各刺激之間的關係，而後獲得認知了解，當認知改變時行為自然改變。此派學者所倡議的理論，就稱為「認知理論」（cognitive theory），其中以庫勒（Köhler, W.）的「頓悟學習」及托爾曼（Tolman, E. C.）的「認知學習」二者為代表。

㈠頓悟學習

　　庫勒的「頓悟實驗」（insight experiment）中，以黑猩猩「換杆取蕉」的頓悟行為最為有名。實驗時庫勒將飢餓的黑猩猩關在木籠中，

籠外遠處放置其所喜愛的水果香蕉，另外又放置長短不同的兩條木杆，短者靠近籠邊，猩猩伸手可得，長者置於木籠與水果之間，與籠邊柵欄平行放置，猩猩無法直接用手取得。問題的情境安排是 1.猩猩無法用手取得水果；2.雖能取得短杆，但其長度不足以取到水果；3.長杆雖足夠用來攫取水果，但無法直接用手取得。結果是黑猩猩處於學習情境時，能洞察情境中關鍵所在，而產生「頓悟」以取得香蕉，解決飢食困境。實驗過程中發現：黑猩猩先以短杆攫取水果失敗後，便停止活動，而後若有所思，偶然注意到長杆時，突然雀躍的再度拿短杆，以攫得長杆，終於以長杆取得水果。此實驗說明人類許多行為是經由頓悟學習而來。

　　庫勒是愛沙尼亞人，出生於一八八七年一月二十一日，一九〇九年獲得德國柏林大學心理學博士學位，而後與同事柯夫卡（Koffka, K.）及魏德邁（Wertheimer, M.）合作創建完形心理學（Gestalt psychology）。一九三四年至美國哈佛大學任教，一九五九年榮任美國心理學會主席。黑猩猩的頓悟實驗係庫勒於一九一三至一九二〇年期間，擔任德國普魯士科學院位於南非坦那瑞菲島研究站主任時所進行的研究。此一實驗令其聲名大噪，奠定其在心理學界的地位。

(二)認知學習

　　庫勒等人的完形心理學在三〇年代傳入美國，受其影響最大而後又獨立發展成一家之言者，當推托爾曼及其倡議的認知學習論。托爾曼所做的「認知學習」（cognitive learning）實驗中最重要者為「方位學習」實驗，該實驗分預備練習與正式實驗兩階段進行。在預備練習階段，實驗者先確定白鼠對三條通路的偏好程度，其方法是：1.令白鼠在迷津中有機會走遍每條道路；2.在白鼠飢餓時令其由此出發點進入迷津，幾次練習後，白鼠都捨棄二、三通路，獨選捷徑（通路一）直奔食物箱，這表示白鼠對通路一偏好度最高；3.達此程度後，如在三條通路的十字路口處將通路一之入口阻塞，白鼠很快學會捨棄遙遠

的第三條路,而選擇通路二;4.到達此程度時,如將通路二之入口也同時阻塞,白鼠才無奈的選擇最遙遠的通路三。

在正式實驗時,先在 A 處置障礙物,白鼠進入通路一,發現不能通行,乃回頭至路口改選(第二偏好)通路二以達到目的地。而後,再將白鼠放回出發點,並將障礙物移至 B 處,結果實驗發現,白鼠退回路口時不再選其第二偏好之通路二,而改選其最低偏好之通路三。因彼已「知道」B 處之障礙物同時阻塞了通路一和通路二。根據托爾曼的解釋,此乃因白鼠在預備練習階段,在腦海中早已對迷津有了一幅「認知圖」(cognitive map)。換言之,個體對整個情境有所了解後,便會形成或改變其行為。

托爾曼出生於一八八六年四月十四日,一九一五年獲得美國哈佛大學心理學博士學位,一九三七年當選美國心理學會主席,一九五七年獲美國心理學會傑出科學貢獻獎。托爾曼雖屬於行為學派的心理學家,但其立論取向與華森(Watson, J. B.)不同,華森認為單從刺激可預測反應,但托爾曼卻認為二者之間是複雜的心理歷程,故托爾曼被視為是行為主義的修正者,是目的行為論(purposive behaviorism)的創始人,也是認知心理學的先驅;同時,他所主張的認知圖(cognitive map)、符號完形論(sign-gestalt theory)、潛在學習(latent learning)、方位學習(place learning)及替代性嘗試錯誤(vicarious trial and error)等觀念皆對學習心理學產生重大影響。

綜觀「聯結理論」與「認知理論」之內容,兩派學者以不同的理論對同一事象作不同的解釋。聯結理論者把最簡單的學習歷程解釋為刺激的代替,並名之為制約學習;另外對稍微複雜的動作學習與語文學習也以刺激反應的觀點解釋,並稱之為「多重聯結學習」。認知理論者看法則不同,乃以符號學習的理論解釋行為是刺激與刺激之間關係的期待與認知的結果。而且兩派學者對迷津學習之同一事象也作不同的解釋,聯結理論者解釋為反應連鎖化形成的習慣,而認知理論者則認為係個體對整個情境的了解而形成了認知圖的關係。此種「事象

雖同解釋各異」的現象對心理學的研究也具有重大的啓示。

綜合言之，人類行為有其複雜性與個別差異性，儘管人類的行為大部分是學習而來，但是不同層次的行為，其學習的方式卻不盡相同。聯結理論認為人類的行為乃是刺激與反應之間聯結的結果，是經由制約化（conditional）的歷程而來；從生活經驗中觀察，人類在動作技能與部分語文表達方面的行為學習的確符合聯結理論的觀點。至於認知理論則是主張人類行為的形成與改變乃是起於個體對情境內容與刺激之間關係的了解，主要關鍵在於個體的「認知」；換句話說，人類行為乃是來自於其認知的結果。通常人類高層次的行為現象，例如思考、知覺、概念等學習都可用認知理論的觀點來解釋。

今日的心理學已非片斷行為的探討，而是「整人」（整個人）的研究，惟有多元化的理論才能建構出人類行為的全貌。心理學旨在研究個體行為的變化，而學習又是行為改變的主要因素，因此聯結理論及認知理論等學習原理是解釋個體行為變化的重要基礎，對人類的工作生活與消費行為皆影響甚大，值得現代人重視探討。

第二節 學習原理與工作行為

人類不論在日常生活中或在工作情境裡，經常會運用個人過去的經驗來適應現在的環境，並活用此經驗或學習經驗以改變當前的行為反應或生存條件，此種因經驗的累積而導致行為形成或改變的歷程，心理學上稱之為「學習」。人類常藉由感官系統來吸取外界刺激，再透過大腦的聯合作用與知覺運作後，由反應器官產生動作反應，完成學習的歷程。因此，學習既是一種連續的刺激與反應的結果，也是一種不斷認知抉擇的過程，前者屬於學習原理「聯結理論」的探討重點，

後者則是學習原理「認知理論」的研究範疇，一如前述。

一、問題解決策略

人的一生無時無刻不在學習之中，誠所謂「活到老、學到老」，人生各方面的心理成長與生活適應皆需要學習，課業要學習、人際要學習、技能要學習、工作要學習、婚姻也要學習。一般而言，學習有下列六項功能：㈠學習可改變行為；㈡學習可啟發創新；㈢學習可儲存知識；㈣學習可薰陶人格；㈤學習可解決問題；㈥學習可減少錯誤。基本上，學習與解決問題是密不可分的，蓋問題解決時個人已經有了學習作用。通常問題解決的學習歷程包括兩個階段：探索階段與決策（解決）階段。

在探索階段中，個人必須花費相當的時間、財力、物力與心力，例如工作時遇到難題，必須先蒐集資料，了解問題的性質及其內容；其次擬訂各種解決策略與方法；最後抉擇何種策略或方法最理想，並採用之以解決難題。在決策階段中，一般人在解決工作難題時大都是根據三種模式來作決策：滿足模式（satisfying model）、情緒模式（emotional model）及理性模式（rational model）。滿足模式係指個人作決策是為求自我需求的滿足；情緒模式又稱為衝動模式，係指個人作決策時乃隨興之所至，有時來自於自我的衝動情緒；理性模式則是個人先蒐集足夠的資訊以作決策的參考，且根據自己與他人的客觀分析來做決定。一個人面對工作困境所採取的解決方法或決策模式固然與其人格特質有關，也可能來自於個體不同的學習經驗。

二、主動學習與被動學習

一般而言，學習可分為主動學習與被動學習。學習與解決問題應是一種主動的歷程，包括蒐集資料、作決策、執行、考核評量與修正

決策。主動學習與被動學習對於企業組織之人事管理與教育訓練具有重大的意義。若是員工屬於**被動學習者**，則企業的教育訓練應著重在充分提供員工資訊及強化課堂講授，使員工學習與工作有關的知能以解決工作問題；相對的，若是員工屬於**主動學習者**，則企業主管不妨多鼓勵員工自己面對問題，蒐集資料來解決問題，不必急於將經驗、智慧或解答授予部屬。主動學習固然有助於員工解決工作難題，但在解決問題前，應具有先前的經驗、知識或曾接受相關理論的指導，如此才能找到好的工具或方法。因此，員工要能解決問題困境，最好先激發其工作動機與工作士氣。

員工在進行工作或接受訓練時，究竟要不要中場休息或休息時間適宜多久，有時也涉及學習原理的問題。通常工作時間長短及其休憩安排，必須考量二大因素：㈠個人因素：包括員工的身心狀況、人格特質、工作動機與情緒、福利待遇與保障等；㈡工作因素：包括工作方法、工作性質、工作環境、工作難度及工作經驗等。**個人因素**因受限於員工的個別差異性，在管理上只能適時採取「規之以法、動之以情、說之以理、誘之以利」等個別化方式，來降低員工負向的個人變數對工作或訓練造成的干擾。

至於有些**工作因素**方面的控制，不妨運用學習原理的概念與方法。若工作性質與員工訓練較屬於思考層次的運作，不妨採取整體工作與集中訓練，視工作狀況與訓練內容部分完成後，彈性休息若干時間，再進行工作與訓練，以免員工認知思考受到干擾或產生記憶延宕、遺忘等現象；反之，若工作性質與訓練內容偏向於動作技能層次的運作，不妨考量員工身心負荷與工作效率（學習效果），採取定時休息與分散練習。

三、聯結理論的應用

學習原理的聯結理論以巴夫洛夫的古典制約學習與史金納的操作

制約學習爲代表。聯結理論（即制約理論、刺激反應論）強調人類行爲的形成或改變係刺激與反應聯結的結果。心理學家發現在聯結學習的歷程中，會產生「增強」、「高層制約」、「消弱」、「自發性恢復」、「類化」及「區辨」等現象，此等現象可善加運用於教育訓練、工作管理、人際互動及消費生活等領域，以塑造人類的正向行爲，改變其不良的生活習性。

(一)增強（Reinforcement）

在學習歷程中出現之任何事物，只要有助於刺激與反應之間的聯結者，概可稱爲增強物，而增強之設置、安排以及發生作用的歷程，即稱爲增強或增強作用，包括：*1.*正增強（positive reinforcement）：一種刺激之所以對個體的反應發生增強作用，主要是因爲它能滿足個體的需要，此稱爲正增強物或正增強刺激；藉用正增強物安排的學習情境是爲正增強；*2.*負增強（negative reinforcement）：負增強有兩種意義，一是對已有的反應加以懲罰阻止，另一是對新建反應加強的意思。因其對個體反應強度具有負的作用，故稱爲負增強刺激，或負增強物。如表9-1。

表 9-1　不同類別的增強原理

刺激 ＼ 操弄	給與	取消
正增強物	正增強	處罰
厭惡性刺激	處罰	負增強

在工作情境中，管理人員可提供正增強物予員工，以激勵其工作士氣；同時，適時呈現負增強物以避免員工有消極怠工爲發生。正增強物諸如獎品、紅利、休假、讚賞、地位、權勢、入股、公開表揚

等，增強時可根據增強物呈現的「比率」與「時距」方式之不同而採取四種型式的增強：A.固定比率固定時距；B.不固定比率固定時距；C.固定比率不固定時距；D.不固定比率不固定時距等，如表 9-2。

　　不同型式的增強作用，其激勵效果也有不同。A 型增強作用乃是對於員工良好的工作表現，在一定時間內給予其一定的增強物；B 型增強作用乃是對於員工良好的工作表現在一定的時間內給予其增強物，但增強物的內容與質量每次增強時皆有不同變化，員工未必事先（工作表現前）了解；C 型增強作用則是對於員工良好的工作表現給予其一定的增強物，但增強的時間不確定，有時三個月增強一次，有時員工十次優良表現後給予其增強一次；D 型增強作用則是對於工作表現良好的員工給予增強激勵的比率與時間皆不一定。

表 9-2　不同方式的增強作用

項目	固定比率	不固定比率
固定 時距	A	B
不固定 時距	C	D

　　上述四種型式的增強作用實際運用於組織訓練與員工管理時，不固定時距、不固定比率較之於固定時距、固定比率的效果為差而且不易持久、不易形成對員工的吸引力，亦即 A 型的增強效果較其他三型為佳。當然不同型式的增強作用皆各有其優缺點，諸如常態（例行性）的工作行為以 A 型的增強法效果為佳，機動性或難度高的工作性質則以 B 型的增強法效果較理想；基層的員工較適合採用 A 型增強法，管理人員或階層較高的員工適宜採用 D 型增強法，臨時雇工或按件（時）計酬的員工則可輔以 C 型的增強法。

(二)次增強與高層制約
（Secondary Reinforcement and Higher-order Condition）

制約刺激中原來具有增強力量者，稱之為原增強物（primary rein-forcers）。另有許多本不具有增強力量的刺激，由於它常伴隨原增強物出現而獲得增強力量者，稱為次增強刺激或次增強物。在制約學習形成之後，制約刺激可以進一步發揮非制約刺激的功能，與另一新刺激形成一個新的制約學習，此時原來的制約刺激變成了非制約刺激而具備了次增強物（secondary reinforcers）的功能。這種現象表示，在一個原來制約學習基礎上，建立了另外一個新的、更高一層的制約學習，稱為二層制約學習。既有二層制約學習（second-order condition），當然也會有三層、四層，因此總而名之為高層制約學習。

在實際的工作情境裡，員工每次表現良好時皆獲得了相同的增強物獎勵，久而久之，員工可能不願表現沒有報酬的行為或原有的增強物無法再對其產生持續的增強效果，此時管理人員不妨改變原增強方式，例如員工工作表現優異，偶爾請高層主管接見慰勉（CS）並頒獎（UCS），甚至由前者取代後者，改變員工的增強刺激，以形成次增強或高層制約。

(三)消弱（Extinction）

制約學習形成之後，此一新建立的刺激反應關係未必十分牢固，若只重複制約刺激而不伴隨增強刺激時，將使原已形成的制約反應強度逐漸減低，最後導致個體接受制約刺激後仍不再出現反應的情況，此即為「消弱」的現象。企業組織在管理員工時，可以利用消弱原理來改變員工不良的行為。例如員工工作表現良好時受到主管的肯定，以致「恃寵而驕」人際疏離；為了改善（消弱）當事人此一不良的人際態度，領導主管可減少給予公開肯定的機會（但為期使該員工繼續保有優異的工作表現，可考慮以其他方式或非公開式的增強）。

㈣自發性恢復（Spontaneous Recovery）

所謂「自發性恢復」係指在制約學習過程中，消弱現象發生後個體有一段時間聯結反應不會再出現；然而再經過一段時間休息後，此時本已停止的制約反應可能又恢復出現，謂之。由此觀之，員工受刺激而影響其工作表現時，管理人員可立即處理，也可「靜觀其變」一段時間後，使員工「自發性恢復」原有的工作表現。

㈤類化（Generalization）

在制約刺激可單獨引起制約反應之後，與該制約刺激相類似的其他刺激，雖未曾在制約過程中伴隨增強刺激出現過，也可以引起個體的制約反應，此稱爲刺激類化，簡稱類化。常見類化現象運用於人類的日常生活中與工作情境裡，例如主管對特質相近的員工之管理行爲及其影響力也較優厚，又如「近朱者赤、近墨者黑」的人際類化經驗，皆可用以做爲企業組織人事甄選、任用、安置與陞遷的參考。

㈥區辨（Discrimination）

區辨係指個體對不同的刺激會產生不同的反應，或是從多種刺激中僅選取某一刺激作反應，此一現象稱爲刺激區辨作用。例如管理人員應認清員工的個別差異，並對不同員工採取不同的領導行爲；同理，消費者也應區辨同類產品的異質成分。

工作情境本是一個複雜的物理變項與社會變項，因此居於其內的員工，其工作行爲必然有許多的變化與困擾。學習原理既是一種解決問題的歷程，則企業組織實宜善加運用，方能使員工於工作中順利解決難題，激發其工作動力，達成組織目標。如果員工在工作中產生某種反應可得到獎賞，該員工必然會很快地重現該項反應；增強刺激愈頻繁，持續時間愈久，反應的強度愈增加，愈有利於學習。通常報酬

愈多且豐富，員工工作就愈有效率，報酬少工作動力就減弱，而且立即的獎懲又較延宕的獎懲更容易產生行為效果；此外，愈容易遺忘事物的人雖有助於新事物的學習，但不易喚起舊事物的回憶。因此，訓練員工時，儘可能給予其符合事實的學習經驗，並多利用實際工作的訓練技巧，以加深員工的記憶，並發揮學以致用的功能。

值得注意的，學習原理中並非只有聯結理論才能運用於工作情境，以改善員工的工作行為。事實上，人是高等動物，具備了高層次的需求動機，加上組織內也有不同的職位階層，制約學習、聯結理論固然有助於激勵基層員工的工作士氣，改善工作環境的基本條件；但是員工若對工作內容、工作方法不了**解**，對工作意義、工作目標缺乏**認知**，對組織結構、企業體系不夠認同，即使給予其不斷增強、激勵或消弱，恐難改善上述工作困境與行為問題。因此，**認知理論**強調「藉由改變認知來改變人類的行為」實具有積極的功能，有助於強化工作動力，激發員工的工作潛能，例如員工行為不當，管理人員應設法使其「了解」問題癥結，從而改正其工作上的問題行為，提高工作效率。

第三節　學習原理與消費行為

「S-O-R」或「S-R」是人類行為的基本原則，亦即人類受到刺激（S）產生反應（R）；或者人類受到刺激（S），引起個體內在運作（O），再根據運作結果以產生反應（R）。此等基本原則若運用於消費情境裡，就會產生一項消費的基本模式：假使產品（S）能夠與消費者的自我狀態（O）相符合，則消費者便會產生購買行為（R）。當然，此一基本模式要成立，必須以下列假設為前提：

◎假設消費者注意到產品刺激。

◎假設消費者注意到產品刺激，而且該產品能滿足個人需求，符
　合自我概念。

◎假設消費者自我狀態中包含了消費反應。

◎假設消費行為是一種學習歷程。

　　除非上述假設皆成立，否則學習原理將難以應用到商業情境中；
但是，從另一個角度而言，由於學習原理有助於塑造與改變人類的行
為（此已為心理學家所證實），因此行銷人員若能善用學習原理，仍
然可以使上述假設成立，對產品的開發行銷必有莫大的助益。如何運
用學習原理以激發消費行為，開發行銷市場，長期以來深受學界與企
業界人士的重視。

一、聯結理論的應用

　　聯結理論可應用於消費行為中，特別是增強作用、重複記憶、自
發恢復、類化區辨、回饋作用、機械性學習（rote learning）、次序效
應（order effect）、恐懼訴求（fear appeals）等概念。基本上，企業廠
商若能根據學習原理而建立消費者的消費習慣，必能提高商品的知名
度與銷售量。對消費者而言，個人會有固定的消費動機與消費模式（參
閱本書第五章動機），此種內在狀態與外在行為不會輕易改變，因此
廠商可適當的運用制約學習聯結理論，以建立消費者對自家產品的消
費習慣，改變其原有的購物習性。

㈠增強作用

　　根據聯結理論的觀點，人類學習性行為可透過不斷地增強而形成。
增強刺激愈頻繁，持續時間愈長久，反應的強度愈增加，愈有利於記
憶。換言之，刺激一再重複出現會導致個體反應模式的建立，至於偶
發性的刺激則無法形成恆定的反應型態。因此，廠商必須不斷地對消
費者施予增強刺激，以增強消費者的記憶質度與深度，例如增加銷售

點、商品促銷（打折、摸彩、買一送一、優惠措施等）、廣泛設置商品展示場或製播高頻率的廣告等。

雖然廠商欲養成消費者的消費習慣，可以「適度」的增加重複性刺激，但是美國消費心理學家果克（Cox, D. F.）認為「過度」的增強重複刺激，有時會使消費者厭煩、視若無睹、喪失好奇心或暴露商品缺失，造成反效果，不可不慎。儘管如此，適時的重複呈現商品的增強刺激或伴隨增強物銷售商品，的確有助於形成消費者的消費習慣，並加深其對商品的印象。當然，最好的增強刺激是商品本身的品質，消費者使用後口碑相傳，更容易提高商品的銷售量。

(二)重複記憶

如前所述，適度而不過度的呈現商品刺激，有助於建立消費者的消費習慣。所謂「適度」必須考量商品性質、廣告呈現方式及消費者個別差異等因素。消費心理學家梅耳（Myers, J. H.）認為：在市場上，已建立品牌印象的商品，採用分散性廣告的效果較佳，蓋因分散性的廣告可以適時製造「衝擊」（impact），提醒消費者注意此一商品，以鞏固消費者目前的購買行為；反之，新產品剛上市時，集中廣告的效果較佳，因一再重複商品刺激容易加深消費者印象、建立新產品的知名度及引發消費者的興趣。惟重複商品廣告刺激的次數多寡，須視商品性質及廣告內容的複雜度而決定，基本上，完全競爭市場（pure competitive market）的商品，需要有較多的重複刺激以增強消費者的記憶印象。

(三)自發恢復

自發恢復係古典制約學習中的重要概念，由巴夫洛夫所發現。當制約反應學習建立之後，非制約刺激不再與制約刺激聯合出現，則原來制約反應會逐漸減弱其力量；但當個體經過一段時間休息之後，這種制約反應又會自然的恢復。此一未經強化而制約反應自動重現的現

象，稱爲「自發恢復」，它是一種習慣力量。在消費市場上，常見一種新上市的商品會有一段促銷熱賣期，而後銷售量下滑，沈寂一段時間再恢復平穩的銷售量，此即自發恢復的消費行爲。不同品牌的商品也會產生此一自發恢復現象，如圖 9-3，參考學習遺忘曲線原理，舊品牌商品原來屬於銷售高峰狀態，而後爲新品牌商品取代一段時間之後，又自發恢復銷售量的現象。

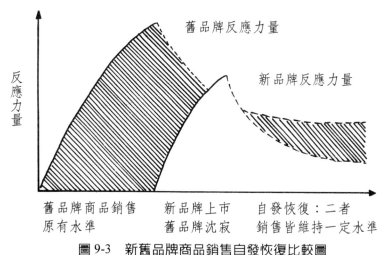

圖 9-3　新舊品牌商品銷售自發恢復比較圖

（四）類化區辨

　　制約學習聯結理論中類化作用與區辨作用也與商品行銷有密切相關。類化作用（generalization）係指個體對類似刺激的線索，會產生類似反應的傾向；而區辨作用（discrimination）則意謂著個人對類似刺激的差異會有所判斷並予以選擇，以做出正確的反應。在商場上，每一家企業廠商都期盼其商品受到消費者的注意，進而形成「品牌忠實性」的消費習慣。因此，企業廠商一方面努力設法讓消費者能夠清楚的區辨該公司商品的獨特線索，使消費者不致混淆而購買其他品牌的類似商品；另一方面，同時運用類化原則，儘量設計、包裝本身的商品，

使其與在市場上已具有知名度、銷售率的商品相類似、雷同（包括商品質感、外觀、顏色、包裝及品名等），以混淆視聽或加深消費者印象，進而激發消費者的購買行為。當然商品之間的性質、價格等條件，若差異性愈大則類化愈不易、區辨愈容易。

(五)回饋作用

無論是巴夫洛夫的古典制約學習或是史金納的操作制約學習，二者皆強調個體的制約反應形成係來自於學習結果的回饋。學習結果的回饋不但可以修正自己不當的行為，而且可增進個體的學習興趣與動機。當個體獲得行為學習的回饋愈具體而且快速，則其未來制約反應形成的機率愈高。在消費世界裡，企業廠商必須隨時且迅速的對消費者回饋，包括提供商品資訊與服務，以強化其購買行為；當然，消費行為的回饋應在完成買賣交易後立即實施。隨時予以完善的服務，不斷給予顧客關懷，特別是提高商品使用後的滿意度，以加深消費者的美好印象。

(六)機械性學習

機械性學習乃是提供材料給學習者學習，無論學習者對材料是否了解，仍然一再呈現材料，最後利用再認法則，促成學習者對學習刺激的記憶。機械性學習應用在消費情境的廣告傳播活動最多，廠商企圖透過廣告媒體加深消費者對廣告物（商品）的印象。社會心理學家札將（Zajonc, R. B.）的研究證實：機械性學習有助於消費態度的形成與改變。不過機械性學習在消費行為的應用上必須注意下列要領：*1.* 在廣告媒體上的宣傳必須顯示一些積極性、價值性的常用字詞；*2.* 配合消費者的內在需求與心理特質來設計廣告內容；*3.* 兼採增強原理，更能有效發揮機械性學習的功能；*4.* 避免過度的機械性學習對消費者產生不良的影響。

(七)次序效應

在記憶遺忘與制約學習的實驗過程中，次序效應對個體的學習結果也有決定性的影響。所謂次序效應乃是指「提供學習材料或呈現制約刺激的不同順序，將會產生不同的影響效果」。次序效應以初始效應（primary effect）與新近效應（recency effect）最為重要，最容易影響個體的學習行為。二者係指在一系列的學習材料與制約刺激中（例如展示場上的各式商品或媒體上的各類廣告），通常最先出現的及最後出現的刺激最容易引起個體（消費者）的注意。換句話說：廠商在新產品問世或新廣告上檔（on line）時，必須考量商品與廣告呈現的位置、時段的先後次序，以掌握消費者的注意力，激發其購買慾望與行動。

(八)恐懼訴求

聯結理論之古典制約學習與操作制約學習的實驗皆顯示：負增強物（厭惡性刺激）會對個體學習行為產生直接或間接的影響。消費心理學家研究發現：個人內在的恐懼感覺與消費需求之間有一定程度的相關。雷與魏奇（Ray & Wilkie）認為恐懼可能對人類的消費行為產生促進作用與抑制作用，亦即廣告內容若引起消費者適度的恐懼感，將有助於促發消費者的購買行動；反之，廣告內容若引起消費者過度的恐懼或未能引起其恐懼感，往往會降低了消費者的購買慾。舉例而言，廣告引述醫學報導：抽菸會致肺癌，某食油含有汞銅等金屬，某礦泉水含雜質，某食品含硼等，上述報導必會影響消費者對該類商品的購買意願。因此，恐懼訴求應用在消費領域的效果有時優於其他聯結理論，前提是傳播媒體或企業廠商在訴求消費恐懼時，不宜過份誇大，而須佐以實證資料，力求真實反映消費者的生活經驗，如此才能適切的達成「恐懼訴求」的促銷目的。

總之，人類的消費行為是學習而來，其中刺激與反應的聯結結果，

將會影響到人類消費行為的塑造與改變。如果消費者在購買歷程中，經制約而形成了固定的消費習慣，建立了「品牌忠實性」特質，則將有助於廠商開發、行銷其產品，創造企業的利潤。實際上，消費者購物時若缺乏過去消費經驗，往往會導致費時、費力又傷身破財等痛苦的消費結果。因此，聯結理論的應用確實有助於企業廠商與消費大眾建立起互惠和諧的消費關係。

二、認知理論的應用

　　認知理論強調人類行為的形成與改變是個體認知思考與知覺組織改變的結果。此類理論反對人類行為是源自於過去經驗或嘗試錯誤的結果，亦即個人可以透過對環境刺激的了解而產生適當的行為，單純的刺激與反應的聯結無法解釋人類複雜的行為。認知學習中的研究理論甚多，其中以庫勒的「頓悟學習」與托爾曼的「認知學習」為代表，並可將之應用於消費情境中，促進商業活動。茲說明於後：

(一)學習遷移的運用

　　學習遷移是認知理論的主要論點之一，也是心理學家研究人類「記憶與遺忘」的基本要項。凡是將個人學習結果擴展到其他類似情境中加以運用的現象，謂之為「學習遷移」，其性質包括正遷移（positive transfer）與負遷移（negative transfer）。前者係指舊情境的學習結果有助於新情境的學習；後者意謂著舊情境的學習結果妨礙或抑制新情境的學習。正遷移又有兩種形式：一為水平遷移（lateral transfer），是指個人把所學得的經驗推廣應用到其他類似且難度相同的情境中；另一為垂直遷移（vertical transfer），則是個人把學得的經驗因情境重組而形成比舊情境經驗高一層次的學習。

　　在消費市場上，廠商為加深消費者印象，使其不致遺忘該品牌的商品，最好多提供商品正向遷移的共同元素；或是當廠商欲上市新產

品時，也可適當的運用已具有知名度的同類型商品，來催化消費者對新產品產生正向遷移的附加效果，例如形象佳、營業績效良好的企業公司紛紛成立新的子公司即是一例；又如某一商品銷路佳，其他「仿製」的商品也會紛紛上市，即是利用此一學習遷移作用來影響社會大眾的消費傾向。

(二)消費情境的營造

認知理論之頓悟學習強調學習情緒與頓悟思考之間的關聯性。因此，廠商安排愉悅的消費環境，有助於吸引顧客上門消費；此外，廠商與第一線角色工作者若能提供完善親切的服務，也可以促進銷售，加深消費者對商品的記憶，特別是對於社會性動機（例如愛、歸屬與成就）較強烈的消費者而言，正向消費情境的營造，可以建立消費者「品牌忠實性」的認知傾向，所謂「人情難卻！」至於正向消費情境的營造，不妨運用美學原理和美工設計，配合聲音、空氣、景物、隔間、光線、氣氛等變化來佈置消費場所，刺激消費，增加消費者對企業的認同。

(三)商品資訊的提供

庫勒的頓悟學習在「猩猩換杆取蕉」的實驗中，猩猩之所以能夠「頓悟」而取得香蕉，乃在於實驗者提供其足夠的工具（竹杆），而且長杆、短杆的陳列有其次序性；換言之，個體能夠產生頓悟思考乃是來自於具有完全的認知資訊。因此，廠商必須對消費者提供足夠的商品資訊，並儘量與其他品牌的同類商品相互比較，以顯現自家商品的優越性能（條件），激發消費者的購買動機。

基本上，認知理論強調人類行為會受到思考、知覺、態度、期望、價值觀等心理活動的影響，所以消費行為也可以透過改變其認知與建構其認知等方式來完成，而後個人的認知會影響其情感及行動。至於商品訊息的傳播管道相當多，諸如電視、報紙、廣播電台、雜誌圖書

及商品的簡介、傳單、海報、店招、壁面等;此外,針對不同消費族群的特性,商品訊息傳播的內容與方式也應有所差異,例如針對知識份子,商品資訊宜佐以實證數據;針對家庭主婦,商品資訊不妨多多訴求家人健康、家庭和諧等焦點。

(四)企業形象的建立

認知理論源於完形心理學,完形心理學的興起本在聯結理論之後,而且正值聯結理論最盛時期。因此,認知理論被視為是反聯結理論的學派,其中認知理論強調人類行為的形成與改變乃是來自於個體對情境中所有刺激與刺激之間關係的了解,此即為托爾曼所謂的「認知圖」(cognitive map),此圖存在於個體的腦海中,托爾曼反對聯結理論所主張的刺激與反應的聯結結果是構成人類行為的基礎。托爾曼的研究發現:個體內在有一期待(expectancy)狀態,此一期待狀態構成了個體的認知圖,影響其行為反應。依此原理,觀之人類的商業活動,消費者對某類商品之不同品牌、廠商,亦會形成一個認知圖,決定其購買行為的傾向。廠商或商品平時若能建立消費大眾心目中的公益形象、健康形象及道德形象,必能獲得消費者的支持;反之,廠商若予人「唯利是圖」、「無奸不商」的印象時,恐會損及商品的開發與行銷,不可不慎。

總之,影響人類消費決策與交易行為的因素相當複雜,包括個人因素、社會因素及文化因素,一如前述。其中個人因素包括認知、動機、態度與學習等心理活動,消費者也可經學習歷程而改變其認知、態度、動機與決策等行為。儘管學習原理中聯結理論與認知理論對人類行為的研究各有貢獻,然而兩派不同的學習觀點也引發若干爭議。基本上,人類行為的複雜多變與個別差異,實無法僅以「一家之言」來「一窺全貌」,因此,許多心理學家也嘗試以折衷式觀點來提出對人類行為(包括消費行為、管理行為、工作行為及人際行為等)的看法,諸如康培爾(Campell, D. T.)的程式論、赫爾(Hull, C. L.)的學

習論、勒溫（Lewin）的情境論（或稱「場地論」）等，不同理論各有其特色。

今日任何商品的行銷開發，任何廠商的企業經營，都不能夠忽略對人類消費行為的了解與研究，包括廠商對商品誘因的控制及廣告線索的掌握等。過去對消費者行為的解釋與預測，大都採用個體經濟學的看法，由此構成了傳統行銷管理的內容。既然消費行為是有選擇性的、有方向性的，而且一直在持續不斷的改變，現階段消費行為的探討，必須力求多元化、科學化與國際化，若能參酌各種不同理論的學習原理，結合行為科學領域的不同學者，進行集思廣益的研討，必可完整地了解人類消費行為的面貌。

第四節　有效的研討會議

本章第二節曾提及：解決問題乃是「學習原理」的功能之一，學習能力與問題解決的關係是密不可分的，蓋解決問題時個人已經有了學習作用，而人類的學習行為的確有助於解決個人或群體的生活難題。既然學習是一種問題解決的歷程，那麼任何解決問題的方法，都有助於建立人類學習性行為，訓練個人的學習能力，其中，「研討會議」便是群策群力解決問題的重要方法，舉凡研討會議的召集、主持、發言、提案、討論及記錄等參與活動也是一種學習行為。

會議即是「集體面談」（group interview），會議的形式不一，包括會報、研討會、座談會、論文發表會、懇談會及研究會等。它是溝通的重要方法，尤其是人員眾多、組織龐大的機構，行政普遍法制化的體系，由於受限於人數、時間、空間等因素，個人與個人之間的溝通無法完全實施，加上現代工商業社會，分工愈精細，工作愈分化，

任何企業組織的事務處理，均涉及許多相關部門，若欲一一交換意見，恐將失去時效、延誤商機。因此，研討會議有助於集思廣益，協調分工，發揮解決問題、群策群力的功能。今日，開會研究頻率之高，也成爲現代社會、民主國家的特色之一。

一、會議的意義與功能

凡是三人以上，循一定的規則，研究事理，達成決議，解決問題，以收群策群力之效者，謂之爲「會議」（meeting）。一般會議的分類有三：1.臨時會議：是爲應付特殊事件而召集；2.委員會議：乃受高級團體的委託，以審查指定事件且提出解決辦法爲目的；3.永久集會：有其固定的目的，爲處理經常事務而召開。前二者屬於暫時性會議，第三者則爲永久性會議。此外，凡是依照議事規則以議事爲目的的會議，不論會議大小、人數多寡，均爲正式會議（formal meeting）；反之，未依議事規則來議事的會議屬於非正式會議（informal meeting）。

有效的研討會議是民主領導、雙向溝通、參與管理的具體表現，企業組織的會議不但是訓練領導人才與表達能力的最佳場所，也是滿足員工需求、參與公司決策及提昇學習能力的重要管道。社會心理學家戴偉士（Davis, K.）認爲：有效的會議可以發揮下列功能：1.綜合有關部門的利益；2.增進作決策的功能；3.激勵成員參與貫徹行動方針；4.鼓勵創造新的觀念；5.擴大視野，改變成員態度；6.集思廣益，有效處理問題；7.促進行動的協調，貫徹決定；8.增進知識和人際互動。

由於會議的成敗非僅繫於主席一人，所有與會人員皆有責任使會議順暢進行，發揮其功能。因此，集合多數人研商的會議往往存在著許多影響變數，舉凡會議的籌備、通知、時間、設備、地點、人員、資料及決議共識等因素皆須充分配合，否則會議可能流於形式，甚至衍生準備欠週、漫談詭辯、推諉塞責及缺乏目標等缺失，所謂：「會

而不議，議而不決，決而難行」，浪費組織的人力、物力、資源與時間，值得省思。

二、會議的籌備與召開

中國第一部議事規則「民權初步」，係國父　孫中山先生於民國六年所撰寫，又稱爲「社會建設」，內文詳述民主政治的基礎及議事進行的規則。民國四十三年內政部亦曾頒佈我國「會議規範」，內容計「開會」、「主席」、「出列席代表人員」、「發言」、「動議」、「討論」、「修正案」、「表決」、「付委及委員會」、「復議及重提」、「權宜問題秩序問題及申訴」、「選舉」、「其他」等十三章一〇〇條條文。此「會議規範」後曾多次加以修訂。

成功的會議可以解決企業存在的問題，溝通員工的意見，以及鼓舞士氣糾合人心。若欲達成上述目標，則會議的籌備作業是相當重要的。會議準備的要項如下：

1. 確定會議目標，以便釐訂會議主題，策訂討論範圍。

2. 安排與分配會議時間，以便安排會議的程序，並作初步的設計與擬訂。

3. 會議程序的擬訂宜清楚，必要時須事先由相關單位與高層人員審定。

4. 提案日程的編定須明確，提案日程屬於「預定程序」，其與會議程序不同，亦即「民權初步」第三章第十節中所指的第十款「本日計畫」的事（orders of the day）。通常於開會之前，由主席或秘書單位預先編訂。

5. 會議資料的蒐集與編訂宜完整，並加以編印，以便與會人員作爲討論議案的參考。

6. 議場的選定與佈置宜完全，同時考量設備環境、會議性質及參與人數。

7. 根據會議的種類與性質（臨時性、永久性或委託性）準備會議的發起與召集：

    (1)臨時性集會，由發起單位、或發起人、或籌備人召集。

    (2)永久性集會，由其負責人召集，每屆改選後的第一次會議，由召集人中得票最多者，或前屆負責人召集。

    (3)委員會，由理事會推選的召集人、或首席委員為召集人，予以召集。

8. 會議的紀錄乃是議場紀實的檔案，因此紀錄人員的設置是會場不可或缺的工作，通常紀錄人員係由主席（主持人）指定或專設紀錄人員。

9. 事先防止會場意外的發生，籌備人員與承辦單位主管宜針對會議的進行，預作沙盤推演，以便應付各種突發狀況。

10. 成功的會議除了會前的準備工作要完善之外，各級人員與相關工作者都必須予以訓練，事前召開協調會，事後舉行檢討會，以便使各項研討、會議真正發揮其功能。

    一般會議真正進行時要能掌握議事要領，包括開會人數的清點、與會者發言地位的取得（含發言的禮節、發言的性質、發言的方式等）、臨時動議的處理、各項提案的討論、表決的方式與額數等。由於會議的進行程序及會場的秩序控制皆繫於主席一人，是故主席對於職權、地位、任務及相關注意事項必須了解，才能恰如其分的扮演主席的角色，發揮議事功能。今日，勞工權益高漲，勞資衝突不斷，企業主管必須經常主持各項組織內會議或勞資協調座談會；為了解決企業難題，和諧勞資關係，企業管理人員更應熟悉會議的程序與主席的職責。**主持會議的有效方法如下：**

(一)關於主持人本身者

1. 主席乃會議的主持人，必須表現出高度的服務熱忱，謹慎將事，任勞任怨為會議服務，如此才能得到會議參與人的尊敬和擁戴，

而使會議圓滿成功。

2. 主持人不必滿足每一參與人的要求，但必須適合大多數人的意向。

3. 主持人不應多說話，應讓參與人多說話。

4. 主持人應激勵使參與人盡量發表意見，但無須表示自己的見解。

5. 適時制止會中不合議事規則的動議及辯論。

6. 保持會議進行活潑順利，但主持人應避免參加辯論。

7. 主持人處理問題態度應堅決，避免猶豫不斷。

8. 主持人應嫻熟會議規範，始能領導會眾、糾正會眾的錯誤。

9. 主持人應摒除偏見，處理事務應剛柔適中，不偏不倚，纔能使會眾心悅誠服，融洽和諧。

10. 主持人所用語彙，要能有助於其人培養內涵及幽默感。

11. 主持人對問題的用字，要清楚確實。

12. 主持人應遵守一項原則，亦即儘量使正反兩方有公平發言的機會，主持人應任出席人以多數來決定議案。

13. 會議的本身便是一種民主的生活方式，主持人必須了解處理會務的民主原則：即「以是非為準則」，「以討論定趨向」，「以多數為依歸」。

14. 遇到會場爭論激烈相持不下時，主持人應設法和緩氣氛，解釋誤會，必要時得宣佈暫時休息。

15. 在會議進行中，參與會議的人，都希望對於下面幾個問題得到了解：

(1)這次會議是為什麼？即會議的目標安在？

(2)討論什麼？

(3)節目表或議程是些什麼？

(4)會中希望大家做些什麼？

　　主持人應設法讓大家知道他們所希望知道的一切。這樣會使會議更容易收到良好的效果。

16. 主持人對於議案表決，除應注意表決的方式外，並宜留心下列各

點：

(1)主持人看到某一議案討論時間已經進行很久，爲節省開會時間，便可宣稱：「本案擬停止討論開始表決」，稍停片刻，以待參與人的反映，如果沒有人反對，即不再討論進行表決。

(2)對重大的議案，會場縱無反對意見，爲示慎重，亦應提付表決。

(3)當大會對於議案終止討論，進入表決階段時，應先將議案題目全文向大會重述一遍。

(4)大會表決時，應先問贊成者舉手或起立，次問反對者舉手或起立，然後將正反兩方票數及表決結果，向大會明白宣佈。

17.任何會議中，均可能有一、二位專事與主席爲難的吹毛求疵者，對於主席的主持會議實成爲一種嚴重的威脅，因之不可掉以輕心而必須設法作有效的防範與應付。

(二)關於討論者

1.激勵會衆使能充分參加討論

(1)激勵會衆的思考。

(2)提振會衆參與的興趣，使之討論生動。

(3)利用適當時機激勵討論。適當的時機是——

　①預備進行討論下一議題的時候。

　②使人注意某一重要論點的時候。

　③其他。

2.使討論不離本題

(1)隨時注意預測會衆的意向。

(2)於適當時機解釋意見，以利討論。適當的時機是——

　①會衆觀念模糊不淸的時候。

　②發言人沒有把話說淸楚的時候。

　③好幾種意見混雜在一起的時候。

　④自己的說明遭到反對的時候。

⑤會眾意見分歧，私自討論不同論題的時候。

⑥討論已離開預定目標（主題）的時候。

3. 控制討論的進度

(1)調節討論——

①防止會眾發言太多或太少。

②採用適當的方法以鼓勵或限制討論。

③決定容許離開本題的限度。

④避免不必要的重複。

(2)領導討論——

①定好計畫，照案實行。

②防止討論離題太遠。若係委員會之類的會議，必須使會眾與人了解其所屬團體的政策與政綱，以免立場紛歧。

③避免激烈的爭論。

④依照預定的時間進行討論。

⑤其他。

4. 增進會場的和諧氣氛，以利討論

(1)主持人在主席臺上，不要隨意地表現出權威的姿態。

(2)應付各種反應，即使在極困難的情況下，都要表示誠懇和友好的態度。

(3)領導方法要練達靈活，以免激怒會眾。

(4)使大家融洽，心平氣和。

(三)其他

　　諸如討論會、小組會之類的會議，其人數編組以十二人至二十五人爲宜。除了主席（主持人）須掌握主持會議的要領之外，與會人員也必須積極的參與、充分的配合，才能使會議發揮功能。與會人員必須重視自己的權利，諸如發言、動議、提案、表決及選舉、被選舉等權利；相對的，出席會議的人也有遵守議事規則、服從決議及維護會

場秩序的義務。其他列席人員、代表人等皆各有參與會議的權利與義務，必須加以尊重與遵從。

　　研討與會議是民主政治的產物之一，兼具有情報傳達、解決問題、教育指導、研究發展與意見交流等功能。現代企業人必須充實自我學養、熟習有關業務、流暢表達能力與積極主動自信，才能提高議事表現及議學修養，進而發揮所長、受人肯定。議學在政治科學中，雖是一種專門而深奧的學問，卻也是最富實際效用的技術；它是一種學習性行為、人際的能力，更是現代人必須具備的工作知能與生活常識。

摘　要

Notes

1. 人類行為的發展受到遺傳、成熟、環境和學習等因素的影響，其中遺傳及環境是客觀因素；成熟及學習是主觀因素。

2. 人類大多數的行為都是學習而來的，包括單純的技能學習、意見表達、災害防治到複雜的科學實驗、理論建構等。學習原理的應用將有助於人類改變不良習慣，學習有效行為，促進人際溝通，提高生活品質。

3. 「學習」是指經由練習作用使個體行為產生持久性改變的歷程。至於「練習」係指在相同的情境刺激下，個體多次重複相同的反應。

4. 有關人類學習行為的研究理論甚多，其中以「聯結理論」與「認知理論」二大類為主；前者又稱為制約理論、刺激反應論，以俄國生理學家 Pavlov 的古典制約學習與美國心理學家 Skinner 的「操作制約學習」為代表；後者則以德國心理學家 Köhler 的「頓悟學習」與美國心理學家 Tolman 的「認知學習」為代表。

5. 一般人在解決工作難題時，大都是根據三種模式來作決策：滿足模式（satisfying model）、情緒模式（emotional model）及理性模式（rational model）。滿足模式係指個人作決

Notes

策是為求自我需求的滿足；情緒模式又稱為衝動模式，係指個人作決策時乃隨興之所至，有時來自於自我的衝動情緒；理性模式則是個人先蒐集足夠的資訊以作決策的參考，而且根據自己與他人的客觀分析來做決定。

6. 主動學習與被動學習對於企業組織之人事管理與教育訓練具有重大的意義。若是員工屬於被動學習者，則企業的教育訓練應著重在充分提供員工資訊及強化課堂講授，使員工學習與工作有關的知能以解決工作問題；相對的，若是員工屬於主動學習者，則企業主管不妨多鼓勵員工自己面對問題，蒐集資料來解決問題，不必急於將經驗、智慧或解答授予部屬。

7. 聯結理論的增強作用、次增強與高層制約、消弱作用、自發性恢復、類化作用、區辨作用等概念可以應用在企業組織的人事管理中，也可以應用在消費情境裡。

8. 人類的消費行為是學習而來的，其中刺激與反應的聯結結果，將會影響到人類消費行為的塑造與改變，如果消費者在購買歷程中，被制約而形成固定的消費習慣，建立了品牌忠實性特質，將有助於廠商開發、行銷其產品，創造企業的利潤。

9. 認知理論也可應用於消費情境中，包括學習遷移的效果、愉悅消費情境的安排、產品資訊的提供、企業形象的建立

Notes

等。

10. 會議具有集思廣益、解決問題的功能，有效的研討會議是民主領導、雙向溝通、參與管理的具體表現。一般會議的種類有臨時會議、委員會議及永久集會等三種。會議的召開必須有充分的準備，同時考量主持人（主席）及與會人員等因素。成功的會議可以解決企業存在問題，溝通員工的意見，以及鼓舞士氣、糾合人心。如何主持及參與研討會議，也是一項重要的學習行為。

第十章

壓力管理

　　人生不如意事十常八九，無論是面對工作、學業、家庭、婚姻及生活的種種狀況，每一個人都可能承受不同程度的挫折與壓力。挫折就像是一支無名針，容易使人日漸消沈；壓力就如同是個吹漲的氣球，隨時可能爆發，自損傷人。在我們的日常生活中，難免會遇到挫折與壓力，它們如同是人類身上一個厚重的殼，容易沈重我們生命的步伐、擠壓我們生命的空間。輕鬆自在的生活人人嚮往，問題是：人若無法學會如何面對挫折、調適壓力，則經年累月的挫折壓力往往會弄得我們身心俱疲，成為個人生涯發展的阻力。

　　一個人一旦有壓力感受時，未必會覺得神經緊張，換句話說，壓力並非完全從神經緊張開始的；有些人遭受壓力，甚至產生身心症狀時，仍不知因由，仍無法察覺壓力的存在，誤以為打針吃藥就好了，或誤以為壓力可以不藥而癒，屆時「功力」會隨時空改變而復原。同

時，工作的壓力不至於會影響家庭壓力；反之，家庭的不愉快經驗也不會干擾到工作行為。上述想法皆是社會大眾對壓力的誤解，事實不然。長期研究壓力的學者席勒（Selye, H.）認為：壓力是生活中的一種自然反應，壓力並非永遠不好，也非完全由不愉快的事件所引起的，工作上的升遷、溫暖的擁抱也能夠產生壓力；長期的壓力會使人身心病變，它是無法自動消除的；壓力也被誤解為神經緊張，事實上，焦慮不安只是一種壓力症候，但未必所有人在壓力的狀態中皆會產生焦慮不安的行為反應。

現代人生活在科技高度發展、經濟利益掛帥、資本集中累積及人際關係變質的社會中，壓力成為現代人揮之不去的夢魘。現代社會的特質便是永無止境的「競爭」──與自己競爭、與同業競爭、與他人競爭、與時間競爭等。現代人不知不覺的在生活中習於競爭，習於擊敗對方，以肯定自己、追求成就；如此一來，導致每個人處在既否定他人又要期待他人肯定的矛盾生活中；無可否認的，「矛盾的生活」製造出更多挫折、衝突與壓力。因此，如何調適挫折，化解衝突，將壓力轉為助力，已成為現代人成功又快樂生活的重要學問。

第一節　壓力的基本概念

人生發展的每一個階段，都會遭遇各種不同的生活難題，也會面臨各式各樣的壓力。從孩童時代懂事以來，即要面對許許多多的生活壓力，它伴隨著我們長大成人、成家立業，以迄退休終老。不論是求學工作或旅遊休憩，壓力幾乎無所不在，小至日常生活中的應考、口試、擇業、點餐、如廁，大至生涯發展的重大抉擇，包括轉業、懷孕、結婚、分居、退休等，人類似乎無法將壓力從生活中分離出來。一般

人對「壓力」的了解有限，以至於對壓力產生誤解，包括：

1. 壓力是不好的。

2. 壓力出現時，當事人一定會察覺得到。

3. 壓力會製造不愉快的問題，但不會置人於死。

4. 打針吃藥可以控制壓力。

5. 壓力會隨時間累積而消失，不必太在意。

6. 長期的運動會減少個人抗拒壓力的能力。

7. 壓力的來源是單一的，不同的壓力各自獨立存在，對個人不會產生交互作用的不良影響。

8. 工作場合的壓力不會影響家庭生活；反之亦然。

9. 壓力可以完全消除。

10. 壓力只是「心事」，它是心理問題，與身體狀態無關。

　　事實上，壓力並非總是不好的，有時愉快的事件也會引起壓力，例如受上司器重、考績太好、出國旅遊等也可能會令人感受到不同程度的壓力。此外，壓力太大或太小雖然會降低一個人的工作成效或讀書效率；然而，適度的壓力也有助於提昇一個人的生活效能與學習表現，如圖 10-1。完全缺乏壓力的工作情境，有時無法激發員工的工作動力；但是，壓力太高時，也容易引發員工的身心不適或抗拒、混亂、失控的行為反應。惟有壓力適中才能發揮其正向功能。至於調適壓力的方法甚多，每個人採取因應處理壓力的反應模式也不盡相同，運動只是其中一種方法，但不當的運動行為也可能導致個人另一層面的壓力誘因，例如運動傷害等。總之，壓力是現代人共通的生活特性，值得加以關注。

一、壓力的意義與特性

　　何謂壓力（stress）？壓力本是物理學上的專有名詞，意指測量物

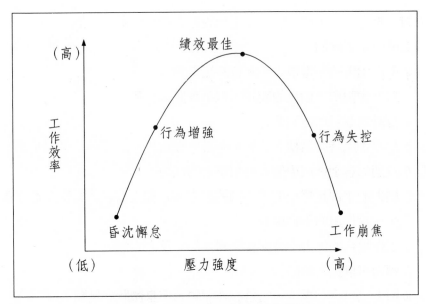

圖 10-1 壓力與行為表現之相關

體受到重量拉擠之力。在機械學上又稱「應力」,意謂金屬抵抗動力
負荷的內在力量。至於一般人在日常生活中所經驗的「壓力」,按照
心理學或醫學上的解釋則為「個體內在受到威脅性刺激所產生的一種
反應組型」,換句話說,壓力可視為是個體面對外在刺激所產生的一
種反應結果,它是一種依變項(dependent variables),是個體面對愉
快或不愉快刺激情境的反應型式,健康愉快的壓力是為「優壓力」
(enstress);反之則為苦惱、煩心(distress)的壓力。壓力也可視為
一種自變項(independent variables),是指引起個體身體及心理緊張的
單一或連續性的事件刺激,例如名落孫山、金榜題名或生老病死等。
　　有時壓力是個人在社會生活過程中,面對挑戰時所產生的一種動
力性心理狀態,它是一種中介變項,用來說明個人與環境間動態交流
的一種特殊關係,所以醫學上視壓力為一種能量(energy),當個體面
對外來刺激時,內在神經系統會釋放一種足以應付生活中各種危機、
挑戰的能量。壓力有助於個人預測未來可能發生的危機或覺察外在環

1. 壓力是一種環境中客觀存在且具有相當威脅性的刺激。

2. 壓力是來自於個體面對自我無法處理的事物或破壞其生活和諧的
   刺激事件。

3. 壓力是一種反應組型，是個體面對刺激情境所表現出來的一種特
   定或非特定、單一或連續的行為模式。

4. 壓力是一種刺激與反應之間的交流關係，具有動態變化，並非是
   固定不變的狀態。

5. 壓力是因為心理的、社會的、文化的、生理的與環境的改變而引
   起的現象。

6. 壓力對個體的心理、生理及社會關係皆會產生正向或負向的影響。

每個人在生長的過程中，在追求目標成就、實現自我的過程中，
必然會遭遇各種類型的挑戰，藉著壓力的催化，個人才能發揮潛能，
確立自我形象與生活目標。當然，過度的壓力往往也會造成個體生活
上莫名的緊張不安，導致個人能量的耗弱。換句話說，不同的個體面
對不同的壓力可能會產生不同的行為反應，例如遇到壓力刺激時，有
些人會壓抑承受，有些人會直接反擊，有些人會理性處理，有些人會
情緒崩潰。在工作情境中，有的人喜歡具有挑戰性的工作，即使它是
一種壓力；然而，也有人害怕職業壓力而選擇具有穩定性、單純性的
工作。這說明了壓力也有其個別差異性。

二、壓力的來源與測量

壓力是個人主觀的經驗，因事因人因情境的不同，每個人感受壓
力的程度亦不相同，例如公開場合上發言，有人視為畏途，充滿了壓
力；也有人樂此不疲，充分展現個人魅力。不同的壓力來源，對個體
所產生的影響不盡相同。究竟壓力的來源為何？如何加以測量？個體

如何自我檢視以維護個人心理健康，在在值得探討。惟有藉由對壓力的體驗，進而觀察人在壓力下不同的社會反應，才能有助於我們更了解壓力，進而減除不必要的心理壓力。

(一)壓力的來源

關於壓力源（stressors）的研究報告相當多，歸納專家學者的意見，人類壓力的形成原因主要有三：1.個人因素：包括個人生理上的缺陷、限制，個人生活環境的變動，個人性格與成長經驗，個人的資訊不足、資源缺乏，個人目標與期望水準過高等；2.家庭因素：包括家庭結構不全，家庭氣氛不良，親子關係不佳，父母管教態度不一致，家庭社經地位低，家人的支持度不夠等；3.工作因素：包括物理環境不佳（工作環境太暗、太亮、太冷、太熱、人多、人少等），角色模糊或人際衝突，工作性質不佳與工作方法不當，工作負荷過重，學非所用，難以發揮所長，缺乏社會資源，團體凝聚力不夠，組織氣候不佳等。上述因素皆足以引發人類的生活壓力，特別是三者相互影響下所構成的壓力更是沈重。

根據佛萊德曼（Friedman, M.）、羅森曼（Rosenman, R.）及柯永河、林一真等專家學者的研究：個人人格與生活壓力有密切的相關。「外控型」（external control）人格與「A型」（type A）人格最容易有壓力反應。前者意指個人行為反應較易受他人及外界環境的影響，自我的感覺與想法容易受到忽略或壓抑；至於A型人格的人，其行為有下列特徵：1.強調速度、競爭、積極，近乎完美主義者；2.冒失急促，說話、吃飯、走路的速度都很快；3.很難放鬆自己或遊手好閒；4.非常擔心自己沒有足夠時間來完成工作；5.情緒不穩、攻擊性強，容易與人發生衝突；6.缺乏耐性，無法忍受不合理的事物；7.具有強烈的責任感與榮譽心；8.喜歡爭論、說服別人等。A型人格的人生活步調急速，工作壓力大，長期而言，對身體健康的影響相當大，尤其容易引發腦血管疾病、睡眠困擾、腸胃不適及其他壓力症狀（例如頭

痛、呼吸不順或月經失調等）。儘管Ａ型人格的人工作有效率，積極、主動、有高成就的表現，惟若不適當的自我調適壓力，將對個人的身心健康及人際關係產生重大影響。

(二)壓力的測量

　　生活中任何變動或任何事件都可能引發個體的壓力，包括飲食、睡眠、交通、遷徙、生死等。美國華盛頓大學醫學院的兩位醫師荷姆斯與瑞荷（Holmes, T. & Rahe, R.）長期研究人類的生活壓力事件，在一九六七年發表的研究報告指出：改變人類生活的事件，往往會給個體帶來不同程度的壓力。荷姆斯等人設計了一份「生活改變與壓力感量表」將四十二種被認為可能引發疾病的生活變化事件，改編成「社會生活調適評量表」，如表 10-1。該量表內的每一生活事件都有一個壓力指數，反映此一壓力事件對個人身心健康所造成的傷害程度。

　　參閱表 10-1，每個人可將自己最近三年內生活裡經常發生的事件，參照該事件在表內的壓力點數，計算出個人總分。荷姆斯等人的研究結果顯示：若一個人在社會生活調適評量表的壓力總分低於一百五十分者，其未來兩年內罹患疾病的可能性是百分之三十七，總分愈少患病機率愈低；若是在一百五十分至三百分者，其未來兩年內罹患疾病的機率是百分之五十一；若是高達三百分以上者，則顯示其生活壓力太高，兩年內患病的機率高達百分之八十。此量表目前已廣泛地被運用於衛生醫療機構，以預測壓力對人體身心健康的影響程度。

　　此外，目前坊間也有許多用以檢測個人生活壓力的測量工具，例如「身心健康（調查）評量表」（如表 10-2）、「自覺壓力量表」、「中國人Ａ型人格量表」等。一般而言，處在高壓力情境中的人，日常生活中經常容易感覺到無法掌握各項的重要事情，隨時感受到緊張、焦慮；生活中的一切（包括工作、家庭、人際）經常壓得自己喘不過氣來；擔心會有不可預期的問題發生，而認為自己必須很有效率的完成所有的工作，解決所有的問題，或者認為自己無法妥善處理生活難

表 10-1 社會生活調適評量表

項序	生活事件	壓力指數	項序	生活事件	壓力指數
1	配偶死亡	100	23	兒女離家	29
2	離婚	73	24	與姻親發生糾紛	29
3	分居	65	25	個人有傑出表現	28
4	入獄	63	26	妻子開始（或辭去）工作	26
5	家人近親死亡	63	27	開學或學期結束	26
6	身體受傷或生病	53	28	改變生活環境	25
7	結婚	50	29	修正個人習慣	24
8	革職、免職	47	30	和老板處不好	23
9	破鏡重圓	45	31	改變工作時數或狀況	20
10	退休	45	32	遷居	20
11	家人健康情形變化	44	33	轉學	20
12	懷孕	40	34	改變消遣	19
13	性的困擾	39	35	改變教會的活動	19
14	家中新添成員	39	36	改變社交活動	18
15	事業重新調整	39	37	低於一萬美元的抵押或貸款	17
16	經濟狀況改變	38	38	改變睡眠習慣	16
17	密友死亡	37	39	改變家人團聚的次數	15
18	變換行業	36	40	飲食習慣改變	15
19	和配偶吵架	35	41	假期	13
20	抵押的金額超過一萬美元	31	42	聖誕節	12
21	喪失抵押權或貸款權	30		總分	
22	工作職責改變	29		（生活壓力總數）	

【說明】
請在上述量表內的生活事件中圈選出近三年你曾經歷過的，並將之對應的壓力指數相加，計算出個人總分，作為個人壓力測量的參考。
★輕度生活壓力者：總分低於一百五十分（含）
★中度生活壓力者：總分介於一百五十分至三百分（含）之間
★重度生活壓力者：總分高於三百分以上

（資料引自：Greenberg, 1993, p.130）

題；經常感覺疲累、痠痛、時間不夠用；甚至情緒不穩，處在沒有人可以了解及支持等狀態裡。

　　儘管每個人知覺、承受及處理壓力的能力不同；然而，過度的壓力容易造成個體緊張、焦慮、痛苦、無奈及絕望的情緒，並且降低個人（或團體）的工作效率，是一不爭的事實。因此，為了使自己能夠快樂、成功的掌握自我的生活，認識壓力的模式及其對人的影響，學習適當的壓力管理，確是現代人必須具備的生活技能。

表10-2　身心健康評量表

```
                      身心健康評量表內容
 有   沒有
 □    □    1. 經常覺得頭暈。
 □    □    2. 有時發生劇烈頭痛。
 □    □    3. 突然站起時會出現天旋地轉的暈眩症狀。
 □    □    4. 頸後或肩膀僵直，並感到痠痛不舒服。
 □    □    5. 耳鳴。
 □    □    6. 眼睛疲勞不舒服。
 □    □    7. 眼睛周圍疼痛。
 □    □    8. 有時眼前一陣昏暗。
 □    □    9. 有時若隱若現短暫性飛蚊症，很快便消失。
 □    □    10. 全身軟弱無力。
 □    □    11. 持續幾天在早晨起床時感到身體疲倦和沉重。
 □    □    12. 星期假日鎮日昏睡，即使努力放鬆也無法消除疲勞。
 □    □    13. 有時在上下班途中會有股衝動想下車休息。
 □    □    14. 早上起來常不想上班（上學）。
 □    □    15. 有時心臟突然砰砰跳。
 □    □    16. 脈搏微弱，有時心臟似乎要停止的感覺。
 □    □    17. 遇到緊張不順時，胸部不舒服。
 □    □    18. 常感到胸部疼痛。
```

（續下表）

商業心理學

（承上表）

有	沒有	
□	□	19.右肩、左手、下巴會有偶發性疼痛。
□	□	20.有時感覺呼吸困難。
□	□	21.有時感覺自己被關進小房間似地不舒服。
□	□	22.有時會有喘不過氣的感覺。
□	□	23.腳部浮腫、步伐沉重。
□	□	24.吃東西覺得沒有味道。
□	□	25.體重明顯下降。
□	□	26.胃腸或腹部感到疼痛。
□	□	27.常有便秘腹瀉的情形發生。
□	□	28.手腳會震顫發抖。
□	□	29.會出現手腳麻木和抽筋的現象。
□	□	30.手腳痠軟無力。
□	□	31.常感到心情沉重。
□	□	32.缺乏安全感。
□	□	33.覺得不快樂。
□	□	34.難於入睡或半夜自己醒來。
□	□	35.有時想休假在家休息。
□	□	36.時常想換工作。
□	□	37.時常覺得事情龐雜想一丟了之。
□	□	38.懶得和別人說話。
□	□	39.有想要自殺的念頭。
□	□	40.希望到遙遠的地方，過著寧靜的生活。

【說明】

請在評量表內每一題目勾選出個人在最近生活中「是」、「否」出現該現象，並加以計分。評量分數如下：每題所述「有」的計算一分；「沒有」則計算零分。然後計算出個人總分。5-19分輕度壓力；20-29分為中度壓力；30分以上為重度壓力。

（資料引自：教育部訓委會，壓力調適研習手冊，民85，頁12）

三、 壓力的運作模式及其影響

關於人類壓力的形成與運作情形，參閱圖 10-2。當個人生活中因身心狀況不佳、生活變動、意外事件或家庭工作等困境形成壓力源後，此一壓力會對個人內在產生影響，包括認知的影響（產生覺知該生活變動的自主性反應）、生理的影響（引發自律神經系統、內分泌系統或免疫系統等反應）及心理的影響（形成個人情緒與情感的反應），例如一位長期受到上司輕視、同事敵視而感受高度壓力的工作者，可能會認為自己受到不公平的待遇（認知反應）、自覺不滿委屈（心理反應），甚至於上班時食慾不佳、頭痛心悸（生理反應）。

當一個人內在感受壓力時，若其人平時心理健康、人格健全，同時擁有完善的社會資源，個人也能覺知並運用該社會資源，則較容易成功的調適壓力，以獲得心理的成長、成熟（當然永遠成功生活、調適壓力的人也可能有其副作用，例如自我期望高、感受他人肯定的壓力）；反之，當個人無法成功地調適壓力時，則容易產生初步的身心症狀，例如失眠、頭痛、焦慮等，長期處在壓力情境中又無力克服的人，可能產生身心病變，再度加重壓力負荷，如此惡性循環不斷。

當面對壓力時，個人因感受壓力的程度、個人身心特質及社會環境經驗等不同，往往會呈現不同的壓力影響其行為反應。個人對於壓力的反應主要分為三方面：認知反應、生理反應與情緒（心理）反應等。關於認知反應的部分，當我們覺得受到壓力威脅時，許多智能方面的功能就會受到不同程度的影響，包括記憶力、注意力、理解力、推理能力及邏輯組合思考的能力。此外，工作有壓力的人，常會花費太多的心力、腦力、體力去處理壓力，而缺少了對工作的專注性與創造力，無法冷靜下來蒐集、參閱工作資料，甚至忽略或誤解有利的明顯線索。換句話說，壓力會影響個人問題解決、判斷與做決策的能力，只因為壓力會窄化了人類的知覺範圍，導致個體以刻板、固著的思考

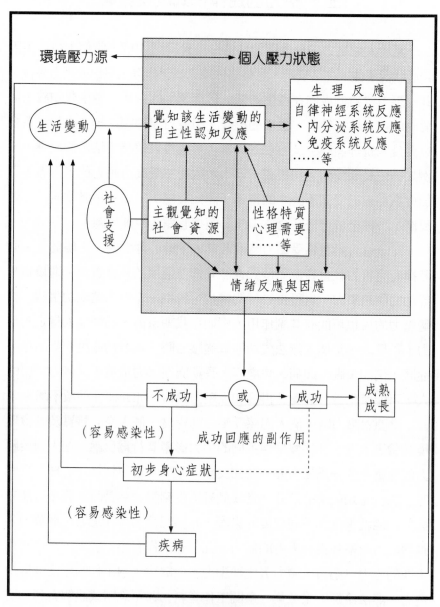

圖 10-2　壓力運作模式圖

（資料引自：教育部訓委會，壓力調適研習手冊，民 85，頁 11）

方式取代創意性、建設性的認知反應。

其次，當我們覺得受到壓力威脅時，容易產生下列的生理反應：頭痛、冒冷汗、呼吸急促、心跳加快、手腳冰冷、胸悶、精神不振及腰酸背痛，甚至引發消化系統、呼吸系統及免疫系統等疾病，不可不慎。「壓力太大容易生病」是普遍的生活常識，例如學生考試期間有些人容易感冒；上班族急躁時血壓容易升高，精神亢奮時容易失眠；過度傷神、傷腦筋時容易掉頭髮（俗稱鬼剃頭）或白了頭（我國春秋時期的伍子胥為逃難過昭關一夜髮白，即是著名例子）等。

無可否認的，長期工作負荷過重或心理負擔太大的人，常會在慢性緊繃的消耗下，身體出現肌肉痠痛、腸胃不適、心悸、血壓高等毛病；行為上也會造成坐不穩、睡不沈、注意力不集中、記憶力不好等現象。在情緒上更有倦怠、低潮、發脾氣、想一走了之等衝動。此時那怕只是遇到一個小小的刺激，身體或情緒狀況都會像決了堤的洪水般地崩潰，一發不可收拾。如果壓力再持續累積，長久下來便會造成個體內在平衡系統的紊亂、崩解，形成無法復原的病症，亦即平常說的「積勞成疾」，變成「病理性疲勞」，諸如高血壓、狹心症、消化性潰瘍、偏頭痛等都是生活中常見的壓力疾病。因此，談到「壓力」這個名詞，難免會予人「談虎色變」的感覺，它就像是一個侵蝕人類身心健康的罪魁禍首一般。

其實，研究壓力的專家學者或真正了解壓力的人，都不否認另一個存在的事實：壓力也有其正向功能，壓力可以激發人類潛在的能力，增加行為的效率。例如史記李將軍列傳：「廣出獵，見草中石，以為虎而射之，中石沒鏃，視之石也。因復更射之，終不能入石矣！」飛將軍李廣在把石頭誤認為老虎時，能一箭射進石中；等到錯覺消失之後，怎麼試都沒法再把箭給射進去石中。原來我們與生俱來便有一種對抗壓力的本能，它能在危急狀況時，自動地觸發整套應變危機的「戰備」系統，出現一些像加快心跳、升高血壓、加速呼吸、釋放能量、增強耐力等勇猛的生理變化，讓我們就好像大力水手吃了菠菜精似的

能力倍增。

除顯而易見的生理變化外，形而上的反應力也同步增加，記性好、反應快、學習力強、工作效率提升等激發出來的能力，都能在危機處理時用來「急中生智」、「化險為夷」的絕處逢生；或在準備考試、趕進度時藉以「急起直追、出奇制勝」度過難關之契機。因此，現代人與其排斥壓力又無法避免壓力的存在，何妨適度的運用壓力，充分的掌握壓力，成熟的管理壓力，以創造個人事業成功、生活快樂的基石。有關「壓力的紓解與管理」將留待本章第四節再來討論。

至於壓力對人類情緒與心理反應方面的影響，當個人感受到高度壓力威脅時，容易出現焦慮、恐懼、憤怒、不滿、擔心、不安、煩躁、哀傷等情緒，甚至導致精神崩潰或神經耗弱。此外，經歷重大生活變動或意外事件者，有些人會有創傷後心理失調的現象，例如親人死亡、受暴婦女、空難生還者等，在未來生活中往往會不由自主的回憶那些可怕的經驗，且一再重複出現那些恐怖的畫面於腦海中，長期下來，容易導致神經敏感、反應遲鈍及生活無趣，對人不信任，對所有的事物喪失興趣，懷疑生命的價值，內心充滿無力感。

第二節　職業倦怠感的探討

人類的壓力負荷往往反映在工作情境中，幾乎任何的工作情況都可能成為壓力的來源。通常工作刺激不一定對所有情境內的工作者產生同等的壓力；例如面對相同的工作刺激，有些人感受到或輕或重的壓力，也有人絲毫未感受到任何的心理負擔。工作中的壓力多半來自於目標模糊和人際衝突、過度的工作需求、工作缺乏安全感、失業的危機、對電腦科技的恐懼、大材小用、雄心受挫及學非所用等。當工

作壓力過大,當事人無力紓解,而且感受到對工作的期望報酬與實質報酬之間有所差距時,往往容易出現「工作崩焦」與「職業倦怠」的感覺。

一、工作崩焦

所謂「工作崩焦」(job burnout)是指個人面對工作壓力時產生不適、疲乏、無助和無望的心理狀態,或者因未得到預期的回饋與報酬而產生的冷漠感覺。當一個人在工作情境中經常感覺精疲力竭、人際關係退縮及個人成就感低落時,即是明顯的工作崩焦現象。工作崩焦的形成原因與影響結果,近似於壓力的來源、運作模式及其影響結果,如圖 10-3。一般而言,組織制度不良、結構功能不彰等情況會導致員工產生工作崩焦的現象;除此之外,個人的身心健康狀況、自我調適能力、社會資源的多寡與動機需求的強弱,在在影響工作崩焦的輕重程度。

工作崩焦的處理方法相當多,每個人因應工作崩焦的策略也不盡相同,最基本的是要發展切合實際的期望與培養自我調適的能力。工作崩焦的人,往往在認知思考上出現一些非理性的想法或不切實際的觀念,例如:「一個人的所做所爲必須要受每個人的讚美」、「人不可犯錯,犯錯的人會受到嚴厲的懲罰」、「如果事情不能如願,那是很糟糕的事」、「人人都應該聰明、能幹,否則會被淘汰」、「人應該在工作上有所成就」……等。理性情緒治療法(rational-emotive therapy)的學者艾利斯(Ellis)認爲:人的想法是導致事情結果的因,好的想法產生好的結果,不好的想法則產生不好的心情、不好的結果。因此,不切實際、非理性的想法往往會引發現代人的工作壓力與工作崩焦的行爲。

其次,任何人都要設法在平時培養自我調適生活的能力,增強個人工作挫折的忍受力。爲何相同的工作情境、工作性質與目標任務,

會引發不同個體的不同行為反應。有些人面對工作挑戰愈能激發其行動力、創造工作績效、擁有高度的成就感；相反的，有些人長期面對工作考驗，卻產生精疲力竭、人際疏離、心智退化等工作崩焦的症狀，這正足以說明個人自我調適外界壓力的能力有個別差異。因此，現代上班族不妨在工作情境中或日常生活裡，多訓練個人適應環境的能力，包括多充實自己、多運用社會資源、多激勵自己。本質上，工作崩焦是一種溫和的心理沮喪病症，激勵自己就是最佳的藥方。平時，工作完成或表現不錯時，何妨在精神上、實質上給自己獎勵一番。

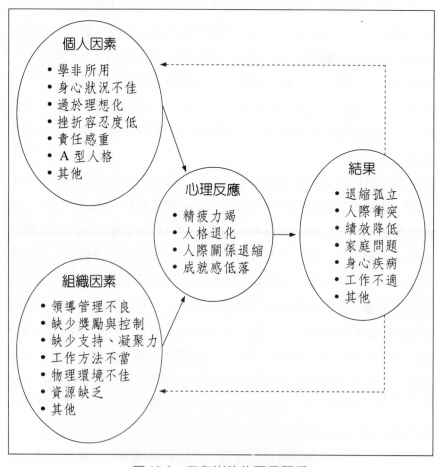

個人因素
• 學非所用
• 身心狀況不佳
• 過於理想化
• 挫折容忍度低
• 責任感重
• A型人格
• 其他

心理反應
• 精疲力竭
• 人格退化
• 人際關係退縮
• 成就感低落

結果
• 退縮孤立
• 人際衝突
• 績效降低
• 家庭問題
• 身心疾病
• 工作不適
• 其他

組織因素
• 領導管理不良
• 缺少獎勵與控制
• 缺少支持、凝聚力
• 工作方法不當
• 物理環境不佳
• 資源缺乏
• 其他

圖 10-3 工作崩焦的因果關係

二、職業倦怠

工作崩焦是職業倦怠的一種反應現象。職業倦怠與工作崩焦二者有密不可分的關係，二者同樣對個人的工作效率產生重大影響；有些人長期職業倦怠，終致工作崩焦；反之，有些人則因工作崩焦、缺乏成就感、工作中人際關係不佳而產生職業倦怠感。因此，如何改善員工的職業倦怠感，激發其工作動力，是企業管理的重要課題。

職業倦怠（vocational weariness）是職業適應不良（vocational mal-adjustment）的一種癥候，一種心理現象。所謂「**職業倦怠**」是指一個人**因持續性工作而出現能量耗損的心理現象**，導致個人對工作出現抗拒、逃避的行為與無力、不滿等感覺。職業倦怠反映了個人的工作狀態與工作結果，同時，也反映了企業整體的工作效率指標。通常職業倦感來自於個人與其所從事的職業之間呈現不調和的現象。從個人方面而言，個人對其所從事的職業缺乏興趣，自己的能力專長不能配合職業的要求，作事不能得心應手，不能從職業中獲得心理上的滿足，因而對職業產生厭煩、排斥、無力的感覺，甚至有逃避職業的傾向，出現身心症狀的職業病；從職業方面而言，工作人員的條件不能配合企業組織的要求，或是專業能力不足，工作態度不佳，導致人與事失調，人與人衝突，工作績效低落，無法達成組織的目標與任務。

職業倦怠主要源自於個人與職業之間的不調和現象。有些人之所以會產生職業倦怠的症狀，原因不同而且因素也相當複雜，甚至不容易具體診斷肇因。一般常見的引發職業倦怠的因素包括：

(一)生理因素

生病時較容易出現食慾不佳、精神不振、工作效率降低等現象，這是每個人共通的經驗。同理，長期生理上的疲勞、疾病也會導致個人職業倦怠，甚至產生職業病，形成惡性循環。根據醫學研究，長時

間的工作壓力或個人身心狀況不佳，身體機能運作不良，以致身體內的能量未及充分補充，或由於個人工作時體內新陳代謝產生的廢物無法正常排出，包括乳酸、二氧化碳等，若因而積存於體內，也會造成身體病變，間接影響個人的工作態度與工作成果，例如：長期接觸苯胺的工人容易罹患膀胱癌，長期接觸鉻化物與石棉、砷、鐵的工人容易罹患肺癌，長期製造含鐳之夜光表盤的工人容易罹患骨瘤，經常處理煤炭、石油及接觸紫外線的工人容易罹患皮膚癌及白血病等。

(二)心理因素

一個人若是在工作中無法發揮所長、不受上司重視、對工作不感興趣、缺乏工作成就、與同事相處不睦或個人挫折容忍度低、情緒不穩、人格不成熟等，凡此皆容易產生職業倦怠感。此外，職業壓力（occupational stress）也可能引發職業倦怠與職業病。

(三)工作因素

一個人若是長期處在工作環境不佳、工作性質複雜、工作負荷過重、工作難度太高、工作方法不良或組織制度不健全，也往往會因此而頻生工作挫折、喪失自信。此外，同工不同酬、個人所得與付出不成正比、組織氣候不良、缺乏溝通管道、領導管理不當及物理設備不佳等工作因素，當事人若沒有適當的壓力宣洩與心理輔導的管道時，亦容易產生職業倦怠感。

當員工對職業、工作產生倦怠感時，很明顯的會出現人際關係疏離、個人孤立退縮、身心疲憊或易生疾病、認知思考能力降低、缺乏對事物的判斷力與反應力、工作懈怠、情緒不穩、容易與人發生工作衝突等不當行為。如此一來，個人、組織與工作三者皆會受到不良影響，故必須加以正視。員工職業倦怠的預防與處理可針對上述因素，「對症下藥」加以改善。

在組織管理方面，領導階層宜多注意；1.改善企業經營模式；2.

建立完善的組織制度；3.改進工作方法與環境設備；4.加強員工在職訓練與心理輔導；5.提供合理的福利待遇；6.建立溝通管道，凝聚團體向心力。至於員工個人心理調適方面，除了參考壓力管理與挫折處理的方法之外（詳見本章第四節、第三節），可以朝下列方向努力；1.建立良好的人際關係；2.做好個人心理衛生工作；3.培養自我調適的能力；4.建立個人生活重心；5.安排個人休閒生活；6.擬訂並實現個人生涯規劃；7.建立並運用個人的社會資源系統；8.多愛惜自己、多激勵自己。

　　工作崩焦與職業倦怠雖然是個人職業適應不良的一種結果，但也可以視為是個人身心健康狀況的一種警訊、癥兆。現代人若能坦然面對壓力、真正了解壓力，進而充分運用壓力的正向能量，必能成功的經營工作與生活，迎接任何人生的挑戰。

第三節　工作挫折與衝突

　　每個人從小到大，在成長的過程中總會立下許許多多的理想與目標；但是，有些理想可以實現，有些目標卻很難達成。在追尋目標與實現理想的過程中，若是遇到阻礙，便會產生一些挫折感，甚至與人發生衝突。因此，挫折與衝突往往成為人類生涯發展的絆腳石，它們也是個人成長過程中必經的困境。基本上，挫折、衝突與壓力三者是息息相關的，衝突導致挫折或挫折引發衝突，它們都是壓力的根源，如圖 10-4。在工作中、在生活裡，究竟人類的挫折與衝突如何發生，如何處理與預防，值得關注了解。

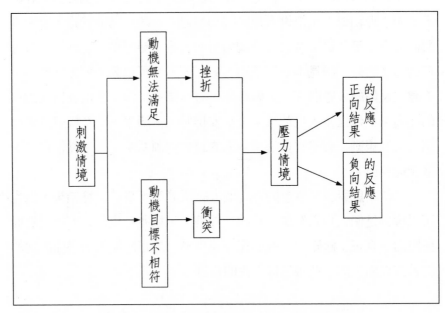

圖 10-4　挫折、衝突與壓力三者的互動關係

一、挫折與衝突的概念

　　俗云「人生不如意的事十常八、九」，又謂：「天有不測風雲，人有旦夕禍福」，此二者正是以反映人類在成長歷程中必然會面對一些挫折與阻礙。人際互動時遇挫折容易產生人際衝突，個人成長時面對外界環境的挫折，也易產生內在心理的衝突。因此，挫折與衝突乃是個人社會化歷程中的重要經驗，值得探討。

(一)挫折的成因

　　挫折一詞含有二種意義：第一個意義是指阻礙個體動機性活動的情境；另一意義是指個體遭受阻礙後所引起的情緒狀態。**構成挫折情境的因素有三：**

1. **自然環境**：因空間的限制、時間的限制，使人不能達到目的的事例很多，例如人世間的生、老、病、死，以及無法預測的天災地變，都是人力無法抗拒、使人心生挫折的自然限制。

2. **社會環境**：社會性的挫折情境是人為的，它不但阻礙個人的行動使人達不到目的，而且會使人因挫敗而感到愧疚損及自尊，諸如政治、經濟等環境對個人行為所加諸的限制。

3. **個人因素**：從兩方面來說，一方面是個人所具備的條件不能隨心所欲達到某種目的時，就會產生挫折；另一方面的個人因素是動機的衝突。在面對多種情境的逼迫之下，個人會面臨強迫性的取捨抉擇（亦即本節後述之衝突），這也屬於挫折情境之一。

基於以上分析，個人在日常生活中，挫折是無法完全避免的。但不幸的是，有很多挫折情境，個人既不能克服它，又無法逃避它，因而對人類形成一種長期性的心理壓力。若能培養個人的挫折容忍力，相信有助於減少此一心理壓力。所謂**挫折容忍力**，乃是指個人遭遇挫折時免於行為失常的能力，亦即個人承受環境打擊或經得起挫折的能力。挫折容忍力顯然與個人的人格統整性具有密切的關係。一般言之，挫折容忍力低者，幾經挫折的打擊，其人格將失去統整性，甚至趨於分裂而致行為失常或身心病變。因此，挫折容忍力無疑是維護個人心理健康的一道防線。

挫折容忍力與個人的習慣態度等行為相似，是學習來的。因此，無論是父母、教師或主管，不但應該教育他人接受、容忍日常生活中的挫折，並且鼓勵他們由挫折失敗中獲取經驗，而後再接再厲去克服困難。此外也有必要提供適度的挫折情境以鍛鍊個人的挫折容忍力。

(二)衝突的型態

人際之間彼此動機不相容的衝突也是構成挫折的原因之一。在我們日常生活中，常為某一目標或數個目標而同時有二個或多個動機。

若這些同時並存的動機無法同時獲得滿足，尤其在性質上又呈現彼此互斥的情形時，就會產生動機衝突的現象。此種現象也稱爲心理衝突，或簡稱衝突（conflict）。**常見的衝突型式**主要有四：

1. 雙趨衝突（Approach-approach Conflict）

係指個體在有目的的活動中，同時擁有二個並存的目標，而且個體對二個目標具有同樣吸引強度的動機。在這種情境下，假使個人迫於情勢必須選一抉擇時，心理上自會產生一種「魚與熊掌」難以兼取的衝突心境。衝突之形成，主要是因爲二個目的物對個人具有同樣的吸引力，而且產生同樣強度的二個動機驅力。例如，個人面對二個具有同樣優越條件的工作機會，難以取捨。

2. 雙避衝突（Avoidance-avoidance Conflict）

有時二個目標可能均對個人造成威脅，而個人又迫於情勢必須接受其一，始能避免另一，這種面對二項所惡者必須接受其一的困擾局面，稱爲「雙避衝突」。例如，個人不想加班，又不想令主管失望。

3. 趨避衝突（Approach-avoidance Conflict）

有時候個體對單一目的物同時產生二種動機，一方面好而趨之，另一方面又惡而避之。此種因二項動機衝突情境引發心理困擾的現象，稱爲「趨避衝突」，這也是平常我們所說的矛盾心理。趨避衝突之所以使人困擾，主要是因爲它會塑造進退兩難或猶疑不決的心境，例如一個人喜歡吃零食又擔心會因而發胖。

4. 雙重趨避衝突（Double Approach-avoidance Conflict）

當個體的活動可能同時具有二個或多個目標且每一目標都對其形成趨避的情勢困境，此即所謂「雙重趨避衝突」，例如一個人面對出不出差都可能產生後遺症，因而困擾不已。

(三)挫折後反應

無論挫折的因素是屬於外在還是內在的原因，基本上挫折之後都會對個體行爲發生影響，使其原來進行中的動機性行爲產生變化。有

些人經歷挫折後會產生積極正向的行動，但更多人會有**負向的挫折行為表現**：

1. 攻擊（Aggression）

許多人遇到挫折時會有攻擊性行為，依其表現方式又可分為二類反應：*1.* 直接攻擊──個體受到挫折後，最直接的反應是向構成挫折的人或物反擊，直接攻擊的結果有可能危害到別人的安全，而為社會規範所不許；*2.* 間接攻擊──轉向攻擊（displaced aggression）通常在二種情況下表現出來：一為當個人覺察到對方不能直接攻擊時，轉而把情緒發洩到其他的人或事物上去，二為挫折來源曖昧不明，沒有明顯的對象可以反擊，甚至個人不知如何攻擊。所謂莫名的煩惱，即屬於此種情形。

2. 冷漠（Apathy）

冷漠的反應方式，在表面上看來，似乎對挫折情境漠不關心，表示冷淡退讓，實際上當事人的內心痛苦可能更甚。其反應之形成，可能因以往經驗體會到攻擊是無效的，甚至因攻擊而導致更多的痛苦，因此改以冷漠的方式應付。形成冷漠反應的另一種原因，可能是挫折情境對個人產生重大壓力，使個人感到無助、絕望，因而失去一切信心與勇氣。

3. 幻想（Fantasy）

係指個人遭受挫折後，退縮遠離挫折情境，把自己置於一種想像的境界，企圖以非現實的虛構方式來應付挫折或解決問題。白日夢乃幻想的常見方式之一，個人可以藉此暫時脫離現實，在自己想像而虛構的夢似情境中去尋求滿足。假使一個人完全依賴幻想來解決現實問題，幻想就容易轉為身心病變。

4. 退化（Regression）

係指個體遇到挫折時表現的行為較其應有的行為（依年齡發展）幼稚不成熟，它是一種反常的現象。退化現象，一般相信是由於兒童幼稚期學到的經驗所致。有些成人遇挫折後矇頭大睡，甚至裝病不起，

這也屬於幼稚退化的行爲。

　　人若能在挫折中學習積極正向的行動：包括重新計畫、檢討反省、激勵自我及展開行動，相信必能「愈挫愈勇」；反之，若是只想改變他人、孤立冷漠或是經常使用自我幻想、行爲退化等不當的心理防衛機轉，必然會「坐困愁城」、喪失自信、疏離人群，無法適應生活與發展生涯。

二、工作中挫折與衝突的影響

　　挫折與衝突的現象經常容易發生在工作場所裡，因工作中的人際關係彼此具有競爭性、迫切性與功利性，加上工商企業重法理、重實利、輕言人情；因此，許多人在工作上常容易遭受挫折衝突的困境。形成工作挫折與衝突的原因很多，大致可歸納爲：1.競爭有限的資源；2.目標不同；3.工作方法的不同；4.人的個別差異性；5.角色的曖昧與衝突；6.性騷擾與性別歧視；7.本位主義；8.工作本身的問題等。不論工作中挫折與衝突的原因爲何，任何的工作挫折與人際衝突可能源自於個人的專業能力不足及二種以上不協調的動機、需求或事件所致。

　　儘管工作中挫折與衝突是個人壓力的來源之一，但如同壓力有其正向與負向功能一般，工作的挫折與衝突對個人、對組織也有正反兩方面的影響。「平步青雲」、「一帆風順」雖然是許多員工未來生涯發展的期望；但無可否認的，現實生活與工作環境的考驗也相當多，因此挫折與衝突自然無法避免。

　　一般而言，組織內的個體之所以排斥、擔心引發工作的挫折與衝突，主要是因爲二者容易產生下列不利的影響結果：1.長期的挫折與衝突對個人的情緒及生理健康有害；2.二者容易使個人專注於自身的利益與人際關係的經營，反而忽略了工作任務的達成與組織的目標利益；3.二者容易耗損員工過多的能量，包括時間、精力與心神的耗費；

4.二者容易引發組織內的人際困境，例如分派系、搞小集團等。

　　至於挫折與衝突對人類行為的**助益**，包括：*1.*二者可使當事人表現出潛能與才華；*2.*二者可以滿足很多的心理需求；*3.*二者可以導致企業體系有價值的革新與改變；*4.*二者可以協助個人反省自我；*5.*二者可以為組織內問題，提供適切的診斷資訊；*6.*二者可以考核員工的品德操守及對危機的處理能力；*7.*二者有助於重新建立組織的參與感或危機意識等。綜合上述優點，員工不需要抗拒、害怕工作中會產生挫折與衝突，而是思考如何加以運用並解決它。

三、工作中挫折與衝突的處理

　　當個人遇到工作挫折與衝突時，不妨冷靜思考一下，究竟為何會產生此一挫折衝突？檢討其原因，重新擬訂目標，修改工作計畫，向他人請教求助；更重要的是要堅定意志，增強信心，時時不忘為自己打氣，激勵一下。千萬不要因一時的挫折，使個人失去理智與毅力，進而困頓自己，攻擊他人。若是與他人產生工作衝突時，不妨也冷靜的分辨此一衝突的利弊得失。心理學家強生（Johnson, D. W.）認為：工作衝突解決後，若能產生下列四種結果，則此一衝突是有益的：*1.*衝突的雙方更能共事的完成工作；*2.*衝突的雙方皆能了解彼此且熱愛工作；*3.*衝突的雙方都滿意衝突後產生的結果；*4.*衝突的雙方皆能提昇自己未來解決衝突的能力。

　　強森的研究論點顯示：處理工作中的人際衝突須以「**互惠雙贏**」為最高原則。當然，有些人在工作衝突的過程中，只考慮自己卻犧牲了別人，也有些人處處為對方著想卻委屈了自己；更有甚者，衝突的雙方皆未蒙其利，甚至於兩敗俱傷。因此，處理工作衝突的原則與方法不同，所得的結果也有不同。圖10-5顯示五種不同的衝突處理方法。

(一)逃避

　　人與人之間發生衝突時，個人既無力處理，不在乎個人的需求期待，也不想滿足他人需求，配合他人期待，此時當事人往往採取「不管他」、「隨它去」的逃避方式來面對衝突，甚至拖延、擱置衝突困境，讓時間來解決它。經常採取逃避方式來處理人際衝突者，多半發生在衝突事件不嚴重或個人人格成熟度不夠等情況裡。

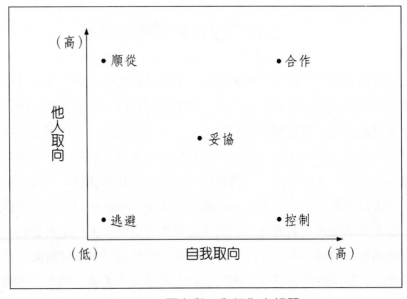

圖 10-5　壓力與工作行為之相關

(二)控制

　　若是衝突的雙方，一方較為強勢（例如位高權重、財大氣粗或年高德劭者等），另一方為相對弱勢，則往往前者會採取控制，後者會採取順從的方式來處理人際衝突。從另一個角度而言，若當事人自我意識強烈、行事較以自我為中心，則在人際衝突中往往也會以控制、

強迫對方接受己意的方式來處理。

(三)順從

人際衝突之一方，若是個性溫和、行事不與人爭、同理心高（設身處地為他人著想），則往往較會以他人為中心，考慮他人立場，接受對方的意見，因此較易採取順從的方式處理工作衝突。除了上述人格特質使然外，一般工作場合中，舉凡「人微言輕」、「後生晚輩」、「新進資淺」、「外行非專業」的人，也較容易採取順從的方式來處理工作衝突。

(四)妥協

商場上，客戶與客戶、公司與公司之間因關係對等地位平行，而且各有自己的立場，各自為了維持公司營運及爭取個人利潤，難免在工作衝突（利益衝突）時，既要考慮自己的期望，也須配合對方的要求，基於長遠合作關係的考量，衝突的雙方往往會各自退讓一步，採取妥協的方式來處理衝突。一般的人際衝突是如此，甚至民事調解、政黨協商及國際談判，也多半是運用折衷妥協的方式來化解糾紛衝突。

(五)合作

當衝突的雙方基於長期情感的維繫、理念的交流與利益的交換等考量，往往會共同設定一個雙方皆能滿意且有收穫的解決方案，接受「衝突」是了解彼此立場的過程，雙方願意開誠佈公的合作，此乃「雙贏哲學」的衝突處理模式，亦即符合前述強生（Johnson）的衝突利益說。「合作」是一種解決衝突的建設性模式但必須以「真誠溝通」為基礎，以「互惠互利」為原則，具體作法如下：

1. 預留磋商餘地，不宜「話說滿、路走絕」。
2. 溝通範圍、溝通人員逐漸地做小幅度的開放。
3. 溝通人員控制情緒，不宜感情用事。

4.在自己的能力範圍內進行磋商。

5.顧全對方尊嚴，保留雙方面子。

6.溫和的面質，機智、幽默且溫暖的質詢對方的矛盾不實。

7.若是衝突雙方對立，不妨「異中求同」，例如說：「我知道你的立場，我同意你的說法，其實我們同樣期待合作，同樣想開放市場……」。

8.適當的運用溝通技巧（參閱本書第十章）。

9.充分舉證，引經據典，提供有力有利且正確的資料，令對方信服，接受論點改變己見。

10.勿短視近利，宜有雙贏的合作遠見。

當然，解決工作挫折與人際衝突的策略方法甚多，重點在於要先「知己知彼」，要考慮自己與對方的個性、風格及雙方所面臨的情境特性與問題性質。基本上，任何的挫折並非「永遠失敗」的前兆，任何的衝突也絕非「你死我活，你贏我輸」的競賽。若能以開放的心胸、積極的態度，採取建設性的方法來加以處理，最後必能「愈挫愈勇」、「愈衝愈強」，必能解決工作困境，化解生活壓力。

 第四節　壓力的紓解與管理

無論是挫折、衝突或職業倦怠，任何工作上或生活上的壓力，都必須加以正視與處理，否則長期處在挫折、衝突與職業倦怠等壓力下，必會影響個人的身心健康、生活適應、工作表現與生涯發展。面對壓力，首先必須有「預防重於治療」的觀念，平時宜注重個人的心理衛生保健工作，吸收新知充實自我，拓展和諧的人際關係，做好個人的

心靈管理、時間管理、財物管理、情緒管理及生涯規劃。若能如此，即使在不得不然的情況下壓力臨身，個人也可應付自如坦然面對，使壓力減低或獲得紓解。

一、壓力的紓解

美國一位擁有二十多年輔導精神病患實務經驗的護理人員薛柏女士（Sharber, J.）強調「調適壓力就是管理自己的生活（To manage your stress is to manage your life.）」。根據她在婚姻諮商、家庭輔導及教導壓力調適課程的臨床心得，提出壓力調適的十五個重點：1.每天至少運動二十分鐘；2.每天至少讓自己放鬆二十分鐘；3.每天工作四小時，休息二十分鐘；4.每年至少休閒渡假兩週；5.妥善安排自己的工作；6.適當的分擔責任；7.拒絕太多的承諾，以免自己不勝負荷；8.避免太多含高脂肪及高糖量的食物；9.有效的表達自我的感受；10.多和朋友聊天、交往；11.擬訂工作計畫與生活計畫；12.確定自己不斷在成長及改變（進步）；13.微笑及表達幽默感；14.避免腦海中充滿憂慮及非理性的想法；15.喜歡及愛惜自己。

除了上述十五點壓力調適的方法之外，為了協助個人消除一天工作的緊張疲勞，薛柏女士也建議運用下列六項自我訓練的方法來減輕壓力（suggestions for releasing tension）：

1. 身體訓練（Physical Exercise）：下班後多做運動以消除疲勞、強健體魄，增進身體健康。

2. 參與創造性活動（Creative Pursuits）：平時多參加藝術性、創意性的活動，以獲得個人成就感，發揮所長。

3. 拓展個人興趣（Explore Your Interests）：參與義務工作及社會服務，追求個人專業知識與生活知能的成長。

4. 發展寫作技能（Develop Writing Skills）：包括作筆記、做成長手札、寫日記、「信筆塗鴉」、個人心思隨記（記下個人隱私性的

恐懼、喜悅等情感的生活點滴）等，真實的面對自己。

5. 練習有意識的自我放鬆技巧（Practice Conscious Relaxation Techni-
   ques）：諸如深呼吸、冥想、催眠、肌肉放鬆、瑜珈等，讓自己
   能學習輕鬆自在的生活。

6. 適當的確認及滿足自己的需要（Get Recognition Needs Fullfilled）：
   人都需要愛、關懷、激勵與歸屬感，平時不妨多與人接觸，並充
   實自我的生命。**總之**，想要追求高水準的生活，單靠營養與運動
   是不夠的，而是必須運用更多的調適方法來確保自己的身心健康
   與生活快樂。

二、壓力管理的策略

每一個人從生到死的發展過程中，都會面臨各式各樣、輕重不等
的壓力，每個人調適與紓解壓力的方法不盡相同，有的人找朋友聊天、
戶外踏青、看電影電視；有的人去逛街購物、休閒旅遊、打球運動；
有的人反省自己，看書寫作或到海邊大叫、廁所痛哭。縱然每個人調
適的方法不同，但期盼減除壓力的心情與目標是一致的。基本上，調
適壓力要懂得運用正確的方法，尋找適當的對象，掌握要點訣竅，才
能發揮立竿見影的效果；否則徒增個人心神、體力、金錢及時間的耗
損，憑添更多的生活壓力。綜合歸納專家學者的意見，提出管理壓力
的建設性策略如下：

（一）目標策略：確立生活目標

為自己擬訂短、中、長程目標，但應視自己能力狀況來訂定適切
目標。目標愈具體詳實愈易達成，切忌好高騖遠、眼高手低。例如當
前春節假期何處去，先規劃一項春之花旅遊，接著為即將來臨的期中
考擬一份考前得高分辦法，較遠的目標訂在實習或畢業後找尋好的工
作計畫，只要按部就班、全力以赴，必然能夠水到渠成。確立生活目

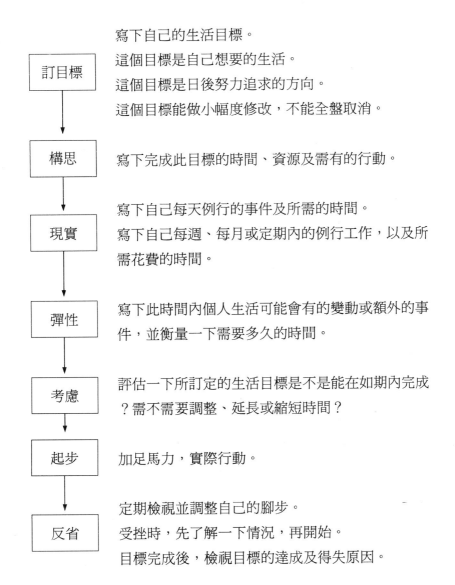

寫下自己的生活目標。

訂目標　這個目標是自己想要的生活。

這個目標是日後努力追求的方向。

這個目標能做小幅度修改，不能全盤取消。

構思　寫下完成此目標的時間、資源及需有的行動。

寫下自己每天例行的事件及所需的時間。

現實　寫下自己每週、每月或定期內的例行工作，以及所需花費的時間。

彈性　寫下此時間內個人生活可能會有的變動或額外的事件，並衡量一下需要多久的時間。

考慮　評估一下所訂定的生活目標是不是能在如期內完成？需不需要調整、延長或縮短時間？

起步　加足馬力，實際行動。

定期檢視並調整自己的腳步。

反省　受挫時，先了解一下情況，再開始。

目標完成後，檢視目標的達成及得失原因。

(二)解決策略：嘗試面對問題解決問題，不逃避問題

壓力有如一棘手問題，要有隨時準備應戰之決心，亦即要面對問

題、找出問題癥結何在，然後尋得方法解決之。千萬不可逃避問題，以為問題是不存在的，此種駝鳥心態會讓壓力潛藏在內心隨時有爆發的可能，不可不提防。解決問題的步驟如下：

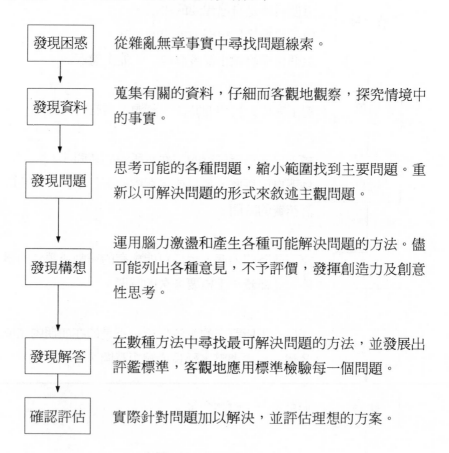

發現困惑	從雜亂無章事實中尋找問題線索。
發現資料	蒐集有關的資料，仔細而客觀地觀察，探究情境中的事實。
發現問題	思考可能的各種問題，縮小範圍找到主要問題。重新以可解決問題的形式來敘述主觀問題。
發現構想	運用腦力激盪和產生各種可能解決問題的方法。儘可能列出各種意見，不予評價，發揮創造力及創意性思考。
發現解答	在數種方法中尋找最可解決問題的方法，並發展出評鑑標準，客觀地應用標準檢驗每一個問題。
確認評估	實際針對問題加以解決，並評估理想的方案。

(三)資源策略：尋找溝通或社會支持管道

個人的壓力若由自己獨自擔當會覺得很沈重，甚至力不能勝，連活命的指望都絕了，因此必須找尋溝通的管道，尋找可讓自己傾訴心事的知心對象來協助自己，如此可獲得同事或同學的社會支持，壓力可望紓解。事實上，每個人生活周遭皆有許多的社會資源，只是當事人並不自知，也不會善加利用，例如學校的師長、家中的親人、社會

㈣轉移策略：轉移會帶給個人非壓力情境的注意力

　　不要一直對造成壓力之情景耿耿於懷，此時可暫時轉移注意力，讓心情鬆弛一下，以便累積實力來管理壓力。若是工作難題暫時無法解決，不妨先擱置或請益求教有經驗者：學生若無法專心背英文單字，不妨暫時停止背誦，先轉移注意力作作筆記或閱讀其他科目等，以免「困坐愁城」無計可施，屆時壓力更重。

㈤回饋策略：接受生理回饋訓練

　　生理回饋訓練乃是利用電子儀器測量並放大那些在細微的、正常情況下覺察不到的體內活動。一旦覺察這些活動，就設法加以調節。使用 GSR2 生理回饋監聽器，聆聽你的膚電反應。身體對壓力和緊張的基本反應之一是透過皮膚，亦即科學家所謂的「皮膚電阻反應」（galvanic skin resistance，簡稱 GSR）。當你鎮定鬆弛時，皮膚阻力會增加；稍微一緊張，皮膚阻力會減少。GSR2 監聽器讓你注意自己必須增加或減少的情況，使你了解身心內部的狀態，並助你培養管理壓力和緊張的能力。

㈥ 激勵策略：適當自我對話與自我激勵

　　面對壓力時，個人若是內在產生負向想法愈無法自信地處理壓力，以至於「愈怕愈有壓力」、「自己嚇自己」；因此，壓力來臨時不妨適時的採取下列方式或語句來自我對話，以激勵自己：

1. 想想我能做些什麼，這樣總比瞎操心好。
2. 避免作負面的自我陳述；宜作理性的思考。
3. 別擔憂，擔憂於事無補。
4. 焦慮其實是我渴望控制壓力的結果。
5. 有用啦！我做到了！

6.我真是過於自尋煩惱了！

7.只要我控制了思路，我就控制了害怕。

8.我按照這個程序去做，事情就會順利一些。

9.我為自己的進展感到高興。

10.緊張可能對我有利，它讓我事先準備因應即將來臨的壓力。

11.放鬆！一切都在掌握之中，來一個緩慢的深呼吸！

12.將個人心理準備好——我可以勝任這個挑戰。

13.我可以說服自己去做，可以理性地紓解不愉快情緒。

14.一步一步來，我可以處理此種情況！

(七)效能策略：加強身體效能訓練

　　強化身體的效能可保護自我免於承受過度壓力所帶來的後遺症。面對壓力時，個人會激發交感神經系統；放鬆時則會抑制交感神經系統。個人處於緊張狀態時，瞳孔會放大、聽力敏銳、呼吸急促、血液循環改變、臉色蒼白。因此，個人平時宜多學習身體放鬆技巧，如此較不會焦慮而能樂觀、自信、有活力、生產力。身體效能訓練包括：1.超覺靜坐；2.自律訓練；3.深呼吸法；4.肌肉放鬆法；5.冥想等。分別說明如下：

1.超覺靜坐

　　此法每天可練習兩、三次，在用餐前進行，每次十至二十分鐘。練習步驟如下：

　　(1)找一個寧靜不會令人分心的環境。

　　(2)集中精神於一個字或片語（例如一、愛、和平等）。

　　(3)安適地坐直，雙手自然垂放在大腿兩側。

　　(4)輕輕地閉上眼睛，放鬆肌肉平靜下來。可做深呼吸。

　　(5)正常呼吸，緩慢而自然，吐氣時默默重複所選的字或聲音。

　　(6)不因外界干擾而分心。

2. 自律訓練

人的意志能使身體放鬆，藉著集中注意力於沉重與溫暖的感覺，以達到身體放鬆的境地。透過心靈的指示，「沉重」的肌肉可確實放鬆，而「溫暖」的肌肉可獲得更佳的血液循環，進而達到心靈平和的狀態。

3. 深呼吸法

穿著寬鬆的衣服，舒適地坐下或躺下，儘可能讓背挺直。開始用鼻子緩慢而均勻地呼吸。手指輕觸下腹，以便了解呼吸最遠可至下腹那一部位。感覺下腹擴張，然後是肋骨部位，最後是整個肺部。吐氣時倒過來做即可（可用嘴巴）。結束時輕縮下腹，壓迫出最後的廢氣。別操之過急，大多數專家同意，吐氣時間長過吸氣較為有益。

4. 肌肉放鬆法

練習時選一舒服的方式進行：可坐在椅子上，兩手自然垂放在大腿兩側；也可躺下而兩腳靠在牆上或傢俱上。閉上雙眼，雙手緊握成拳頭狀，手腕及前臂用力，感受手部的緊張度，持續約五秒鐘；然後放鬆，感覺前臂、手腕及手指都放鬆了，體會手臂現在的感覺與先前用力時的差異。類似原則，可以從頭至腳，依序讓身體的每個部位在「拉緊—放鬆」之間紓解個人的生理壓力（參閱本章後之附錄資料）。

5. 冥想

練習時，必須在一個舒適、溫暖、不受干擾的空間內，或坐或躺，配合輕音樂，先讓自己身體放輕鬆（可參考前述肌肉放鬆法附錄資料之部分程序、內容）。而後，閉著眼睛，在腦海中想像自己是：一彎流水／青草坡上的蝸牛／樹上的小鳥／一片白雪／一縷輕煙等等（每次只想像一種）。自由遨翔舒展身心。

(八)認知策略：改變認知思考

人生發展有成功有失敗，人必須學習從失敗中站起來。失敗並不可恥，每個人都會碰到壓力，即便是處理不當，使個人受到很大打擊，

但「天無絕人之路」，此路不通，總有別路可通，何必堅持非走此路不可！例如從兩性壓力敗下來的失戀者、婚變者，可自找出路，其實「天涯何處無芳草」、「何必單戀一支花」，給自己一點機會，也給對方空間。人也必須學習忘記過去的不如意，努力眼前的目標。別一直活在過去的不幸、缺失或失敗的陰影中，往事如煙，「努力面前的，向著標竿一直行」，直到目標實現。

曾經看過這麼一則寓言故事：有一隻正在爬坡的烏龜氣喘噓噓，滿頭大汗，有不勝負荷之感，於是牠停下腳步，休息片刻，同時思考：為何會如此累……。剎那間，靈光一閃，牠了解原來是背上的笨殼在作祟。於是牠把殼脫掉，改穿熱褲，頓時感到無比輕鬆，邊吹口哨，邊繼續爬。不久之後，牠終於快樂地爬到山頂。也許有人會納悶：烏龜沒有殼能活嗎？其實要關心的不是烏龜有沒有龜殼，能不能生存的問題，而是人若沒有了一切壓力，也能進化生存嗎？

人生難免會有壓力、挫折，人與人之間也難免會有誤會、衝突；同樣的，長期處在工作壓力或生活壓力下，人也會有倦怠疲憊的感覺，如果我們能學習那隻烏龜，適時的停下腳步，駐足省思，必能找到壓力來源；適時卸下壓力包袱，便能讓自己快樂的生活、成功的工作，進而讓整個社會組織自然的運作發展。

附 錄

【肌肉放鬆訓練】練習內容與程序

請輕輕的閉上你的眼睛。

好！你即將進入今天最舒服的時候。

請輕輕的閉上你的眼睛。

然後將你的注意力轉移到你的呼吸動作上。

將你的注意力移到呼吸上！

好！很好！現在你做得很好！

慢慢的吸氣！然後再慢慢吐氣！……（停一會兒）！

對！就是這樣，那麼的慢！那麼的慢！

那麼的輕鬆，

那麼的舒服，

現在你全身的精神都注意在你自己的呼吸動作上，

使用腹部呼吸。

你會覺得全身都放鬆了，

腹部慢慢的運動。

很好！你放鬆了，

相當的舒服！

相當的愉快！

你的呼吸相當的舒暢！

現在注意你頭部前額及太陽穴附近的肌肉，

你會覺得已經慢慢的放輕鬆了，

相當的輕鬆，

臉部的肌肉開始放輕鬆（停一會兒），放輕鬆了，

嘴巴附近的肌肉也跟著放輕鬆，

這時你會覺得牙關不緊閉，

口微開，上下牙齒有段空間。

對！就是這樣，做得很好！很好！

整個頭部臉部都已放鬆了。

頸部的肌肉也跟著放輕鬆，

肩膀的肌肉也放鬆，覺得肩往下垂，

手部的肌肉也放鬆了，

手指的肌肉也放鬆了，

這時會覺得手指鬆到連一點力量都沒有，

對！做得很好，很舒服，很愉快。

胸部的肌肉也放鬆了，

這時你會覺得呼吸很順暢，

你可感到氣在你肺部慢慢的吸（停一會兒），

慢慢的吐（停一會兒），

在空氣流動的過程中，

你能深深的感到腹部很舒服的在運動，

氣體很流暢的在進出，流暢的吸吐。

相當的慢！

每次你呼吸的時候你就會愈來愈放鬆，愈來愈放鬆。

這是你今天最舒服的時光。

對！就像現在這樣，做得很好。

你背部的肌肉放鬆了，
你腿部的肌肉放鬆了，
你腳部的肌肉放鬆了，
很好！現在你全身都放鬆了，
你覺得全身的力量都放掉了，放掉了，
一個人很舒服的躺（坐）在床上（椅子上），

你這麼愉快的感覺將會持續很久，很久，
你會記得這種感覺。

對！就是這樣子，
好好的享受這麼舒服的感覺，舒服的感覺，
好好的享受……
好好的感受……
你將會記得這種感覺很久。

對！就是這樣子。
仔細的記得這種感覺，
試想由 0 到 100 的分數，
0 代表最緊張，100 代表最放鬆，
試著給自己打分數，看自己放鬆到什麼程度，記下這數字。
記下這個數（停一會兒）。

好！由 1 數到 5 時，每數一個數字時將慢慢的恢復清醒，
但你放鬆的程度卻一直持續。
1. 你很放鬆，從深沈的放鬆過程中慢慢清醒，
2. 你依然很放鬆，你已清醒了，
3. 放鬆，很舒服，你清醒了，

4.你完全清醒了，

5.你可張開眼睛覺得很舒服。

好！肌肉放鬆的練習結束了。

你可以醒來並張開眼睛。

輕輕的站起來，輕輕的擺動自己的身體（配合音樂），自由自在的。

現在，你是不是覺得壓力不可怕了，它是如此珍貴的生命力。

Trust me ! You can make it!

（資料引自：教育部訓育委員會主編「生活工具書」，民84）

摘　要

Notes

1. 人若無法學會如何面對挫折、調適壓力，則經年累月的挫折與壓力往往會使我們身心俱疲，阻礙個人的生涯發展。

2. 「壓力」是指個體內在受到威脅性刺激所產生的一種反應組型。壓力可能是一種自變項、一種刺激；也可能是一種依變項、一種反應；更可能是一種中介變項、一種過程。壓力是人與環境動態交流的一種特殊關係與過程。

3. 一般人對「壓力」有許多的誤解。其實壓力對個人身心發展與工作生活皆有正向與負向的影響，適當的壓力有助於激發工作動力或行為能量。

4. 人類壓力形成的主要原因有三：(1)個人因素：包括個人生理上的缺陷、限制，個人生活環境的變動，個人性格與成長經驗，個人的資訊不足、資源缺乏，個人目標、期望水準過高等；(2)家庭因素：包括家庭結構不全，家庭氣氛不良，親子關係不佳，父母管教態度不一致，家庭社經地位低，家人的支持度不夠等；(3)工作因素：包括物理環境不佳（工作環境太暗、太亮、太冷、太熱、人多、人少等），角色模糊或人際衝突，工作性質不佳，工作方法不當，工作負荷過重，學非所用，難以發揮所長，缺乏社會資源，

Notes

團體凝聚力不夠，組織氣候不佳等。

5. A 型人格的人最容易對己對人對事產生壓力。A 型人格者的特徵為：(1)強調速度、競爭、積極，近乎完美主義者；(2)冒失急促，說話、吃飯、走路的速度都很快；(3)很難放鬆自己或遊手好閒；(4)非常擔心自己沒有足夠時間來完成工作；(5)情緒不穩、攻擊性強，容易與人發生衝突；(6)缺乏耐性，無法忍受不合理的事物；(7)具有強烈的責任感與榮譽心；(8)工作壓力大，長期而言，對身體健康的影響相當大，尤其是容易引發腦血管疾病、睡眠困擾、腸胃不適及其他的壓力症狀。

6. 「職業倦怠」與「工作崩焦」是二個典型的工作壓力現象。工作崩焦是指個人面對工作壓力時，產生不適、疲乏、無助和無望的心理狀態，或者因未得到預期的回饋與報酬而產生的冷漠感覺。形成工作崩焦的原因很多，類似於壓力的因素。處理工作崩焦最基本的原則是發展個人切合實際的期望並培養個人自我調適的能力。

7. 「職業倦怠感」是指一個人因持續性工作而出現能量耗損的心理現象，導致個人對工作出現抗拒、逃避的行為與無力、不滿的感覺。形成職業倦怠的原因包括個人的生理因素、心理因素及工作因素，欲改善員工的職業倦怠必須從組織管理及個人管理兩方面著手，運用適當的方法與計畫

Notes

來進行。

8. 挫折、衝突與壓力三者是息息相關的，衝突導致挫折或挫折引發衝突，此二者皆是人類壓力的來源之一。「挫折」意義有二：一指阻礙個體動機性活動的「情境」；另指個體遭受阻礙後所引起的「情緒狀態」。構成挫折的原因有自然環境、社會環境及個人因素等三方面。平時個人宜多培養挫折容忍力以減少挫折對個人身心健康與生涯發展的衝擊。

9. 「衝突」係指個人在生活中對己或對人產生二個以上的動機或目標相互排斥的現象。常見的衝突型式有：雙趨衝突、雙避衝突、趨避衝突及雙重趨避衝突。當個人遇到衝突時最容易產生攻擊、冷漠、幻想及退化等不當的行為反應；積極成熟的人可能因衝突而激發潛能，努力完成人生目標。

10. 工作衝突的因素大致可歸納為：(1)競爭有限的資源；(2)目標不同；(3)工作方法的不同；(4)人的個別差異性；(5)角色的曖昧與衝突；(6)性騷擾與性別歧視；(7)本位主義；(8)工作本身的問題等。

11. 心理學家 Johnson 認為衝突有其利弊得失，評估工作衝突的指標有四：(1)衝突的雙方能否共事的完成工作；(2)衝突的雙方能否因而了解對方且熱愛工作；(3)衝突的雙方是否滿意衝突所導致的結果；(4)衝突的雙方能否提昇自己未來

Notes

解決衝突的能力。常見處理工作衝突的方法有逃避、控制、順從、妥協與合作（溝通）等，其中以合作的方法最具有建設性。

12.壓力的紓解與管理，首先必須有「預防重於治療」的觀念，平時宜注重個人的心理衛生保健工作，吸收新知、充實自我，拓展和諧的人際關係，做好個人的心靈管理、時間管理、財物管理、情緒管理及生涯規劃，同時運用各種方法（身體效能訓練等）。若能如此，即使在不得不然的情況下壓力臨身，個人也可應付自如、坦然面對，使壓力減低或獲得紓解。

創造力及其應用

　　今日的社會是「物質」與「智慧」並重的時代，成功的人必須同時擁有充沛的物質資源與人力資源，而企業盛衰的分界線乃在於不同的企業能夠賦予其所擁有的物質多少附加價值，能夠累積多少預先獲得的物力及其社會生存的智慧，發揮創意、創造力與創造性思維。此等智慧乃是一種身心的綜合性勞動，既需要具備發現問題的自覺性與危機感，又不可缺少資訊的掘取力與旺盛的企圖心。

　　每個人生涯發展與求職就業的過程中，或多或少曾經歷「挖空心思」的窘境。許多企業人已習慣於照章行事、依法行政。久而久之，個人獨立性的思考與創造性的能力逐漸喪失退化，不僅限制個人的成長也阻礙了企業的發展。現代人重視「生活品質」，擁有大量生產物質的能力，卻缺少創意表現的思考，如此一來，實無法在競爭激烈的企業環境中取得領先的地位。換句話說，任何的企業體與經營者都必

須重視研究發展、企劃行銷，並且優先任用具有智慧、創意的人。

何謂「智慧、創意的企業人」，簡而言之，就是能夠「有效掌握引發創意的技能」與「完全準備便於產生創意的條件」，前者包括了解創造性思考的原理、學習創意表現的方法等；後者包括高創造性能力、掌握發現問題與解決問題的能力，以及培養頭腦的靈活性等。例如呼叫器上市，幾乎人手一只，品牌種類眾多，單靠降低售價未必能刺激消費者的購買慾，因此，廠商必須「絞盡腦汁」、運用創造力，將呼叫器重新設計包裝，推出各種不同造型、不同功能的呼叫器；又如腳踏車在台灣，從興到衰、再從衰到興，就是一個典型的實例，今日腳踏車已從「交通工具」蛻變成「運動器材」。因此，創造力與創意表現儼然成為人力資源時代的一個新焦點，如同企業組織中，企劃部門與廣告部門日益受到重視一般。惟有持續不斷的開發人類的創造力，才能促進社會的進步與人類的進化。

第一節 創造力的基本概念

創造（creativity）意即「發明」，根據韋氏英文字典（Webster Dictionary）的解釋，「創造」具有「賦予存在」（to bring into existence）、「首創」（for the first time）、「無中生有」（make out of nothing）的意思。創造力則是一種創造的能力，或稱為創造思考能力（creative thinking abilities）、創意表現能力（creative response abili-ties）。本節旨在探討創造力的意義、特性、發展過程及創造性人格特質等問題。

一、創造力的意義

日常生活中,我們經常羨慕那些腦筋動得快、反應敏捷、天資聰穎的人;究竟創造力是什麼?創造力與想像力有何不同?聰明的人是否創造力較高?智力高的人創造力也一定高嗎?創造力高低是否影響其表現等,凡此問題皆有必要加以釐清。

所謂「創造力」是指問題情境中超越既有經驗,突破習慣限制,形成嶄新概念的心理歷程,亦即「創造性思考」;另有一說,指創造力是不受成規限制而能靈活運用經驗以解決問題的超常能力,意即「創造性能力」。心理學家在探討「創造力」時,尊重上述二者的研究與解釋。換句話說,創造力不僅是一項能力,也是一種心理歷程。前者包括一個人的敏覺力、流暢力、變通力、獨創力與精進力;後者則強調創造力是一種創造性思考,屬於導向思考的一種型式。在有目標或有疑難導向的思考情境中,個人能突破限制,提出新的意見、發現新的方法、找到新的答案或完成嶄新產品的一種思考歷程。

古代中國人常以上智、下愚、中庸來評論個人的資質與行為表現。儘管人類許多發明源自中國,諸如指南針、火藥、造紙及針灸等,然而,有系統的「創造力」研究文獻卻付之闕如,直至近年來伴隨特殊教育受到國人的重視,創造力的研究與文獻才日益增多。至於西方,「創造」一詞最早見諸於一九五〇年代,當時美國心理學會年會邀請基福特(Guilford, J. P.)主講「創造力」,而後創造力普遍受人重視。一九五七年美國國會制定「資賦優異教育法」(Law of Gifted Education)更是蓬勃發展了創造力教學與資賦優異教育。此期間貢獻最大者首推美國明尼蘇達州州立大學教授托弄思(Torrance, E. P.),他有系統的研究創造力及其測量方法,編製了「托弄思創造思考測驗」(Torrance Test of Creative Thinking)。

一般而言,智力與創造力是兩種不同的、獨立的能力,智力受到

遺傳因素的影響甚大，創造力卻可以經由特殊環境的塑造與訓練來加以培養。研究人類智力結構（structure of intellect）著名的心理學家基福特（Guilford）綜合其他學者的論點，提出智力與創造力之間的關係有下列五項重點（張春興，民72）：

1. 智力與創造力兩者均為個人的能力，兩者間具有正向的相關。一般言之，智力高者有創造力較高的傾向，反之亦然。

2. 如不經選擇以兒童為研究對象，智力與創造力兩者間的相關相當高（相關係數約在 0.30 左右）。

3. 如單獨選擇智力高組兒童為對象，然後測量其創造力並分析兩者相關，或是先選定創造力高的兒童而後求其與智力的相關，則兩者間的相關較低（相關係數約 0.10 左右）。

4. 智力與創造力的評定，係根據性質不同的兩類測驗，因而所測到的可能是不同的能力。智力測驗的內容多屬常識性的與具有固定答案性的問題，故其所測量者多屬個人記憶和認知的能力。創造力測驗的內容雖然簡單，但要求的標準不在於事實性的記憶與認知，而在於獨特、流暢、變通與超越平常的思考力。從學校中向來偏重知識教學的觀點而言，學業成績與智力間的相關較高而與創造力間的相關較低的現象，是可以理解的。因此，教師勢不能根據學生的學業成績去推估他的創造力。

5. 智力的可變性較小，而且多係由個人的遺傳因素所決定。創造力的可變性較大，可經由教育的方法培養之。這一點在教育上具有重要的意義。

由此觀之，聰明的人未必創造力高；反之，創造力高的人則相當聰明。至於創造力與想像力之間的關係，雖然創造力須具備一定的想像力，惟在「創造力乃是一個人能產生具有價值的新構想與新領悟的能力」定義下，若想像力發揮的結果，無法產生具有價值的新構想與新領悟，仍不被視為是一種創造力。易言之，想像力高的人未必創造

力高，但是一位創造力高的人應該具有不錯的想像力。

二、創造力的特性

創造力通常具備有下列三項特性，此等特性也常用來作為編製創造力測驗的參考指標：

(一)流暢性（Fluency）

創造力高的人能夠針對特定概念，思索許多可能的構想和答案，亦即俗稱的「思路通暢」、「文思泉湧」。例如課堂上，教師詢問學生：「書本有何用途？」然後，在限定的時間內觀察學生們的反應（求知、作武器、訓練美姿美儀、遊戲翻頁、壓物、墊腳石、枕頭、裝飾、簿記……），則聯想力豐富且流暢的人較具有創造力。

(二)變通性（Flexibility）

指不同分類或不同方式的思考狀態，亦即個人能以不同的角度、方式去思考一個問題，俗云「觸類旁通」、「舉一反三」、「隨機應變」。變通性是指個人要能以彈性而非僵化的方式來思考問題，能適應各種狀況。例如「迴紋針的用途為何？」若一個人連珠砲式的回答：「夾東西、夾書、夾資料、夾皮帶、夾袖口……」，儘管其反應具有相當的流暢性，然而，其問題解答的思考模式仍限於「夾物」一途，缺乏變通性。其實迴紋針還可以有其他用途，諸如開鎖、做墨水筆、導電、針、裝飾等。

(三)獨創性（Originality）

當一個人的思考方式與內容和他人有別，也就是個人反應具有獨到的見解，能想出別人想不出的觀念，此即為獨特性，俗話說：「物以稀為貴」、「一枝獨秀」、「真知灼見」等。一位具有獨特新穎的

思考或能力的人，其創造力較高，獨創性也反映在「能將彼此不相關的事物或概念，加以關聯」的行爲表現上。

三、創造力的發展階段

任何型式的創造力，不論創新、整合、模仿或擴展，都是創造力的一種表現，兒童行爲發展中任何創造力的展現都必須經過下列四個階段的發展：

(一)準備期（Preparation）

無論任何領域的創造性工程，都必須先經過發現問題、了解問題、蒐集資料、閱讀文獻等準備工作。

(二)醞釀期（Incubation）

經過相當時間的準備，對所欲研究的概念或感興趣的主題有了基本的認識，開始著手研究發展、解決問題。若是傳統方法或現有資訊不足以解決困境或難以產生新知能時，表面上思考活動中斷，事實上個人仍可能在不自覺的構思，亦即進入思考的蟄伏期或潛意識期，而後再慢慢醞釀發酵，除非研究者放棄進行創造性思考。

(三)豁朗期（Illumination）

經過潛伏期的蘊育構思之後，創造性的新觀念與新領悟可能突然躍出呈豁然開朗的局面，一掃陰霾。此等「頓悟」、「靈感」的產生，有時是刹那間湧現、戲劇性發展結果，有時甚至在「半夢半醒」之間躍然而生，或者從事其他活動過程中一時興起，聯想促發而成。

(四)驗證期（Verification）

創造力的發展進入豁朗期時，其歷程大致完成。惟前述「頓悟」、

「靈感」可能代表一種「創新」、「發明」，也可能意味著「意想天開」、「有違常理」，這種新構想與新領悟是否對人類的生存產生價值貢獻，尚必須付諸於實際工作活動並加以驗證。同時，針對所要解決的問題提出具體可行的計畫與方法。如此，才是真正的創造力行為與創造性思考。

四、高創造力者的人格特質

有關創造力的專門研究始於一九五〇年代。在此之前，「創造力」僅是一個模糊的概念，未經科學性驗證與系統性研究。創造力被視為是研究「智力」的附屬品，甚至被置於「資賦優異（天才）」的領域中探討。直到一九五〇至一九六〇年代，美國心理學家基福特（Guilford）因研究人類智力結構引發對創造力的探索興趣，間接影響後來學者對人類創造力與創造性思考等問題的重視，諸如馬奇諾（Mackinnon）和托弄思（Torrance）等人。

究竟一位高創造力的人須具備有那些人格特質，過去學者的研究相當多，結論不一；其中有異於常人的負向特質，例如頑皮、淘氣、放蕩不羈、反社會性格及行為違常等；也有彈性、幽默、開明、積極等正向特質。綜合學者的看法，一般高創造力者的人格特質約略如下：1.興趣廣泛；2.注意力集中；3.個性獨立，不拘小節；4.語文流暢，能自由表達己見；5.敏感而反應敏捷；6.工作效率高；7.自主性強，從眾行為少；8.挫折容忍力強；9.大膽又細心；10.開朗樂觀、為人幽默風趣；11.感性、溫情、有人緣；12.特立獨行，有時具有反社會傳統傾向；13.生活範圍大，有較高的審美能力；14.成就動機高，自我期望水準亦高；15.態度坦直率真；16.富於平衡感；17.經常走運或能掌握機會；18.心胸開闊，意志堅定。前述十八項特質也可作為個人訓練自我提昇創造性能力的方法，並宜將之落實應用於生活中。

五、創造力與人腦的關係

　　人腦主要功能乃是思考。腦力適當的發揮，有助於增進個人的學習效率、提高創造力並且有效的解決生活問題。近三十年來，不少的學者致力於人腦的研究，包括醫學家、心理學家等，人類進一步了解人腦的構造與功能相當複雜，約略可以區分為左半腦與右半腦，其間由神經網膜連結（分隔）。兩半腦對個體的思考運作與語言發展有明顯的影響，因此對人類問題的解決、智力的高低、創造力的有無也會有不同程度的影響。

　　一九六〇年代，人腦的研究發現左右兩半腦皆有複雜的思想力、高度的認知力和敏銳的反應力。專家學者進一步探討左右腦發現，兩半腦各有不同的創造力及其與人體左右手活動之相關（李德高，民79）：

左腦（右手）	右腦（左手）
1. 強調認知	1. 注重直覺
2. 講求聚斂性思考	2. 講求輻射性的思考
3. 運用數字靈活	3. 習慣推理
4. 喜歡原始的	4. 喜歡非原始的（基本的）
5. 喜歡垂直性的思考	5. 喜歡實物的運作
6. 一切有一定方向	6. 自由意志
7. 做事有計畫	7. 許多事是憑相信
8. 找關係	8. 重分析
9. 理性分析	9. 直覺反應
10. 有系統（處理事物）的	10. 非系統的
11. 連續性的	11. 多重複雜性的
12. 客觀的	12. 主觀的
13. 做一件事直至成功為止	13. 多樣事可同時處理

由此觀之，左腦是人類追求成功人生的重要部分，但有時會完全阻礙我們求新求變的人生發展。換句話說，今日人腦的革命與開發，焦點之一便是如何將人類左腦主控權的鏈鎖打開、斬斷，使右腦有更多的自主權去發揮其創造性能力與思考。當然，人類的左半腦與右半腦皆各有所司，成功的人要能平衡理性（左腦）與感性（右腦），這也是高 EQ 者的象徵。

六、創造力的測量

根據葛樹人（民 80）的研究，關於創造力方面的測量工具與研究發展，迄今尚無令人滿意的結果。現有的創造力或創造性思考的測驗，例如「基福特（Guilford）擴散性思考測驗」系列、「托弄思（Torrance）創造性思考測驗」及「洛基（Rookey）賓州創造傾向評鑑」等等，仍僅屬於試驗性和研究性工具，其效度多為表面效度、內容效度，在效標關聯效度與建構效度方面缺乏堅實的證據，故實用價值偏低。究其因乃是創造力的理論與實證性研究尚未完全建立，以至於無法全面測量人類的創造力，加上技術性的問題尚待克服（例如標準化樣本不足、評分的主觀性等）。

目前的創造力測驗主要集中於部分特定性能力及範圍之測量，例如測量一個人「獨特性」、「變通性」或「流暢性」方面的創造力。測驗的內容包括語文式或圖形式兩部分，或兩者混合方式，試題多為開放性題目，並無一定的標準答案，受試者作答時可依個人想像力或變通力反應，一般思考固著或測重記憶、分析思考的受試者往往難得高分。測驗的評分標準採質（獨創性、變通性）與量（流暢性）並重的方式來分析受試者答案，以了解其創造性思考的過程與結果。

我國創造力的測驗多半歸併於性向測驗類中，包括「托弄思創造性思考測驗」（劉英茂，民 63）、「谷氏圖形評鑑測驗」（邱維城，民 58）、「托弄思語文創造思考測驗甲式、乙式」（吳靜吉等，民

70）及「托弄思圖形創造思考測驗甲式」（吳靜吉等，民 70）等幾
種，未來亟待研究開發。

第二節　創造力與創意表現

　　從行為科學的觀點而言，人皆有人性（共通性），但行為反應也
有個別差異性。同理，每一個人都具有創造性的能力或思考，然而，
並不是每一個人都能充分發揮其創造力。人與人之間創造力的思考與
表現，也有其個別差異。究竟阻礙或增進人類的創造力因素為何，值
得探討。

一、阻礙創造力發展的因素

　　從現代教育的觀點而言，「教育」乃是一切生活經驗的傳習活動，
教育旨在發展我們的身心，改造我們的經驗，增進人類生活的知能。
換句話說，教育旨在發展個人的潛能和智慧，增進謀求生活和改善生
活的知能，啟發人類的思考以提升個人的價值觀念和促進自我的實現。
然而，不當的教學方法與教材設計，也可能限制了人類的潛能發展，
固著了個人的思考模式。通常阻礙一個人創造力發展的因素包括：

1. 個人認知的障礙：一個人若是自以為是、視野偏狹、劃地自
   限、先入為主、以偏概全、思考封閉及觀念保守等，皆會影響其
   創造力發展。

2. 個人情感的障礙：諸如情緒不穩、神經質、害怕失敗、擔心
   被別人批評、害怕與眾不同、自大或自卑、禁不起打擊等，也會
   阻礙其創造力發展。

3. *個人習慣的障礙*：包括怠忽懶惰、因循苟且、習慣追求標準答案或單一模式、太快做結論與下判斷、過分依賴權威、錯誤移植過去經驗、受限於個人角色地位、不正確的態度等，對個人創造力的發展也會有所限制。

4. *時空環境的障礙*：時間不足的壓力、不良的成長背景、填鴨式的教育環境、文化刺激太少及生活觸角狹小等。上述因素皆可能影響個體的創造力發展，一個人同時具備多種阻礙因素，愈不容易發揮其創造力。

二、增進創造力發展的因素

托弄思（Torrance）於一九六五年的研究報告中，曾提出六項原則來激發人類的創造力與創造性思考：*1.* 重視每個人提出的意見；*2.* 重視個人想像的與非常態的觀念；*3.* 使每個人皆知道自己的觀念是有價值的；*4.* 提供無評價的練習或實驗機會；*5.* 鼓勵自發的學習；㈥提出連結因果關係的評價。此外科諾漢（Callahan，1978）、威廉（Williams，1982）、提姆伯拉克（Timberlake，1982）等學者也分別針對創造力的啓發、訓練與教學，提出許多原則與方法。日本學者多湖輝更提出激發創造力與創造性思考的二十五項原則：

(1)對問題本身要檢討懷疑。

(2)對理所當然的事物要加以省思。

(3)當方法行不通時，重新思考分析其目的。

(4)轉變不同的性能來考慮問題。

(5)把量的問題轉變爲質的問題。

(6)擴大問題的時、空因素，從旁觀、巨觀角度思考。

(7)懷疑價值的序列。

(8)活用自己的缺點。

(9)將具體問題抽象化。

⑽綜合兩種對立的問題。

⑾捨棄專門知識。

⑿站在相反的立場思考。

⒀返回出發點重新思考。

⒁把背景部分和圖形部分互相轉換。

⒂列舉與主題相關的各種聯想。

⒃歸納幾個問題成一個問題處理。

⒄把問題劃分至最小部分來研判。

⒅等待靈感不如蒐集資料加以分析。

⒆從現場的狀況來考慮問題。

⒇試著轉移成其他問題。

(21)強制使毫不相關的事物相互關聯。

(22)應用性質完全不同的要素。

(23)打破固定的思考方式，跳出框框。

(24)活用既存的價值觀念。

(25)勿囿於「思想轉變」的必然性，不為「創意」而創意。

　　一個人的創造力是否與先天遺傳因素有關，學者的看法不一。惟可確認的是創造力可以透過教育情境與生活經驗來加以培養，一如前述學者論點。此外，平時改變個人的生活習慣、生活時間與生活空間；加強邏輯思考的訓練，如圖 11-1（陳龍安，民 78）；想像力的廣泛運用，培養適切的好奇心；改變環境來觸動靈感，重新組合刺激元素；培養創造性思考的身體條件，例如自我鬆弛法、身體訓練法、增強腦部體操等，如圖 11-2（高橋浩，民 77）；以及隨時運用腦力激盪法與問題解決技巧（詳見本章第四節），皆有助於增進一個人的創造力，並且促發其創意表現與創造性思考。

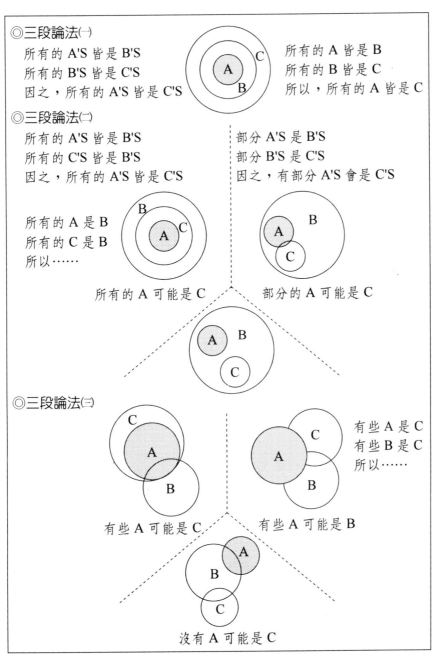

◎三段論法㈠

所有的 A'S 皆是 B'S
所有的 B'S 皆是 C'S
因之，所有的 A'S 皆是 C'S

所有的 A 皆是 B
所有的 B 皆是 C
所以，所有的 A 皆是 C

◎三段論法㈡

所有的 A'S 皆是 B'S
所有的 C'S 皆是 B'S
因之，所有的 A'S 皆是 C'S

部分 A'S 是 B'S
部分 B'S 是 C'S
因之，有部分 A'S 會是 C'S

所有的 A 是 B
所有的 C 是 B
所以……

所有的 A 可能是 C

部分的 A 可能是 C

◎三段論法㈢

有些 A 是 C
有些 B 是 C
所以……

有些 A 可能是 C

有些 A 可能是 B

沒有 A 可能是 C

圖 11-1　三種型式的三段論法

（資料引自：陳龍安，民 78，頁 150）

一邊吸氣，一邊將兩肩大力
上提；一邊呼氣，一邊不加控制
地突然降下兩肩；做五、六次。　　　(A)

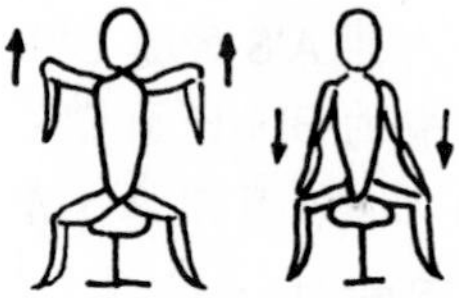

兩手在身後手指交叉握，儘
量上提，然後突然把兩手降至腰
側；做五、六次。
　　　　　　　　　　　　　　　(B)

低頭將頭部置於兩臂中間時
吐氣，兩手手指交叉握，有普通
交叉握和握後翻手掌；各做五、
六次。
　　　　　　　　　　　　　　　(C)

兩肩後移，再快速前移；後
移時，吸氣；前移時，吐氣；做
五、六次。
　　　　　　　　　　　　　　　(D)

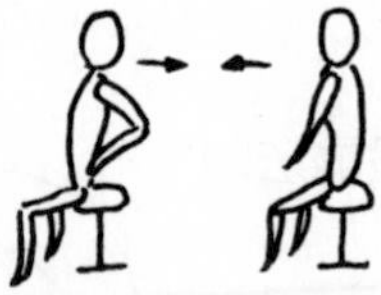

兩手在下巴前交叉握，轉
體、吐氣；反覆若干次。
　　　　　　　　　　　　　　　(E)

不停頓地轉動頭部，低頭、
仰頭，左右轉，向左右傾；約若
干次，視個人體能狀況。　　　　(F)

圖 11-2　促進腦部血液循環之體操

（資料引自：高橋浩，民 77，頁 211）

　　「創意」乃是將創造予以具體化的手段。換句話說，凡是能夠有助於人類解決問題、達成目標的想法與方法，就是創意；當需求和問題發生時，我們立刻會想到「怎麼辦」，動腦找出解決方法；而找到的方法，便是創意。創意與我們的生活息息相關，舉凡幽默感、新廣告、智慧小語、「新新人類」、文學作品、藝術創作與科技發明都是一種創意表現。

　　今日競爭激烈的工商業社會更必須藉由創意的媒介來促銷商品，以加深消費大眾的印象，激發其消費行為。幾年前某家廠商在電視廣告上推銷產品，設計「電視斷訊」的廣告手法，雖然推出不久即被新聞局下令禁播，姑且不論其適法性，就行銷觀點而言，該廣告設計的確相當有創意。事實上，上至政府決策、企業行銷，下至人際互動、教學設計，無不需要注入創意精神以開發新氣象。

　　創意是人類的一種智慧性行為，創意表現已成為天資聰穎者的具體象徵，包括任何有關想像力、色彩感、形體感和韻律感的活動。通常**創意表現必須經歷五個階段：準備（preparation）、努力思考（ef-fort）、蘊育（incubation）、頓悟（insight）以及評估（evaluation）**，近似創造力的發展過程。一位有創意表現的人，至少具備了四項能力**特質：吸收能力、記憶能力、理解能力和創造能力。**

　　綜合上述四項能力才是高智慧的創意表現。以廣告設計而言，創意性的廣告是有主題、有組織的創作，採用科學的方法，研究分析資料，並非憑空想像、胡思亂想的虛構，它必須先蒐集商品、市場、競爭者及消費者的資料；必須過濾分析資料、尋找訴求焦點（key point）；再根據此一焦點，嚴謹的邏輯思考，運用豐富的知識（非憑空想像），活化的思考型態而產生創意。

第三節　創意表現與商業活動

　　無論是個人形象塑造，或是企業經營管理，創意表現往往左右個人或組織的成敗發展。舉例而言，素有「全美最具創意企業之一」美譽的美國明尼蘇達礦業製造公司（Minnesota Mining & Manufacturing Company，簡稱 3M），雖然無法與通用汽車（GM）、奇異電器（GE）、杜邦（Du pont）或IBM等企業規模相比，然而 3M 充滿了永無止境的創意精神，令人津津樂道。3M經常探索新的事業領域，不斷開發新產品，創造新市場，永遠保持新的成長，諸如 3M 的消費用品「思高牌膠帶」（Scotch tape）及其他工業用品（如表 11-1）。3M 水到渠成的創意表現，源源不絕，不似某些日本企業在惡性競爭下，創意油盡燈枯，面臨了產業體質的轉變危機。

　　3M是私人企業，極富冒險精神、創意特色。一九八八年「財星雜誌」譽其為全世界五百大企業排名的第三十四名，當年的研究開發費用為六億八千九百萬美元，全世界有八萬五千四百六十六名員工（美國本土約有五萬名員工），在五十個以上的國家設有關係企業（台灣子公司創立於一九六九年），並以一百五十個國家為市場，以創意為導向的「3M分割與成長」的發展史，為人稱頌不已（如表 11-1）。目前四十五個主要產品線，可同時生產近四萬五千種產品，從各種黏著膠帶、滅火劑、磁帶、投影機、縮影膠片、電氣絕緣材料、反光膠片、醫療用面罩、影印機、乳液、X 光片、陶瓷纖維、平版印刷用印刷版等產品，數不勝數。而且每年仍不斷創新研發推出一百種以上新產品。

表 11-1　3M 分割與成長的發展過程

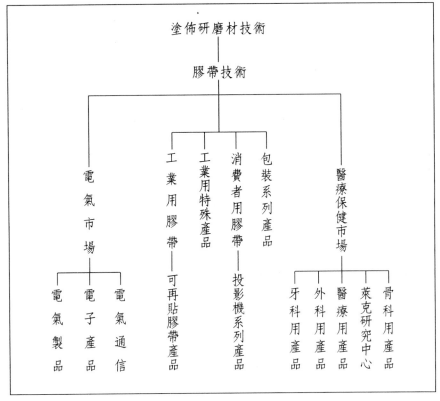

（資料引自：野中郁次郎、清澤達夫，民 78，頁 86）

　　一九八六年春天卸任 3M 總裁的雷爾（Lehr, L. W.）接受日本學者野中郁次郎、清澤達夫訪問時表示，3M 公司上下都必須具備「不斷向創意挑戰」的認知，並使之成為企業文化。雷爾強調所有管理階層都必須有容許失敗的雅量與習慣，因為「沒有失敗就沒有進步」；同時，管理階層不單要用語言，而且必須用實際行動來表現對創新的關注，必要時要製造一些「創造性的混沌（creative chaos）」，不應過分限制企業人中的「創意人」，因為他們往往具有「在無秩序的環境中更容易發揮」的個性。3M 公司也曾在一九八四年組織「創新專案小組」並研究、調查支持與阻礙創新的要素（如表 11-2），並且據此研擬「創

意型陞等管道」（venturous career path）的制度。

　　3M公司的成功實例，顯示商業活動中創意表現的重要性。實際生活的經驗也顯示，創意可以催化人際關係、激發學習動機、活用團體氣氛、提升自我價值及促進商業行銷活動。

表 11-2　3M 公司創新專案小組的調查結果

支持創新的要素	阻礙創新的要素
1. 完全了解創新是 3M 的目標，並給予極高評價。 2. 有各種技術、市場及人員的基礎。 3. 知道並尊重企業績效的 15%原則。 4. 技術人員間的交流十分頻繁且氣氛活潑。 5. 在技術上有創新發展時，可獲得適當評估與獎勵。	1. 陷於官僚與形式主義，凡事層層上報。 2. 在業務能力上有阻隔。 3. 沒有運用 15%原則的時間。 4. 缺乏有勇氣的支援者。 5. 缺乏甘冒風險的管理者。

（資料引自：野中郁次郎、清澤達夫，民 78，頁 206）

　　今日企業發展新的企劃案或推銷新產品時，經常運用人類的創造力與創意表現，包括各項家電用品的開發、各種產品的廣告設計、各廠商的促銷活動或員工的激勵管理方式。茲摘錄黃天中與洪英正（民81）研究「創意在企業應用」的十個實例如下：

　　1. 大家都有印象的口香糖系列廣告中有「我有話要說」、「烤鴨篇」、「上班族面具」等充滿批判傳統與反抗權威的影片，它與其他品牌口香糖大同小異，意思不在銷售口香糖，而是販賣年輕人最喜歡的「叛逆認同感」。這是個十分成功的銷售創意的例子。

2. 創意的發生像海上浮出的冰山一樣，表面上看來是突然出現的，其實是經過**潛意識長期孕育**後，才浮現的成果。美國 3M 公司的研究員發明了自黏性便條紙，剛開始公司同仁對於這種不黏的黏膠絲毫不重視，因為公司一向研究追求的是黏性更好的。直到發明者把用途定位到貼紙愛黏多久就黏多久，不需永久貼黏，成為便條紙，人們一使用上它，就不會再回頭用迴紋針或其他便條固定物，而成為忠貞的使用者了。

3. **改良**是一種創造性的模仿，把舊的產品縮小、放大、改變形狀或改變功能的意思；它的基本精神是創新的、積極的，經過對舊產品改良或重組後，產生一些新產品。在桃園「小人國」的建立，就是上述精神的表現。創建人在荷蘭旅行時看到了荷蘭的小人國，他心想，中國有五千年的歷史文化，可展現的建築文物一定比荷蘭更美、更多。有了創意加上努力，終於有了「小人國」的誕生。爾後，為了吸引成年人、兒童及重遊者，進一步開發成為「小人國」遊樂區，今日它已不只是一個「古蹟」縮小的文化地。

4. 台灣過去的出版**習慣**，總是要一次把書出齊，而國內一家出版社就嘗試以三年內出齊多少本書的方式來打入市場，一方面利用消費期待心理，另一方面也建議讀者有三年讀書計畫，每月有一本書，慢慢地吸收。這也是創意的嘗試，而市場的反應也相當的好。

5. 有許多創意是藉著聯想將令人覺得**意外的事物**連起來而產生的。例如奇異電器公司就是由「烤麵包機會積存麵包屑而引來老鼠」的聯想，找到改善重點，進而訴求「不會積存麵包屑的烤麵包機」，獲得市場的熱烈反應。

6. 有的創意者所採的是**省略法**。例如撰寫經濟文章出名的邱永漢先生，就考慮到一般商務旅遊和出差者的需要，而將一般的觀光大飯店中不需要的周邊設施，如宴會場、夜總會等都予以減略，使消費者能享受到低廉的價格，而不影響到居住的品質。其他如推出各類「陽春」型車子、電器就是此類例子。

7. 創意常用的「組合」與「分割」概念，就是將舊產品加以新組合或分割的意思。「果菜汁」這種飲料就是以青菜加上水果組合起來的果菜綜合飲料；並且以「一瓶果菜汁就能滿足一個人一天所需疏菜和水果的營養」爲訴求，打動消費者，這是個組合成功的好例證。此外，現在的手錶功能多元化，而不僅限於顯示時間而已，包括擁有呼叫器、鬧鐘、血壓計、高度或潛水測量等儀器功能。

8. 有時候事情碰壁而無法改變時，必須「窮則變、變則通」，把問題換成其他問題來想，而找出**替代方法**。像最早的時候招募人才多由報紙廣告爲媒介，現在衍生出校園徵才、建教合作以及所謂的「獵人公司」仲介。

9. 在歐美近年流行的「認領布娃娃」一事，就是一個好例證。這種把布娃娃人性化的點子，替廠商賺進了大把大把的鈔票，這些布娃娃不但有出生證明，而且一套衣服都在二十美元以上，甚至尿布都比真娃娃用的還要貴。只要想得到，並不只是高科技才需要創新的。

10. 在最初的時候，麵包店都習慣由店員服務的營業方式，但後來由某家公司首先推出了開放式麵包食品的銷售；也就是將新鮮麵包排列，由顧客自行取後計價，如此可減少僱用銷售人員的開支，並且顧客覺得更自由的挑選麵包樣式，這樣一來營業額反而增加三倍半。目前的西式麵包店也都採用這種方式了。藉著**突破舊有的習慣**，有了更好創意的出現。

上述創意表現的企業實例，有的是來自於個人創造性思考的結果，也有的是眾人集思廣義腦力激盪的產物。今日任何一個企業欲邁向自動化、多元化、國際化與大眾化的產業發展，須賴於全體人員的同心協力、集體創作，針對企業經營的困境與個人生涯發展的難題，尋找解決的策略。是故，以追求效率爲導向的問題解決技術與腦力激盪方

法，逐成爲企業內在職訓練與人力資源開發的重要模式。

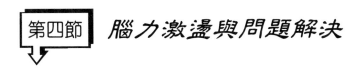

第四節 腦力激盪與問題解決

有一則關於畢卡索的故事，大意是：

> 「有一天，畢卡索外出時看到一輛破舊的腳踏車，他停下腳步，端詳了一會兒，然後就動起手來，把腳踏車的坐墊和把手折下來，並將兩件東西熔接在一起，形成一個牛頭。」

畢卡索的例子顯示了一個重要事實，凡事能以創造性的觀點爲思考前提，往往能激發個人本身的潛能、創造新的變化。也許我們不是畢卡索（大畫家）、戈登貝柯（印刷機和阻板的發明者）、富蘭克林（電的發現者）、博修尼爾（電視遊樂器的發明者）或愛迪生（電燈等電器發明家），但所謂「發明」也不過是「將眾人所見相同的事物，經過思考而使之與眾不同」。人類其實有許多的發明是來自於自我的學習經驗與眾人集思廣義的結果，後者便是一種「腦力激盪」，其目的在於解決生活問題，達成人類進化、進步的目標。

一、腦力激盪方法

所謂「腦力激盪」（brainstorm or brainstorming）是一種誘發人們產生新主意的功能，其目的在於解決問題。韋氏英文字典對腦力激盪一詞的解釋爲「突然來的靈感、啓示或主意」（Brainstorm is a sudden inspiration or idea），「會議討論中會員在無拘無束的情況下，提供個

人的意見，眾人試圖找出解決問題的方法（Brainstorming is the unre-strained offering of ideas by all members of a conference to seek solution to problems）」。簡而言之，腦力激盪就是「一群人在短暫時間內，獲得大量構想的方法」。由此定義來看，構成**腦力激盪**的**基本要件**有三：**一群人、有限時間、大量構想**。通常最適合腦力激盪的成員為八至十二人，人數太多或太少均有礙於腦力激盪。

腦力激盪法是民主社會講求效率的有效方法，更是團體內建立功能的動力、參與集會討論及高效率解決問題的方法。進行腦力激盪時有一定的步驟：*1.*確立討論的問題（主題）及方式；*2.*清楚的呈現問題，使每位參與者清楚了解；*3.*決定討論的架構與方向，包括時間、原則等；*4.*預備討論，適當予以催化、暖身（warm up），創造愉快的「激盪」情境；*5.*開始腦力激盪；*6.*整合「天真」構想，擬訂問題解決策略。其中第五步驟「開始腦力激盪」的過程中，必須注意下列原則：

(1)不允許有任何批評：每一個人的意見都必須加以尊重、接納。

(2)鼓勵成員多發表意見，自由陳述意見，即使是那些「異想天開」「天馬行空」、「不食人間煙火」的構想。

(3)確立「量」比「質」重要。腦力激盪旨在「集思廣益」，量越多代表問題範圍愈廣，解決問題方法愈多。

(4)試圖在不同的構想之間發現其關聯性，從中產生獨特有效的意見與方法。

(5)鼓勵彼此補充（非評價性）意見，互相激盪使之更有意義、更有建設性，亦即協助成員彼此交流溝通。

(6)避免腦力激盪過程中氣氛流於嚴肅僵化，適時的幽默與催化團體動力，將有助於發揮腦力激盪的功能。

二、問題解決策略

藉由腦力激盪來激發創意、驗證創意，同時解決問題。問題一旦獲得解決，並不意味著問題或方法已不重要了，因為生活環境不斷在改變，今日解決方案並不意味著必然成為他日問題解決的良方，因此有效問題的解決系統，不僅需要有解決困境的能力，更要有維持和控制解決方案的能力，甚至先期發掘問題、預設解決方案的能力。換句話說，「完全的問題解決」包括解決問題、維持方案、發掘問題及提供資訊等四項功能，也就是「問題求解系統」的整體設計，詳見圖11-3（Ackoff, 1978）。

由圖11-3觀之，人類觀察「問題與環境」獲得數據資料（1），提供予「資訊次系統」產生資料（2）送至決策次系統，後者一方面向「資料次系統」（3）與「問題、環境」（4）洽詢，一方面又下達指令（5）予問題尋求解決之道，同時記錄決策過程予「記憶體」資料庫中（6），並且形成指示（7）、假設（8）、調適（9）與改變（10）的解決方案，再參考各項徵兆、績效指標來進行預期分析（11）（12），從中診斷，擬訂「藥方」送達決策系統以解決問題。

從阿卡夫（Ackoff）「問題求解系統」的整體設計觀之，問題解決是一項艱鉅的工程，特別是企業內外所面對的各種挑戰與困境。因此如何善用「腦力激盪」法來完成「問題解決」乃是當前企業經營的重要課題。

三、動動腦範例

日常生活中常見到「腦筋急轉彎」、「想一想」、「他傻瓜、你聰明」等益智性思考遊戲，它不僅是一項休閒娛樂，也是訓練自我創造力、創意表現與創造性思考的有效方法。現代人在繁忙工作公務之

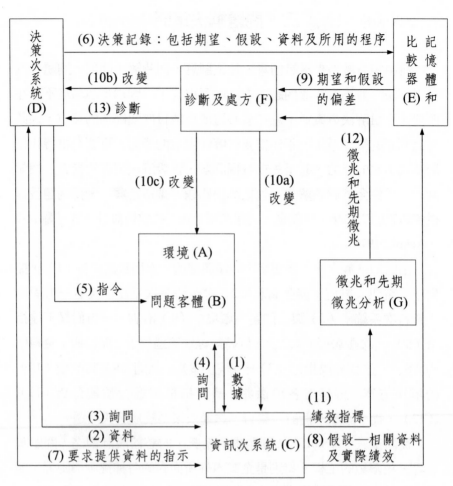

圖 11-3　Ackoff 之問題完全求解系統架構

（資料引自：Ackoff, 1978, p.216）

餘或緊湊的生活步調之後，何妨讓自己的腦筋活動一下，心情沉澱一下。本節摘錄八個動動腦的解決問題範例，解答詳見本章摘要後所附之資料。

＜範例一＞請將下列九個黑點以**一筆劃線**（不可重複）加以串連之。

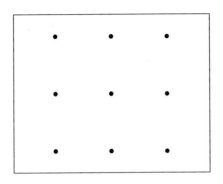

＜範例二＞請將下面圖形之四角括內填上同一數字，使其四角的上下左右加起來皆為21。四個角的兩面對角線相加也是21。

	12	1	
9	5	11	7
4	2	8	6
	3	10	

＜範例三＞請用四條直線，將下圖內所有的圓圈串連，每一圓圈限由
一條直線串之，不得重複。

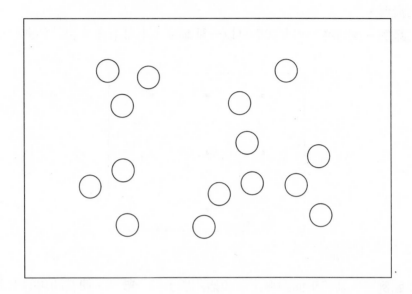

＜範例四＞下圖內共有十二個圓圈；請由 1 至 12，各填一數字至圓
中，使其任何一條直線上所串連的四個圓圈內之數字相加
皆為 26。＜注意＞：數字不可重複填寫。

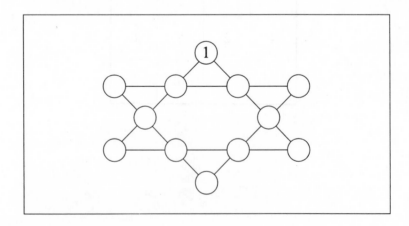

＜範例五＞一位商人攜帶一隻狗、一隻雞和一包米要坐船渡河。每當
商人不在時，狗會咬雞，雞會吃米，米會遺失。又限於舢
舨的載重量，一次渡河至多只能攜帶二物，且不能空船而
回。試問商人如何能在最短時間內（最少次的行程）內攜
物渡河？

＜範例六＞試排列六塊積木（大小形狀相等，如下圖），使每一塊積
木恰好接觸其餘五塊。

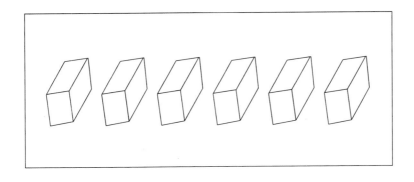

第十一章　創造力及其應用

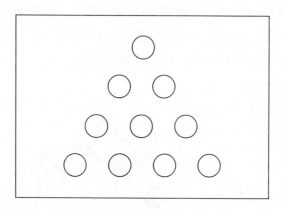

8

商業心理學

<範例七＞請移動下列任何三個圓圈，使正三角形成爲倒三角形。

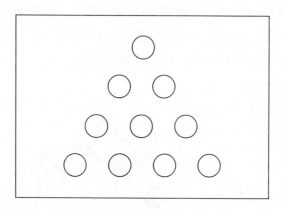

<範例八＞請將下列四個大小相同的箭號圖形加以排列，使之成爲五
個箭號圖形。

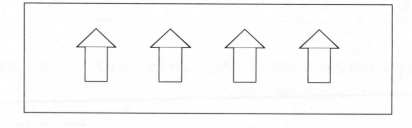

摘　要

1. 創造力是指在問題情境中，個人超越既有經驗，突破習慣限制，形成嶄新概念的心理歷程，包括創造性思考與創造性能力，前者是一種運作歷程，後者是一項能力。

2. 創造力與智力是兩種不同的、獨自的能力，智力受到遺傳因素的影響甚大，創造力卻可以經由特殊環境的塑造與訓練來加以培養。

3. 創造力須具備流暢性、變通性與獨創性等三項條件。創造力的發展也必須經過準備期、蘊釀期、豁朗期、驗證期等階段而形成。創造力高的人具備有獨特的人格特質，包括正向特質與負向特質。

4. 創造力與人類大腦的結構有密切相關。人類的大腦功能複雜，一般區分為左半腦與右半腦，其中左半腦是人類追求成功生活的重要部分，但有時會阻礙我們求新求變的人生發展。是故，高 EQ 的人必須平衡左右兩半腦，共同發揮其功能與運作。

5. 增進人類創造力發展的方法與阻礙人類創造力發展的因素相當多，學者看法大同小異，可以做為個人激發創造力、自我訓練的方法。

Notes

6. 創意表現與商業活動有密切的相關。無論是個人形象塑造或是企業經營管理，創意表現往往左右個人或組織的成敗發展。例如全美最具創意的企業之一是 3M 公司，其成長與發展充滿創意色彩，值得企業學習效法。

7. 今日企業發展在企劃方案或推銷產品時，經常運用人類的創造力與創意表現，包括各項家電用品的開發、各種產品的廣告設計、各廠商的促銷活動或員工的激勵管理方式。

8. 腦力激盪是一種誘發人類產生新主意的方法，其目的在於解決問題。所謂「腦力激盪」是指一群人在短暫時間內，獲得大量構想的方法。其步驟包括：(1)確立討論問題（主題）及方式；(2)清楚的呈現問題，使每位參與者清楚了解；(3)決定討論的架構與方向，包括時間、原則等；(4)預備討論，適當予以催化、暖身（warm up），創造愉快的「激盪」情境；(5)開始腦力激盪；(6)整合「天真」構想，擬訂問題解決策略。

9. 一個有效的解決問題方案，不僅需要有解決困境的能力，更要有維持和控制解決方案的能力，甚至先期發掘問題、預設解決方案的能力。換句話說，「完全的問題解決」包括解決問題、維持方案、發掘問題及提供資訊等四項功能，也就是 Ackoff 的「問題求解系統」的整體設計。

動動腦範例解答

＜範例一＞方法有（Ａ）、（Ｂ）、（Ｃ）三種：

（Ａ）兩側對摺

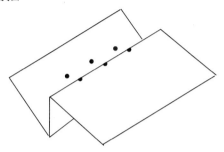

（Ｂ）

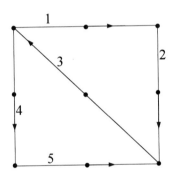

（Ｃ）

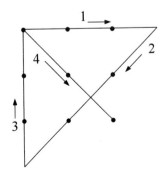

＜範例二＞答案爲「4」

4	12	1	4
9	5	11	7
4	2	8	6
4	3	10	4

＜範例三＞

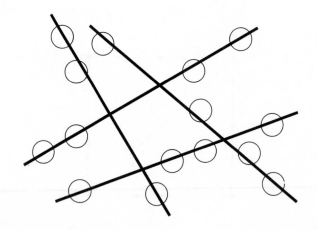

＜範例四＞

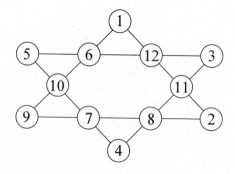

＜範例五＞

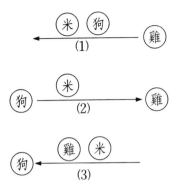

＜範例六＞以積木之長線切面，解答示範如下（方塊積木疊二層，直
　　　　　線在下層，虛線在上層）：

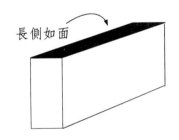

長側如面

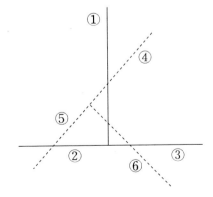

＜範例七＞

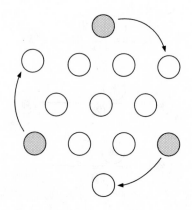

＜範例八＞

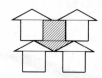

第十二章

生涯諮商

　　莊子曰：「吾生也有涯，而知也無涯。」說明了人的生命有限，但知能無限；如何在有限的生命旅程中，創造無窮的智慧與發展，正是人生的努力目標。每個人的生命目標不同，有人重視金錢財富，有人汲汲於功名權勢，有人熱心社會服務，有人醉心於田園生活……。為了實現生命目標，每個人必須仔細思考擬訂短程、中程與長程的人生計畫，如同企業界為了達成組織目標，創造利潤績效，就必須擬訂經營（企劃）方案，而後整體總動員的努力執行之。

　　生涯規劃（career planning）、生涯輔導（career guidance）乃是二十世紀行為科學的新產物。過去生涯的理論與實務多運用於學校教育與社會輔導等領域中，較少受到工商企業界的重視。綜觀近代人群管理與企業發展的歷史，從二十世紀初期重視**員工工作行為**的經典學派管理學說（例如行政管理學說、科學管理學說），至二十世紀中葉強

調企業人際行為的新經典學派管理學說（例如人群關係論、管理科學論），以迄今日主張多元化與個人化的現代管理學說（例如系統理論），員工的工作行為與心理生活愈來愈受到同樣的關注。自一九八〇年代以來，伴隨人本主義的復興，員工愈益重視對幸福感（well-being）與健康工作環境的追求，企業組織與資方雇主也開始注重員工工作的滿意程度與人力資源的開發運用。此一趨勢可從一九九〇年以來，美國各大學紛紛開設以「員工關懷」為主的企業管理課程可看出端倪。生涯諮商已成為員工福利與企業經營的重要一環。

第一節　生涯的基本概念

　　自一九八〇年代以來，我國的經濟繁榮、民生富裕、科技發達，國民的生活水準與知能水平相對提高，社會結構轉變，人際關係與生活價值觀產生巨大的變化，導致現代人迷失在壓力、挫折與衝突的生活中，個人面對未來的生涯發展深感「忙與盲」、「惑與禍」……。在此等背景的催化下，融合人文主義、管理科學、職業教育、諮商輔導與人力資源等理論與方法的學術──「生涯理論」因應而生。近年來，生涯規劃、生涯輔導與生涯發展已成為社會大眾耳熟能詳的名詞，儼然成為當代的顯學。

一、生涯的定義

　　「生涯」（career），或稱「生計」，係指一個人一生當中所從事的工作，以及所擔任的職務角色，同時也包括非工作（職業）性的活動、角色。生涯是一種生活方式，也是一個行為概念，更是一個人一

生中所選擇或追求的行動方案。著名的職業心理學家舒伯（Super, D. E.）認為「生涯是生活中各種事件的方向，它統合了個人一生中各種職業和生活的角色，由此表露出個人特殊的自我發展組型。一個人一生中所扮演的角色包括：兒女、學生、休閒者、公民、工作者、配偶、家管人員、父母及退休者等九種」。由此可知，生涯乃是個人一生中連續不斷的發展過程，涵蓋了個人在家庭、學校、社會和職業等有關的角色與活動經驗；每一個人的生活經驗不同，塑造出個人獨特的生活方式與生涯發展。因此，生涯含有持續性、統整性、企求性、獨特性、複雜性與活動性等特質。

二、生涯的理論

今日，「生涯」的理論與內容已成為新時代的學術重心，深受各行各業不同階層人士的重視，企業界與教育界更是大量開設與生涯有關的訓練課程。長期以來，國內外學術領域投入生涯方面研究的專家學者更是不計其數，諸如舒伯（Super, D. E.）、雷諾（Raynor, J. O.）、荷倫（Holland, J. L.）、龍敦（London, M.）、麥克丹尼爾（McDaniel, C.）、卡萊瑪（Cramer, S. H.）、克萊蒂斯（Crities, J. O.）、伯丁（Bordin, E. S.）及林幸台、楊朝祥、金樹人、陳若璋、黃惠惠、許智偉等人。基於研究者不同的思考角度與專業領域，各種生涯理論也各有特色，茲擇要彙整列於表 12-1，包括各理論的代表人物、內容重點及其理論的優缺點。

生涯理論乃是探討個人生涯規劃與自我發展的動力基礎，許多測量生涯的工具或活動皆依生涯理論而來編製、修訂與設計運用。基本上，人類生涯發展的過程是複雜的，受到許多因素的影響。是故，惟有了解更多的生涯理論，方能完整的規劃生涯、發展生涯。

表 12-1　七種生涯理論之比較

理論名稱	代表人物	內容重點	優　點	缺　點
特質 因素論	Parsons & Williamson （1931）	1. 知己→知彼→ 決策 2. 強調個人特質 與職業選擇的 關係	1. 重視個別差 異 2. 重視職業資 料	1. 忽略動態發展， 只重靜態分析 2. 特質難以測量 3. 只重環境資料， 忽略個人潛能 4. 忽略各項特質橫 向關係
當事人 中心論	Patterson （1964）	1. 強調個人獨一 無二的現象學 2. 平衡自我與外 在世界的關係	1. 具時代性與 創新性 2. 關心個體知 覺	1. 籠統，缺少具體 作法 2. 不易客觀
心　理 動力論	Bordin （1963）	1. 重視工作對個 人需要的影響 2. 每人的需求類 型在六歲前已 定型 3. 各項職業均代 表不同的需求	1. 重視個人需 要 2. 重視過去的 成長	1. 重視內在特質， 忽略外在因素 2. 忽略現在與未來 的聯結關係
生　涯 發展論	Super （1953）	1. 提出生涯十二 點基本主張 2. 主張人的生涯 發展分成五階 段： 成長(0-14 歲) 探索(15-24 歲) 建立(25-44 歲) 維持(45-64 歲) 衰退(65 歲後)	1. 具有前瞻性 、獨特性 2. 生涯理論的 主流 3. 藉由時間透 視人的過去 、現在、未 來 4. 重視生命角 色	1. 理論複雜 2. 缺乏角色建構 3. 忽略職業的重要 性

（續下表）

		3.提出生涯彩虹圖(角色理論) (1)兒女 (2)學生 (3)休閒者 (4)公民 (5)工作者 (6)配偶 (7)家管人員 (8)父母 (9)退休者		
類型論	Holland （1985）	1. 區分人格與職業為六種類型 (1)研究型(I) (2)社會型(S) (3)事務型(C) (4)企業型(E) (5)實際型(R) (6)藝術型(A) 2. 重視個人的職業性格分析	1. 重視人格對職業的影響 2. 具體、可測量 3. 重視生涯的一致性、分化性、適配性 4. 引導個人探索	1. 忽略人類的主動性與潛能 2. 將人量化 3. 測量的誤差難以消除
生涯 決定論	Gelatt （1962）	預測→價值→決策	1. 有步驟、可規劃 2. 具有指標	1. 須專家督導、指導 2. 複雜度高，不易了解
	Krumboltz （1973）	1. 行為分析、目標導向 2. 問題→計畫→澄清→抉擇→評價→檢視→行動		
超個人 心理學	Maslow （1954）	1. 需求→職業選擇 2. 自我實現	1. 具有建設性 2. 重視內在特質	1. 缺乏具體作法

三、生涯理念的發展

　　早在一八九五年代初期，生涯發展以及職業理論已出現，生涯的理論已成爲諮商工作者、主要的出版刊物及專業會議上長期被討論的主題與關注的焦點。回顧生涯理論的發展史，其與**職業輔導**的興起有密切相關。一八〇〇年代晚期，由於工業主義的興起，劇烈的改變了許多歐美國家民眾的生活環境及工作條件，激化了人們對非人性工作環境及機械化生活狀況的不滿，引發改革的聲浪。當時許多關心社會改革的學者或科學家開始將注意力投入於有關人類行爲與個別差異的研究。

　　一九〇八年，帕森思（Parsons, F.）在美國波士頓成立職業局，並於同年五月一日發展了系統化就業輔導程序的報告，開啓了職業輔導的發展史。他也是生涯理念與生涯輔導運動的重要催生者，特別是他強調的職業輔導三部曲（認識自己、認識工作及前二者的關聯應用），直到今日仍被廣泛的運用於生涯輔導的方案中。綜觀帕森思的一生，無論是擔任工程師、中學教師、律師或密蘇里州羅斯今大學法學院院長，對於社會重整運動（social reform movement）及就業輔導活動都有極大的貢獻，因此在帕森思身故（一九〇八年九月二十六日）後，學界尊其爲「美國職業輔導之父」，足證其影響力。

　　一九一三年，美國第三屆全國就業輔導會議於密西根州召開時通過成立「全國就業輔導協會」（The National Vocational Guidance Association），即今之「全國生涯發展協會」（The National Vocational Career Development Association，簡稱 NCDA）。從一九一二年德國心理學家馬士特柏格（Munsterberg, H.）出版「心理學與工作效率」（Psychology and Industrial Efficiency）一書，強調員工甄試及心理測驗的重要性，間接影響了工業心理學的發展。至一九四二年，美國輔導學者羅吉斯（Rogers, C. R.）出版了極具影響力的「諮商與心理治療」（Counseling and Psychotherapy）一書，突破了自帕森思、威廉遜（Williamson, E. G.）以來的指導式生涯諮商模式，為生涯及生涯輔導注入更多人性色彩與生活關懷。

第二次世界大戰後，生涯發展及職業輔導的理論不斷問世，詳如前述之表 12-1。近二十年來，生涯及生涯輔導運動的角色及範疇，已擴展至人性及人本導向的領域。今日的生涯理論與生涯諮商更已邁向專業化、科學化與多元化的趨勢，不僅重視生涯理論在職場規劃與工作效能方面的研究，也普遍關心人類生活適應與角色發展的問題，例如「員工協助方案」（Employee Assistance Programs，簡稱 EAPs）便是目前許多企業組織關心員工生涯，用以協助員工解決各項生活問題的重要方案。

四、相關名詞釋義

近年來，有關「生涯」課題的研究甚多，伴隨而來研發出許多相關的新名詞與新概念，導致初學者學習上的困擾與非專業者認知上的混淆。與生涯有關的名詞包括生涯規劃、生涯輔導、生涯管理、生涯諮商、生涯發展、生涯教育、生涯成熟與生涯抉擇等。上述名詞，除了「生涯規劃」留待本節下一單元中探討之外，其餘概念釋義如下：

(一)生涯輔導（Career Guidance）

係指提供資料資訊、教育訓練，以協助個人生活適應與事業成功的一種助人專業。生涯輔導擴張職業輔導原有的領域，更加重視個人生涯決策能力的養成、自我觀念的發展、個人價值觀的澄清、個人自主的生涯抉擇（career choice）、個別差異的觀念與社會變遷的適應等課題。

(二)生涯管理（Career Management）

從個人觀點而言，生涯管理乃是一個人為自己未來的前途發展進行規劃、準備、執行及檢視的過程；從組織的觀點而言，生涯管理乃是組織針對成員個別的需求與團體的特性加以規劃、準備、運作及考核的過程，以分配資源、檢核效能，進而達成組織（含個人）目標。

(三)生涯諮商（Career Counseling）

生涯諮商容易與生涯輔導混淆，前者強調運用諮商理論與技術，以協助當事人認識自我及外界環境，解決其生活困擾，促進其身心發展，以達成個體成長、適應與發展的目標。生涯諮商是生涯輔導的一種方法，其助人者需要更多的專業理論與技術。

(四)生涯發展（Career Development）

從個人觀點而言，生涯發展乃是個人一生當中以實際的自我概念與社會價值觀，促進自我的成長、適應以達成人生目標的過程；從組織的觀點來看，生涯發展乃是組織為維持營運、增進工作效率所採取的一切事業計畫。換句話說，生涯發展就是一種個人或組織將前程行動計畫（career action plan）付諸實施的過程。它是一種持續變化的過程，也是一個完成自我概念、增加選擇機會的過程。

(五)生涯教育（Career Education）

生涯教育是全民的教育、終身的教育、整體的教育、全面且連貫的教育，美國教育家杜威（Dewey, J.）曾說：「生活即教育」，其實已蘊含生涯教育的真義。美國聯邦教育總署署長馬爾蘭德（Marland, K.）認為生涯教育是一種劃時代的革命性觀念，生涯教育是「一種與個人自我實現與自我效能有關的新秩序教育」。生涯教育同時重視學識與職業功能、升學與就業準備，它強調在傳統的普通教育中建立職

業教育的功能，使受教者未來有更良好的生存發展。

(六)生涯成熟（Career Maturity）

生涯成熟是指個人在生涯發展過程中所達到的進度，或是個人面對生涯發展任務的準備度。我國學者夏林清等人曾將克萊蒂斯（Crites）所編之生涯成熟問卷（Career Maturity Inventory，簡稱 CMI）修訂爲中文版，用來測量個人的生涯成熟度。一個人的生涯成熟度可以反映在其職業選擇的適切性、個人特質的具體性、職業偏好的一致性與職業發展的獨立性等方面。

(七)生涯抉擇（Career Choice）

生涯抉擇係指個人對其未來各方面發展的判斷及確立人生方向的過程。生涯抉擇含有職業選擇的內涵，一個人欲能適當選擇職業，必須考量家庭教育及個人理想、能力、興趣、訓練機會等因素。

上述各項與生涯有關的名詞並非各自獨立，而是有其交互作用關係。基本上，生涯教育、生涯管理、生涯輔導、生涯諮商屬於發展個人生涯的一種方法；生涯發展是一種人生過程；生涯成熟是發展個人生涯的一種理想目標；生涯抉擇則是發展個人生涯的一種能力。惟有時時培養自我能力，懂得運用方法要領、掌握過程、立定目標的人，才能獲得快樂、成功的生涯。

五、生涯規劃

目前國內許多大專院校皆開設有「生涯規劃」的相關課程，各級學校普遍重視生涯輔導的工作，此外，企業界也舉辦不少生涯規劃的活動或訓練。生涯規劃（career planning）是指達成人生目標的方法或計畫。一個人若是在設定人生目標之後，沒有規劃或不切實際的規劃，

不懂得運用方法或方法運用錯誤，必然無法完成目標獲得成功。

生涯規劃旨在使個人能夠根據計畫，循序的運用環境資源、開發自我潛能，以成熟的發展自我與生涯。曼待與韋恩（Monday & Wayne）認為：生涯規劃就是一個人據以訂定前程目標及找出達到目標的手段。因此，每個人都必須妥善規劃生涯，雖然有生涯規劃的人未必能夠成功，因有些外在環境變數無法完全掌握列入規劃；但**沒有規劃的生涯必然失敗**。

值得注意的，生涯規劃必須以自我探索為基礎，以便能夠「知己知彼，發展生涯」，而且生涯規劃的內容甚廣，並不限於升學與就業等範圍，如圖 12-1，一般人誤以為生涯規劃就是指升學與就業，如何升學，如何尋找工作，如何面談，如何發展事業，如何名利雙收……，此乃狹隘生涯規劃的意義；真正的生涯規劃應是全面的、全方位的。

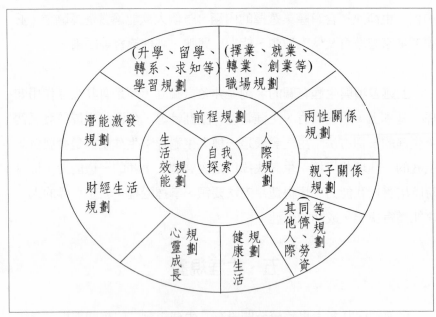

圖 12-1　全方位生涯規劃的內容

生涯規劃既是實現自我目標的一種方法、手段與過程，則其前提就必須訂定適切的目標。每一個人活在這個世界上，若想要有一種優

於一般人精神上與物質上的生活，首先就必須要訂定一個自己所渴求的生活目標，一個適切的生涯抉擇，不管是在求學或是在就業的過程中，都要找出一條屬於自己真正的路，故設定自我的理想目標。通常生涯設定的「目標」（goal）必須具備下列條件：

㈠目標要有足夠的吸引力

　　首先個人生涯發展所設定的目標，一定要是自己所渴望的而且很有興趣的，這樣才能夠有足夠的吸引力，促使自己努力來完成這個目標，否則設定的目標若不是自己所要的、所願意的，怎可能會持之以恆的努力爭取，持續到最後完成呢？

㈡目標要明確而具體

　　一個明確的、數量化的目標，乃是包括具體的達成指標及達成時間，正如同一個人做什麼事情或回答別人的話語時，不宜以「隨便」或是「請裁」（台語「隨便、都可以」之意）來回答，而要有自己的一個主見、自己的原則。一個人的想法若容易被別人或別的事物所左右，這樣的人想要有一番大事業，或想要有一番不同凡響的成就是不太可能的。以賺錢為例，我們常常會說：「我要使自己能夠出人頭地，成為富翁」。但到底要怎麼做才算出人頭地呢？所以應該訂定這樣具體的目標：「在我三十歲以前能夠考上技師執照而且一年能賺二百萬元……」，像這樣的目標才能使人隨時檢視目標的達成進度，定期檢討達成目標的策略是否有偏差，而且能夠全心全意地去達成目標。相反地，若是訂定一個不夠具體的目標，往往無法使自己檢視：是否已達成目標或距離目標尚有多遠？

㈢目標要能心理預演及影像化

　　訂定一個明確而且具體的目標之後，再將這個目標（成果）在自己的內心浮現一個影像，自己先盤算預演一下，有計畫的想像目標完

成後是怎樣一個畫面。如同是一位表演者，在正式演出前都會先來個彩排，預演一下當天演出的情形，這樣不僅可以增加演出時的熟練度，而且可以提前發現可能的錯誤且迅速的將其解決，增加臨時的反應適度，使得演出能順利且完整的將所要表達的意念傳達給觀眾，這就是一個具體影像化的呈現。因此先讓自己嘗試將個人的生涯計畫預演一次，以初探可顯現出怎麼樣的一幅圖案，做好心理預演工作。

四目標必須可行且切合實際

設定目標時，也須考慮到完成這個目標的可行性；設了一個目標，若是不可行，或是超出自己的能力範圍，這樣如同沒有目標一樣。然而，也不必因自卑或「謙虛」而立下缺乏挑戰性的目標，人常常都會給自己「設限」，以為人生中諸多的成就都僅是意外、是偶然機會下的產物。事實上，所有超凡的成就，都是由凡人如你我所完成的；因此，有超凡成就的人會為自己訂定一個不平凡的目標，智商高或是比較聰明的人，未必往後的成就便會比一般人好，人的潛能是無限的，要好好的將之開發、利用、挖掘出來；曾有人自述：

> 「當兵剛下部隊的那段日子，我的體能簡直差到極點；伏地挺身不到三十下便掛了，結果連上卻要求到一百下，且要一次完成；單槓連一下也拉不上去；跑步時，當時每天早晚各五千公尺，三不五時的還要跑整個山頭，來回差不多將近一萬公尺，常常看到跑步時有幾個「拖油瓶」在部隊後面跑著，其中一個就是我；此外，我擲手榴彈方面也不過在三十公尺左右及格邊緣。所以當兵的日子可說是每天過得轟轟烈烈，悽慘無比，當時總以為我永遠無法達到連上所要求的目標，自己的能力沒法來達成。
>
> 但是這樣整整的被訓練了一年之後，卻令連上的人刮目相看，不僅伏地挺身百下沒問題，單槓也可拉到十八下左右

（滿佰邊緣），跑步也能跟上部隊不落後，手榴彈也可擲到五十公尺左右（滿佰邊緣），雖然成績並不是最頂尖的（尚輸一些快退伍的學長），但卻優於一般人，這 180 度的轉變不僅跌破專家眼鏡，更創造了我個人的生涯奇蹟；所以生活一下子從地獄跳到了天堂一樣，而且也被選爲連上幹部，從那時候起便不再懷疑自己的實力。

只要你有心的話，任何的困難都有辦法解決，雖然在這一年中總覺得痛苦的日子是那麼長，但突破了自己的那一份喜悅，是很難用言語來加以形容的。沒有痛苦的回憶，那來這一份喜悅，而且它更成爲我這一生中最美麗且難忘的回憶。」

一個具有挑戰性的目標，必須有其適度，也就是切合實際，可以達成的。過高的目標，其實不是理想而是幻想、妄想。惟有在思考過自己的潛能、配合條件及環境發展趨勢後，所訂定的目標，才是實際的；但也不要劃地自限，喪失對自我的信心，而設定低層次的目標。所謂「人生有夢，築夢踏實」。

(五)發展足夠實現目標的自我條件

無論是精神上的支持或物質上的支援，包括人力資源的開發、社會資源的運用，每一個人在設定生涯目標時，也要發展出能夠實現目標的自我條件。因此，平時宜多儲備個人的能力、物力、心力與智力，多尋找良師益友，增廣見聞，必能有助於達成個人的生涯目標。

生涯目標設定後，就必須有一定的程序、方法與資源去實現之。一般而言，生涯規劃的步驟包括：

1.確立人生目標（可透過自我了解、澄清價值觀來進行）。

2.訂定行動方案（列出內容、時間、進度）。

3.評鑑行動方案。

4.運用社會資源。

5.建立監督體系。

6.實際行動完成目標（或修正方案重新出發）。

總之，生涯規劃是實現個人生涯目標的重要方法，而生涯目標是一個人的人生大夢，人生的過程也就是完成夢境的旅程，每個人都需要設定階段性的目標，每當完成一個階段的目標時，便做一個記錄；每完成一階段目標後所獲得的喜悅與成就，將驅使著個人努力去達成另一個階段目標，最後終能「自我實現」的完成自己所訂的一切人生目標。

第二節　諮商理論與技術概要

社會變遷改變了人類不同時代的生活方式，伴隨社會結構的改變，衍生出許多生活適應的問題。過去曾有學者趣稱：十七世紀為啟蒙時代，十八世紀為理性時代，十九世紀為進步時代，二十世紀則為焦慮時代。美國哈佛大學公共衛生管理學院在一九九六年的一項研究報告中推論：公元二○二○年，憂鬱症將成為人類十大死亡病因之一，而且高居第二位，僅次於心臟病。為何物質文明的進步及科技文化的發達，卻導致了人類更多的精神疾病與行為問題呢？

「EQ」（Emotional IQ, 情緒智商）一書的作者高爾曼（Goleman, D.）認為人類罹患憂鬱症的年齡逐代下降，人口逐漸增加，推估其因實為核心家庭的嚴重腐蝕，離婚率的指數上升，父母陪伴子女的時間縮減，居住遷移頻繁，親族間的關係不再密切等，主因則是人類失去自我。此外，今日工商業社會競爭激烈、人口爆炸、都會治安惡化、升學與就業的迷惘，加上不愉快的婚姻、破碎的家庭以及生活中處處

潛藏的危機（公共危險、工安意外、飛安空難、變態暴力等），無形中加重了現代人的生活壓力與心理困擾。

目前世界各先進國家，除了重視心理疾病者與行為失常者的心理治療工作，也積極推廣心理衛生（mental hygiene）及諮商輔導的工作。所謂「預防重於治療」，務期經由教育宣導與諮商輔導等途徑來確保社會大眾的身心健康，以增強國力及開發人力，進而促進社會的安定與繁榮。

一、諮商的概念

諮商（counseling）是一種助人專業，也是輔導專業的主要方法之一。諮商之所以成為一項專業，乃因其具有專業的組織、專業的自由、專業的服務、專業的知能與技術，以及專業的倫理與規範。諮商是民主哲學的產物，因其重視個人的價值與尊嚴。正因如此，諮商工作者必須對人類的心理與行為，有充分而且深刻的了解。基本上，諮商是一種助人的專業，也是一項助人的藝術與助人的科學。然而，諮商並非處理人類問題的「萬靈丹」，它祇是處理個人心理困擾與行為問題的方法之一。

(一)諮商的發展史

諮商與輔導最早運用於解決人類就業方面的問題，職業諮商或職業輔導肇始於美國。早在一九〇八年，美國社會重整運動的推動者之一帕森思（Parsons, F.）於波士頓市民服務之家，成立波士頓職業局，嘗試以專業方法來協助青年解決職業問題，職業諮商與職業輔導一詞，由是產生（亦有學者視其為生涯輔導的起源，詳如本章第一節中「生涯理念的發展」所述）。此時職業諮商類似職業輔導，侷限於蒐集與提供資料，協助失業青年做較佳的生涯抉擇。第一次世界大戰期間，伴隨心理學與心理測驗學的發展，對案主（client，或稱當事人、受輔

者、來談者）的自我了解與諮商晤談有更大的助益。

　　一九三〇年代，美國的經濟不景氣及大量的失業青年，促使美國各界更加重視諮商的功能。第二次世界大戰後，配合人類生活問題的複雜性，單純的職業資訊提供、滿足案主外在需求的一般性諮商遂陷入發展瓶頸。諮商員開始充實進一步的專業知能與技術，同時引進社會工作、家庭諮詢（consultation）等方法，職業諮商已蛻變爲心理諮商，後者較前者重視心理性、個人化與深層次的問題性質，強調運用各種專業的助人知能，從廣泛的領域協助案主解決困擾，進而影響其個人身心成熟與人格統整。

(二)諮商的意義與目的

　　「諮商」（counseling）意指諮詢商討，由受過專業訓練的諮商員（counselor）與求助的案主透過面對面的關係，針對後者的生活困擾或心理問題，共同尋求解決方法，使案主獲得較佳的適應與發展。換句話說，諮商是一種學習指引的過程，在一個單純的、一對一的社會情境中，諮商員運用其心理的技能與知識，採取符合當事人需要的方法，在輔導的體制下，協助案主增進其對自身有較多的了解，並將此「動力性了解」有效的應用到實際的生活上，使案主成爲更幸福成熟、更具建設性生產力的社會成員。

　　由上觀之，諮商包括三個行爲上的目的：1.改變不適應的行爲；2.學習做決定的過程；3.防止問題的發生。諮商不只是一種症候的管理。今日，積極性的諮商不應祇是在督導案主解決問題而已，諮商是在增進個人解決問題的能力，同時協助案主發展自我了解與自我接納；當案主能夠擁有較佳的自我了解與自我接納時，一方面可以減少案主自身的矛盾、疑惑，使其對個人的抱負與理想（目標）能夠掌握，做成較實際的決定並且努力實行；另一方面可以真實地預見問題的後果，在適宜的範圍內，諮商員可以協助案主選擇或計畫下一個行動方案。

　　諮商員若能在助人的過程中，表現出一種開放、了解與尊重的態

度，必可建立和諧而友善的助人關係。在此氣氛下，案主可以感受到被關懷、受重視和有價值，從而發展自我、負起責任、消除防衛與解決問題。諮商近似於輔導、心理治療，三者皆為助人專業；但是三者之間在內容上、態度上與對象上仍有其差異性，詳見表 12-2。**輔導**的特徵在於：職業的、教育的、一般的、預防的、表意識的、行為層次的、資料提供的；**諮商**的特徵在於：支持的、情境的、意識的、處理的、矯正的、發展的、輕度生活困擾者；心理治療（psychological ther-

表 12-2　輔導、諮商與心理治療的比較

項目	輔　　導	諮　　商	心理治療
對象	一般人	一般人、輕度生活困擾者	精神病患、重度生活困擾者
功能	預防性、教育性、發展性	教育性、訓練性、發展性	矯治性、復健性、治療性
側重層面	認知的、態度的、行為的	認知的、態度的、行為的	認知的、人格的、內在心理層次的
向度	意識的	意識的、前意識的	潛意識的
方法	一般教學活動、演講、團體討論、諮詢式互動及諮商技術等	運用分享、探索、引導、面質澄清、回饋等高層次諮商技術	運用治療技術，配合催眠、心理劇等方法及精神醫療
導向	資訊導向 成長導向	問題解決導向 成長發展導向	人格重建導向 行為重塑導向
輔導者	教師或諮商員	諮商員或受過專業訓練的教師	心理治療師或受過專業訓練的醫護人員
目標	一致、案主有共識	一致、案主需求不一	不一致（輔導者、案主想法不盡相同）
每次輔導時間	固定（約三十分鐘）	視情況（約一小時）	較長、不固定
實施單位	學校、社會機構等	學校、社會機構等	醫療機構等

apy）的特徵在於：重建的、長期的、矯正的、深入分析的、潛意識的、重度情緒性與神經性的困擾者。

(三)諮商的技術與要領

　　既然諮商的目的在於協助案主獲得良好的適應、成長與發展，則諮商員的人格特質是否健全與其技術知能是否豐富是相當重要的。惟有諮商員的真誠、接納、了解、同理與關懷，才能建構出有效的諮商關係。諮商既是一項助人專業，則諮商員的人格特質也有其專業的考量，美國心理學會（American Psychology Association，簡稱APA）建議的輔導（諮商）人員特質包括：

1. 高度的智慧與判斷力。
2. 創造力、機智與變通性。
3. 好奇，有求知精神。
4. 對人有興趣，而且尊重他人。
5. 自我了解，富幽默感。
6. 敏銳觀察力。
7. 容忍、不自大。
8. 人際能力（有能力與他人建立溫暖與有效的關係）。
9. 勤勉、規律的工作習慣。
10. 負責任。
11. 圓融與合作。
12. 情緒穩定、自制力佳。
13. 遵守專業倫理。
14. 擁有專業知能

　　諮商員應時時了解案主的內心需求，提供其適切的社會資源。諮商員的工作重點乃是「輔助重於掌握、傾聽重於說教、預防重於治療」，工作內容包括：1.心理諮商；2.生涯諮商；3.資訊服務；4.危

機處理；5.心理與測驗服務；6.研究發展；7.預防推廣；8.其他諮商工作等。一位有效的諮商人員必須具備充分的專業知能，能夠了解並運用各種不同的諮商理論（例如：Williamson 的指導學派、Rogers 的當事人中心學派、Thorne 的折衷式諮商學派、Wolpe 的系統減敏感法、Glasser 的現實治療法、Ellis 的理性情緒治療法等），同時熟悉各種諮商學派的人性觀、方法論、諮商過程與利弊得失。

　　諮商技術乃是諮商員為達成諮商目標所採取的一種手段或方法。配合諮商員、案主的諮商關係與諮商不同的發展過程，諮商員所須採取的諮商技術也有差異，如表 12-3。

表 12-3　諮商過程、目標與技術概覽

諮商過程	起始階段	問題探索階段	問題解決階段	結束階段
諮商目標	建立案主與諮商員良好的專業關係	了解案主問題所在，並給予其信心，確切診斷	協助案主動力式的自我了解，以及運用解決問題的資源與方法	統整案主的諮商心得，並增強其信心，開展行動
諮商技術	1.專注 2.真誠 3.接納 4.同理心 5.簡述語意 6.反映 7.傾聽等 →	1.澄清 2.引導 3.結構 4.設限 5.高層次同理心 6.資料蒐集分析 7.心理測驗運用 8.調查訪談等 →	1.面質 2.立即性 3.自我表露 4.家庭作業 5.腦力激盪 6.問題解決技術 7.各種諮商學派 8.其他 →	1.轉介 2.再保證 3.摘要、統整 4.激勵、祝福 5.追蹤評估 6.檢討 7.其他

註：「→」意指前一階段的技術皆可運用至後續階段

　　諮商過程大致區分為四個階段：1.起始階段；2.問題探索階段；3.問題解決階段；4.結束階段。不同階段的諮商目標、方法技術自有

差別。諮商員運用各種諮商技術須以尊重案主、關懷案主及遵守專業倫理爲前提，不宜過度「技術本位」，以免諮商過程充斥「匠氣」，缺少了「人味」。因此，諮商員良好的諮商態度有時較純熟的諮商技術更爲重要，諮商員宜時時充實自我、反省自我並且接受專業督導，如此才能成爲一位有效的諮商員，確保案主權益，發揮諮商功能。

二、企業諮商的內涵

諮商輔導目前已廣泛的運用於社會工作、學校教育與企業機構等領域內。從學校諮商、社會諮商、軍中諮商、生涯諮商至企業諮商，「諮商」已成爲現代人解決現代生活困擾的一種「良方」，特別是因應現代上班族在企業體系內所衍生的各種行爲問題與人際紛爭的「企業諮商」，更是受到企業界的高度重視。

㈠企業諮商的發展

諮商的理念與方法運用於企業界，從而形成企業諮商的制度，始自一九一四年美國的福特汽車公司。當時該公司的教育訓練部門爲改善員工生產效率低與離職率偏高的缺失，特別訂定員工諮商計畫，以協助員工解決健康、法律、工作與人際等問題，惟因當時尚未完全運用心理學的知能，故僅具有企業諮商的雛型。而後，一九二二年美國大都會人壽保險公司爲推展醫療服務的工作，進一步對身心狀況不佳的員工開始進行諮商訪談與追蹤輔導。

直至一九二七年，美國哈佛大學教授梅耶（Mayo, E.）爲首的研究小組於芝加哥西方電氣公司的霍桑工廠（The Hawthorne Plant of the Western Electric Company in Chicago）進行工時研究時，發現工作時數、工作時間、工作設備等工作條件並非影響員工工作行爲的主因，而是員工的工作態度與情緒感受才是真正的工作動力；換句話說，在影響員工工作行爲的因素方面，社會變數與心理變數之重要性高於經濟變數

與物質變數。梅耶在進行研究時，多次與員工晤談發現：非工作導向的諮商內容較容易引發員工的參與興趣。此一霍桑研究，便是真正促成近代企業諮商（企業人事諮商制度）發展的基礎。

仁企業諮商的目的

　　一九二七年至一九三二年的霍桑研究固然爲企業諮商催生，但當時企業界仍普遍重視領導管理、工作條件的研究，直至二次世界大戰期間（約一九四〇年代），企業諮商制度始運用於協助新進員工工作適應、降低焦慮與增加工作效率等方面，如表 12-4，可惜的是企業界未能引進或培養更多的諮商專任人員。

表 12-4　企業諮商的預期功能

工作方面	降低離職率、缺勤率
	提高生產績效
	解決工作問題
	提供上下溝通橋樑
	提高工作情緒、士氣
	適應工作及環境
員工本身	身心平衡發展
	解決生活問題
	改進員工福利
	促進互助合作
勞資方面	加強勞資和諧
	增進良性互動
	建立職業倫理
企業整體	增強向心力
	促進企業發展
	表現關懷員工心意
	建立外界良好公關、形象

　　企業內員工諮商或人事諮商旨在預防員工在工作適應與生活適應上的挫折與困擾，協助員工解決心理上或情緒上的問題，同時積極的改善員工的人際關係，促進員工的身心健康。企業諮商包括診斷與管理兩個層面，既要診斷適應不良的員工，也要激勵一般員工的工作士氣。早期的企業諮商偏重於處理員工工作上的困擾，自一九七○年代以來，伴隨認知心理學與人本主義的盛行，企業諮商逐朝向全面化、多元化、主動性與服務性的發展，重視員工自我概念、情緒困擾、人際溝通及生涯發展，甚至關心員工的親子關係與家庭婚姻等生活行為。此一趨勢演進成一九九○年代以來美國各大企業所重視的「員工協助方案」（詳見本章第三節）。

(三)企業諮商的內容

　　企業諮商在企業上的運用範圍包括人事諮商制度、工作建議制度、員工意見調查、個人接觸計畫、領導才能訓練、員工士氣激勵、人事考核評鑑、人事溝通管道及提高服務品質等方面。企業諮商目前在世界上許多先進國家，特別是工業高度開發的國家，已受到普遍的重視，許多導入企業諮商的機構也證實有助於處理下列企業問題：

1. 員工不滿情緒。
2. 工作效率低落。
3. 員工生活失常。
4. 工作適應不佳。
5. 身心疾病。
6. 工作意外傷害。
7. 人事紛爭與衝突。
8. 工作壓力與職業倦怠。
9. 個人自信心不足。
10. 缺乏生活重心與成就感等。

　　根據學者的研究發現：企業諮商為期發揮功能，必須有具體的作

法才能服務員工、輔導員工，甚至改善企業不良的人力條件與經營環境。目前企業諮商的工作項目與內容包括研究訓練、預防推廣與生涯諮商三大方面，其中各有不同的作法與措施，詳見表 12-5。例如在生涯諮商方面，為了協助員工工作適應，凡是新進人員剛到公司報到時可由專人（資深工作者或輔導人員）施予工作指導，其諮商指導內容如表 12-6，包括準備接待，歡迎新進人員，關懷新進人員的生活，協助其認識工作環境及提供其支援服務等措施。若新進人員初到陌生的工作環境就能受到照顧，不但可減少其適應困擾，亦可提昇其工作效率，增進其對組織的認同與向心力。

表 12-5　企業諮商的工作內容

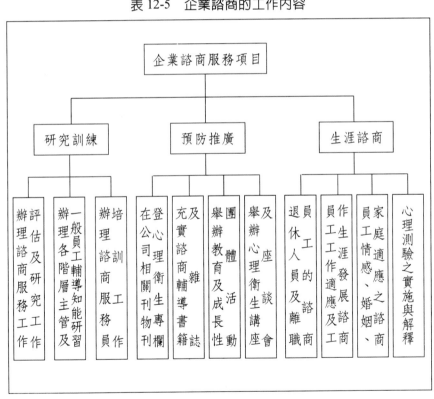

表 12-6　新進人員工作諮商之內容

1. 準備接待新進人員
　(1)了解他的工作經驗、教育程度與所受之專業訓練（參閱其基本資料）。
　(2)準備新進人員的工作說明書與職責任務說明書。
　(3)準備其工作場所所需用具。

2. 歡迎新進人員
　(1)使他放鬆心情。
　(2)說明你與他之間的從屬關係。
　(3)指派他工作場所，並發給他所需之工具。

3. 對他表示真正的關切與興趣
　(1)與他討論他的背景與興趣。
　(2)詢問他居住的環境。
　(3)了解其上下班交通有無問題。
　(4)在發薪水之前，了解其財務上有無困難。

4. 解釋本單位之任務
　(1)本單位之業務。
　(2)組織概況。
　(3)他在本單位的職責。
　(4)解釋他與其他同仁的關係。
　(5)介紹他的直屬主管與他的屬員。

5. 介紹他與單位主管以及同仁認識
　(1)向原有同仁介紹新同仁並說明他的職責。
　(2)向他解釋每位同仁的工作並略加讚許。
　(3)安排同仁與他共進午餐（第一日）。

6. 指示他的工作與可以幫助他的人
　(1)逐次指示他的工作。
　(2)解釋工作標準。
　(3)指示他工作場所的位置圖。
　(4)指示他當工作發生困難時，何人可幫助他。
　(5)將有關工作之規定、技術手冊等交給他閱讀。
　(6)指導工具與裝備之使用。
　(7)強調工作安全。
　(8)強調公司機密不可外洩。

7. 績效追蹤
　(1)經常關心他的工作情形。
　(2)鼓勵他提出疑問。
　(3)改正錯誤並給予鼓勵與嘉許。

　　企業諮商要能全面推展且受到企業主管與員工的支持，就必須配合企業的體質、文化與員工的需求，做最適切的規劃與執行。如此，才能發揮企業諮商的功能。

第三節　企業員工生涯管理模式 ——以統一企業為例

　　長期以來，員工的工作效率與組織效能一直深受企業主與資本家的重視。一九二〇年代以前，經典學派的管理學說致力於人類生產效率非人因素的研究；一九二〇年代至一九五〇年代，伴隨心理學、管理學等行為科學的盛行，新經典學派的管理學說開始注重研究人際行為對工作效率的影響；一九五〇年代以後，由於受到系統理論的衝擊，加上一九七〇年代盛行工作壓力的研究與認知心理學的興起，企業界因而投入許多的財力，引進學者專家探討員工對工作壓力的知覺反應與因應策略；直至一九八〇年代，人本主義風潮的再度興起，員工強烈重視個人的幸福感與要求健康的工作環境，於是乎企業家、雇主不得不調整對員工管理的態度與行為，美國許多企業組織開始設計重要方案用以解決員工所面臨的各項問題，此即為今日的「**員工協助方案**」（Employee Assistance Programs,簡稱 EAPs）。

　　事實證明，實施員工協助方案的企業，不但可以促進員工身心健康，提高工作效率，同時也有助於勞資關係的改善，許多企業實施 EAPs 以後，其工會功能大幅萎縮，甚至紛紛裁撤或歸併其組織。茲以美國及瑞典實施員工協助方案的成效為列，說明如下：

1. 美國通用汽車公司發現，開銷在 EAPs 的每一美元可以有三倍的回收，估計每年節省成本三百七十萬美元。

2. 美國貝爾電話公司因 EAPs 節省四百萬美元（酗酒員工造成）的損失，並使得工安事故減少 61%。

3. 美國 AT&T 的 EAPs 使低工作成就員工的工作效率改善達 85%。

4. 美國山谷銀行只提供部分 EAPs，但已使曠職率降低 15%，成本節省 15.3%。

5. 美國聯合航空推動 EAPs，每投資一美元，可以回收 16.45 美元。

6. 美國麥道航空公司研究顯示，有接受 EAPs 服務的員工離職率只有 7.5%，而未參加 EAPs 的員工離職率就有 40%。

7. 瑞典固特異分公司自引進 EAPs 後，曠職率減少五成，員工年請假日數減少 4.7 天。

所謂員工協助方案（或稱「員工關懷」），是企業組織在實施員工管理的同時，針對員工「個人化」的問題及員工所遭遇的壓力來源提出根本的解決方法；因此，員工諮商的意義並非是協助員工解決問題而已，而是從根本的壓力源找出問題所在，由公司主動協助員工解決，使這些問題不致成為員工的問題，影響其在工作中的表現。管理學者麥克柯旺（McGowan）認為，由於員工遭遇各種生活的困擾，諸如個人健康及家庭、工作情境等因素，會使之喪失對工作的熱忱；因此，維持員工工作情緒的穩定性，便成為公司管理部門的首要責任。

由此觀之，員工協助方案的主要目的，便是針對影響員工工作意願、工作表現、工作行為的各類個人問題，包括員工的自我概念、工作價值觀、員工個人的家庭與婚姻狀況、人際溝通、生涯危機與自我實現的壓力、情緒困擾、個人不良行為等問題，提供資訊、心理諮商服務、生涯規劃、個案輔導等方案；經由員工關懷計畫或員工協助方案的實施，協助員工表現穩定的情緒和行為，從而達成穩定的工作效率及高度的組織認同。

目前我國有許多的企業組織已陸續引進員工協助方案及生涯管理制度來輔助員工的生涯發展，強化企業的生命力，包括台灣松下、中

國鋼鐵、中華汽車、德州儀器及新竹科學園區之高科技公司等機構。至於「生涯管理制度」係指企業組織針對員工個人的需求及團體的特性，予以規劃、準備、運作、考核的過程，以滿足員工個人需求，並達成組織目標的一種措施，其與員工協助方案有密切相關。茲以統一企業公司為例，探討企業如何實施員工生涯管理制度與員工協助方案。

一、公司現況

民國五十六年七月一日，統一企業創立於中華民國台灣省台南縣永康鄉（今之永康市），員工八十二名，資本額新台幣 3,200 萬，第一年的營業額新台幣 5,600 萬元。三十年後的今天，統一企業擁有員工 6,200 位，資本額新台幣 221 億元，公司營業額新台幣 272 億元，集團營業額新台幣 1,226 億。資本額擴充了 395 倍，單單本業營業額就增加了 485 倍，員工增加了 75 倍。廠房由第一個永康廠擴建到台灣本島上有 5 個總廠，26 個製造廠，海外投資的工廠也達到 21 個，投資的關係企業超過 61 家，集團總人數超過 28,000 人。經營項目從最初的麵粉、飼料等多元化食品到食糧、速食麵、休閒等民生消費相關的商品與服務，今日的統一企業已成為一個多元化經營的生活性綜合產業集團。統一企業發展史簡介如下：

1. 成立時間：民國 56 年 7 月 1 日
2. 員工人數：約 6,200 人
3. 產品種類：飼料、麵粉、速食麵、沙拉油、果汁食料、乳品、肉品、冷凍食品、麵包等。
4. 營 業 額：272.4 億（85 年）
5. 海外投資：美國、印尼、泰國、香港、菲律賓、中國大陸等。
6. 關係企業：統一超商、南聯貿易、統健實業、家福公司、統一證券、統一職棒、萬通銀行、統仁藥品、統一人壽、安源公司、捷盟行、統上開發、太子建設、統一百事、

統一實業、統一工業、統淇企業、統一精工、統樂開發……等。

二、未來發展遠景

統一企業以董事長吳修齊所秉持的「三好一公道」、「誠實苦幹」起家，本著「造福鄉里、嘉惠地方，並為國人開創健康快樂的明天而努力」的動機，在多角經營、宏觀眼光、重視人才等企業經營理念的帶動之下，已成為台灣食品業的表率，並且自許在未來的新世紀中，要建設統一企業成為「以愛心和關懷來建構與現代人密不可分的食品王國」，提出「一首永為人們喜愛的食品交響樂」的遠景。

為了要實現這個遠景，統一企業分散於海外各地的工廠、事業單位、經銷商、物流機構和零售端點中的每位成員，都必須同心協力，以完美的合作，為達到「滿足消費者」的最高目標而致力。就像一個交響樂團，每個樂師在各盡其職之外，還要與其他樂師有良好的默契，共同合作，演出完美動聽的樂章。

三、重視員工「全人」的發展

統一企業總裁高清愿先生表示：「事在人為」是一個企業經營成功與否的最大關鍵。他說：「企業要靠人才經營，人才要靠企業培養，雖然有人認為經營事業者首重資本，只要有本錢什麼事業都可以作得好；其實不然，因為要是沒有適當的人才來經營，再多的資本也會賠光的。反之，一個人格、品德和能力都齊全的人才，就是沒有資本，照樣可以將企業經營得很成功。」所以「取材之道，以才德兼備為最，有德無才，其德可用；有才無德，其才難用。那麼好人才要從何處來呢？我的看法是，人才要靠自己慢慢培養。」吳修齊董事長認為：「一個人天資好不如學問好，學問好不如處事好，處事好不如做人好」，

　　員工是企業最重要的組成要素，企業經營的成敗主要在於員工是否願意將其心力貢獻出來，因此員工的生涯是不是能有所發展，企業的生涯與員工的生涯能否完善的結合，便是企業組織發展的要件。

四、員工生涯管理制度

　　生涯管理必須視組織需要來配合個別員工的期望，而員工的需求是多樣化的，所以在考慮員工的生涯規劃時必須是全面性的，才能滿足各式各樣的員工不同層次的需求。「工作勝任愉快、家庭幸福美滿、個人身心健康」是統一企業生涯管理制度的目標，而「多樣化的路徑與選擇，以滿足不同的需求」是生涯管理制度努力的方向。

　　統一企業的員工大部分是從學校畢業即進入此一公司，因此「統一的生涯也幾乎就是員工個人一生的生涯」。如何能夠讓每一位員工的才能充分發揮且適才適所，須有賴於完善的生涯管理制度。統一企業為了確保員工生涯發展順暢，自創立之初即設定多角化的發展。每個事業部都是利潤中心，受到相當的授權，其主管均能以投資者心態來經營，對人才培育不遺餘力。配合訓練單位每年開辦許多課程供員工進修，提昇其經營管理能力及專業知能，以利內部升遷及工作輪調，開拓其更寬廣的生涯路徑。

　　對於年幼失學有志上進的同仁開闢多種進修管道，除高商建教合作與二專進修班外，並鼓勵員工到大學研究所學分班進修，另外還訂定公費進修辦法。

　　在多角化經營策略下，各子公司紛紛成立，提供員工生涯更大發展空間。關係企業的總經理和重要幹部很多都是由統一企業母公司派任，而通路和經銷商合組的銷售公司經理亦由統一營業主管派任。近年來由於海外投資設廠，使人才流動更見活化。統一企業配合員工生涯發展所實施的生涯管理制度與活動包括：

(一)升遷雙軌制

為使管理與專業兩種不同性質及能力的人才皆能有適當的發展，在升遷制度上採管理職及資格職雙軌制。對管理能力好的人，由管理職逐步晉升，專業人員也可因個人的貢獻和努力獲得資格職的晉升，如圖 12-2。

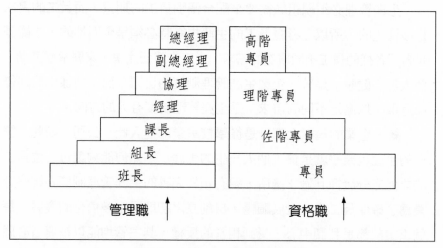

圖 12-2　統一企業雙軌晉升制

(二)主管聘任制度

每逢主管遇缺時依該職位所需資歷，由相關單位及人力資源部提報合格人員名單，經甄選後聘任。如此人事晉升公開、公正和公平，各部門、各角落的人才不會被埋沒，亦不致有徇私情形發生。

(三)海外幹部派任

統一企業近年來因海外投資增多，派外人才需求相對增加，對有意願赴海外發展的人員，經推薦報名後，給予適當培訓、甄選、派任，

並給予優惠的待遇與優先考量予以晉升的資格。海外幹部派遣主要考慮品德、操守、專業能力以及家屬的配合程度，並加強績效的評核，期能充分授權又能掌握這些主管海外的表現。

(四)子公司主管派任

統一企業因多角化的發展策略，目前有六十一家子公司及關係企業，當這些公司職位遇缺時，即由母公司選派適當人選就任，並適時回流以交換彼此管理經驗。如此使母公司人事管道暢通，並作異業經營管理的培訓，子公司表現優異人才亦可受到提拔，或返母公司任職，或於其他關係企業子公司間任用。

(五)內部講師培育

對於學有專精且經驗豐富之同仁，基於知識經驗傳承及個人發展，經由部門推薦、職訓課邀請或自己報名，並經由甄選、培訓、試教、評量等過程，培養其成為統一企業內訓講師（於公司內部自辦課程中擔任講授），提供其一展長才的空間。

(六)教育訓練

在「全人教育」的理念下，統一企業不僅培養員工在工作上所需的知識、技能和態度，更培養個人健全成熟的人格、高尚的道德情操、寬廣的胸襟、宏遠的眼光、正確的價值觀以及對社會、人類的使命感。

(七)設立員工諮商服務中心

統一企業為協助員工紓解壓力與處理各項問題，於民國八十一年成立「員工諮商服務中心」，培育和聘任輔導人員，結合服務與輔導功能，使員工能透過心理測驗或心理諮商，更清楚個人的性向、價值觀及正確的生涯發展方向。該中心之工作實施輔導義工制度，使有心助人者可投入另一個不同的生涯里程。

(八)提供生涯資訊

自民國六十年創刊的「統一月刊」，每月出版 7,500 本，其中 90％的稿件來自內部員工，提供有志寫作員工一個創作的空間，並提供公司內外多方面資訊，促進員工心理成長與經驗分享。歷年來由於員工的投入，統一月刊屢獲政府機關表揚。

(九)鼓勵社團活動

統一企業為鼓勵員工從事正當休閒活動，由公司輔導及補助社團活動，目前正式登錄之社團有三十餘個，使公司員工有休閒、學習及一展工作外長才的地方。

(十)推行職位分類制度

統一企業正推行的「職位分類制度」，摒棄年資資格，尊重專業和幕僚，職位的設計在於其重要度與貢獻度，以專業幕僚來暫代資格職，使員工績效評量更公正客觀，使各職位之才能明確，更使員工得以規劃個人生涯發展。

五、員工協助方案

統一企業為使員工擁有更多生涯發展的空間，並平衡家庭與工作，使其各方面的生活皆能獲得更完善的照顧，現正配合行政院勞工委員會推行「員工協助方案」，擴大「員工諮商服務中心」原有功能，關心員工的休閒、福利、健康、醫療、法律、安全、托兒、婚姻等生活服務。

(一)理念

1. 「人」才是企業的根源

在今日高科技、國際化、服務性及專業分工的時代趨勢下，「人」才是企業競爭與創造利潤的根源。員工與企業是互爲一體，協助員工就是協助企業。

2. 提高員工生活品質，即是提高員工工作生產效率

員工的生活包含「工作」、「家庭」與「休閒」等方面，它們是彼此互動的，因此員工的個人問題會造成工作情緒低落和生產效率降低。

3. 預防重於治療

人不可能十全十美，每個人或多或少都有問題，然而人處理問題的能力強弱不一，大部分的人都需要協助。大多數的員工問題如能早期獲得適當的輔導或專業協助，較易獲得解決，企業所負擔的成本也相對降低。

(二)定義

員工協助方案（簡稱EAPs）是指在企業組織內依據員工需要　由企業主所提供的一種協助性活動計畫。

(三)目的

透過本方案的執行，有效解決員工因個人困擾影響工作績效的問題，使之能夠獲得幫助或接受專業的協助。當員工能以健康的身心專注於工作，提高工作績效，進而提升了員工的向心力及生產力時，自然可以減少企業經營的成本負擔及增進勞資和諧。

(四)功能

1. 在工作場所中，發現影響員工工作表現的問題。

2.提供適當而有效的評估、診斷或諮詢等服務。

3.執行或推介適當的協助或治療。

4.在企業與社會資源之間建立有效的服務網路。

(五)目標

1.改變員工不良的工作行為與態度。

2.提供專業服務協助員工解決問題。

3.運用社會及政府資源，推展福利制度的功效。

4.促進勞資和諧，進而提升企業的生產力。

(六)工作內容

1.福利事項

補助、救濟、托兒、托老、健檢等之規劃與推動。

2.諮商輔導

壓力處理、心理障礙、男女感情、家庭婚姻、生涯規劃等之輔導。

3.員工服務

法律、稅務、健康、理財等之諮詢服務。

4.休閒育樂

社團、聯誼、體育、康樂等之規劃與協助。

5.教育成長

舉辦自我成長講座、輔導專業訓練等活動。

(七)運作模式（如圖 12-3）

統一企業的「員工協助方案」所需經費係由公司及員工福利會共同負擔，其比例為 2：1。此外，每年並進行成效評核，定期召開檢討會議及推行委員會議，明訂工作組織與職掌，並獎勵有功人員。統一企業堅信：惟有完善的員工生涯管理制度且落實員工協助方案，才能使員工認同企業而且擁有更多生涯發展的空間。上述統一企業的模式，

證明了企業的生涯諮商是一項勞資雙贏的措施，有助於企業留住人才，並讓員工樂在工作中。

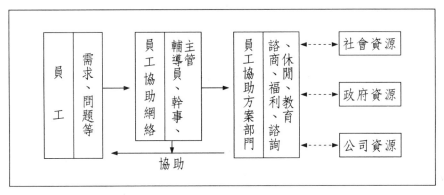

圖 12-3　統一企業「員工協助方案」運作模式

第四節　生涯規劃與諮商實務

　　生涯諮商的工作乃在於協助個人生涯規劃，使其獲得「生涯之錨」（career anchors），以便開拓自我的全方位發展。生涯之錨係主張「複雜人」（complex man）論點的美國學者薛恩（Schein, E. H.）於一九七八年所發表的概念，生涯之錨係指個人知覺自己的天賦、能力、動機、需求、態度與價值所建構而成的一種職業的自我概念，其功能在於引導、限制、穩定及統整個人的生涯。生涯之錨包括十項特質：1.技術能力；2.管理能力；3.安全與穩定；4.自主；5.創造力；6.基本認同；7.服務；8.權力、影響力與控制；9.變異性；10.英勇等。個人愈具有上述特質，愈具有完全的「生涯之錨」，可以充分發展生涯，就像船入港口，將錨拋下，無論颱風下雨，可以令船舶穩如泰山一樣。生涯

之錨說明了愈了解自我、充實自我的人，愈能在生涯發展的過程中，成功的規劃並實踐其理想。

一、生涯規劃實例

生涯及其規劃的內容涵蓋人生各方面的發展，包括前程規劃、人際規劃與生活效能規劃等，已如前述。因此，不同層面的生涯規劃彼此相互影響，例如人際關係不佳的人，可能影響其前程發展與生活適應。一般而言，一幅具體又完整的生涯規劃藍圖，包括自我、職場及家庭等三大變項。其中自我生涯藍圖的規劃目標為：自我啓發、維持健康及休閒生活；職場生涯藍圖的規劃目標為：增加收入、提昇社會地位及工作有趣；家庭生涯藍圖的規劃目標為：融洽親子關係、增進兩性情感及促進家庭效率，如圖 12-4。上述三大生涯藍圖的規劃在於建構自我認同（personal identity）、工作認同（task identity）及家庭認同（family identity），並隨時參酌個人生活經驗及生涯諮商的結果，適時加以修訂藍圖，以促進個人自我發展，完成「自我實現」的終極人生目標。

茲將上述個人生涯藍圖內三大變項九大目標之規劃內容與採行措施舉例如下，提供個人生涯規劃或企業組織員工生涯諮商之參考：

(一)個人生涯藍圖

1. 自我啓發

(1)藉由親朋好友指點，進而啓發自己。

(2)多看些書報雜誌。

(3)到處旅遊多接觸這世界。

(4)每週（或每月）至少到縣市文化中心參加藝文活動。

(5)多做事，從其中來開悟。

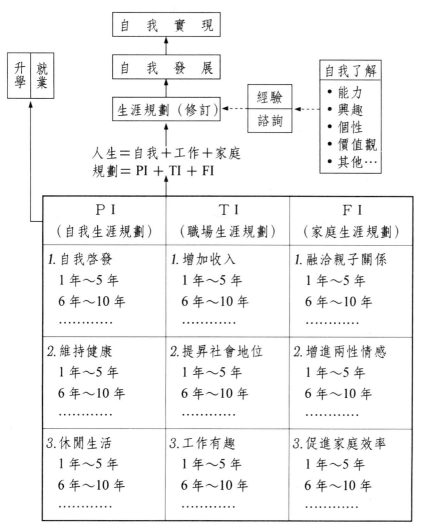

図 12-4　個人生涯藍圖及其規劃內容

2.維持健康

(1)每天固定時間做適量的運動。

(2)注意日常生活作息及飲食。

(3)每半年或一年做一次健康檢查。

(4)不抽煙、不喝酒以維持健康。

(5)多注意生活周遭，避免外來的傷害。

3. 休閒生活

(1)多參加一些音樂會、美術展或演講等活動。

(2)每年找個時間出國旅行，增廣見聞。

(3)每天早上或傍晚時刻到公園散步或運動場打球。

(4)每半年休假一週。

(5)接觸多媒體資訊，獲知各地不同的訊息。

(二)職場生涯藍圖

1. 增加收入

(1)除正職工作外，利用多餘時間再兼一份工作。

(2)努力工作，受到上司肯定：加薪或陞遷等。

(3)參與投資事業，例如股票、直銷等。

(4)定期存款或加入自助會等。

(5)節省開銷支出。

2. 提升社會地位

(1)維持良好的人際關係。

(2)表現受人肯定。

(3)盡己所能來幫助別人。

(4)追尋成功者的腳步，受人提攜指導。

(5)參加社團組織，例如扶輪社、獅子會、青商會等。

3. 工作有趣

(1)工作中不過於計較。

(2)美化、綠化工作環境。

(3)將工作當成是生活樂趣，享受成就，用心去經營它。

(4)由工作中獲得以往所沒有的知識。

(5)同事間不要有心結，維持一定的情感。

(三)家庭生涯藍圖

1. 融洽親子關係

(1)父母手足間不要有代溝，互相溝通了解。

(2)共同勻出空間時間，一起去旅遊、踏青。

(3)適時對家人表達深切情感。

(4)共同做家事。

(5)找個時間開個家庭會議，改善問題。

2. 增進兩性情感

(1)平時注意對方心裡的感受。

(2)雙方保持一定聯繫，不中斷關懷。

(3)適時給對方一個驚喜。

(4)給自己跟對方一個自由的空間。

(5)加強兩性溝通，不情緒化，互相體諒。

3. 促進家庭效率

(1)每週至少讚美家人一次。

(2)平時相互幫忙家務。

(3)用心（花心思）佈置家庭環境。

(4)每半年安排一次家庭休閒旅遊。

(5)與家人共同追尋心靈成長，例如宗教信仰等。

　　生涯「目標」的訂定宜參考本章第一節所陳述的要件，包括目標要有足夠的吸引力、目標要明確而具體、目標要能影像化、目標必須可行且切合實際、個人要有足夠的條件來配合設定的目標等。此外，為期能夠順利達成目標，個人在生涯規劃時應擬訂**具體**的作法，包括時程、進度、方式、細則等。表 12-7 係一位就讀某二年制技術學院土木系學生的生涯規劃表，表內詳細具體的規劃十年內，個人在事業計畫、學習計畫、理財計畫及人際規劃的內容。

表 12-7 二技土木系學生×××的十年生涯規劃

項目 時程	事業計畫	學習計畫	理財計畫	人際規劃
1997 年 21 歲	1. 多看就業雜誌，了解目前就業市場的需求。	1. 晚上補技師執照考。 2. 專心學習學校課業。	1. 每個月定期存一仟元。 2. 每天養成記帳習慣。	1. 多和同學一起互動。 2. 多認識其他科系的同學。
1998 年 22 歲	1. 利用在校期間了解未來想從事的工作。並多方面蒐詢此資料。	1. 考上技師，如果不幸名落孫山明年再考。 2. 準備研究所考試。	1. 將儲蓄加以管理並投資理財。	1. 和系上老師多接觸、學習。 2. 在班上找到可談心的知心好友。
1999 年 23 歲	1. 畢業後找尋一份喜愛和適合的工作。 2. 時間許可將考慮兼差。	1. 考上技師。 2. 考研究所。如果沒考上就準備就業。	1. 如果就業，每月至少存一萬元。 2. 參加保險增加保障及收入。	1. 和好朋友之間多互動，並一起計畫未來。 2. 多和昔日的同學聯絡。
2000 年 24 歲	1. 努力將工作做好。並多學習社會的經驗。	1. 為了迎接21世紀的來臨，成為地球村的一份子，努力將英文學好。	1. 將金錢做有效率的管理。 2. 找適當的管道將錢做投資，如股票、標會等。	1. 多認識土木建築行業的朋友，以拓展未來的人脈關係。
2001 年 25 歲	1. 努力工作，以得到主管的賞識，並找機會陞遷。 2. 希望在工作崗位上能獨當一面。	1. 晚上或假日自我學習第二專長。 2. 學習有關土木建築方面的電腦。	1. 善用支票及信用卡，做好理財，並藉此和銀行建立良好關係及信用。	1. 認識各階層土木相關人士，如：木工、水泥工、公務員等。 2. 到日本旅遊。

（續下表）

2002 年 26 歲	1. 應該正逢建築業最景氣之時，希望能利用此時機多賺一些錢。	1. 如果 99 年沒考上研究所，現在希望能重新報考。 2. 準備研究所科目。	1. 能貸款買輛汽車。 2. 將技師執照租借，增加收入。	1. 與同學、朋友聚會，交換工作心得。 2. 每年和朋友至少有二次定期的聚會。
2003 年 27 歲	1. 工作很穩定並有多項兼差。	1. 考研究所。 2. 利用空閒，學習室內設計。	1. 至少有 150 萬的積蓄。 2. 將錢做分散投資，減少風險。	1. 旅遊全省能多伸展觸角，尋找適合工作之處及結交更多朋友。
2004 年 28 歲	1. 如有機會希望能和同學或朋友合開一家有關建築土木方面的公司。	1. 電腦方面應該再鑽研。 2. 將所學整理歸納成一套屬於自己的理論。	1. 在台北或高雄買間房子。 2. 將高雄的舊房子租出去，用每月房租繳貸款。	1. 如有對象希望能在 28 歲這年結婚。 2. 找個適當的地方定居。 3. 到義大利旅遊。
2005 年 29 歲	1. 希望能在學校當個專業科目教師。 2. 自己所開設的公司能順利步上軌道。	1. 能順利取得碩士學位。 2. 多吸取有經驗人士的知識，以增進自己專業上的不足。	1. 運用專業謀取合法利益。 2. 適當管理動產與不動產。	1. 不因為結婚而和同學、朋友失去聯絡。 2. 到希臘、埃及旅遊。
2006 年 30 歲	1. 將自己的事業好好經營。 2. 做多方面的投資。	1. 如果條件及環境許可將考慮進修博士學位。	1. 為子女儲存教育基金。 2. 存一筆可出國旅遊的金錢。	1. 多參與並舉辦社會上的大活動。 2. 到英國、法國旅遊。

生涯發展可視為是個人在現實社會環境中，不斷調整自我概念、實現自我概念的歷程，由於自我概念往往隨著個人能力、興趣及環境等各種條件的改變而改變，所以個人的生涯發展蘊含著變化的潛能，並且真實地呈現著持續變化的現象。由此觀之，生涯規劃的內容必須考量個人的條件（知己）與外在的環境（知彼），當二者的契合度與一致性愈高，愈能實現個人的生涯目標，愈能獲得快樂成功的生活。每一個人都必須時時規劃生涯，並適當的衡度外界環境的特性，適時的修正個人生涯規劃的內容。誠然，「沒有規劃的人生，必然失敗」，但是，「有規劃的人生也未必成功」，原因無他，必須有賴於當事人的努力與勇氣，惟有腳踏實地、辛勤耕耘的人，才能擁有快樂成功的生涯。

二、生涯諮商實例

任何實施生涯諮商或生涯管理制度的企業組織，皆有助於降低員工的醫療成本與缺勤率、提高生產品質與工作效率、達成生產目標與維持勞資和諧，此等功能事實，早已獲得學界與企業界的驗證。不僅企業組織需要運用生涯諮商，個人乃至於任何一個團體也需要藉助於生涯諮商的專業來解決難題，發展生命。

每一個人在生涯發展的過程中，幾乎都會遭遇困境或危機，例如青年期面臨就業升學的困境，不知何去何從；成年期面臨陞遷及工作壓力，個人身心俱疲；老年期面臨權力式微與身心退化，時不我予。因此，在人生不同的發展階段中，若是個人生涯發展陷入瓶頸時，除了重新自我探索、確立生涯方向之外，更必須善用社會資源，尋求他人的協助。「生涯諮商」即是一種助人的專業，生涯諮商乃是助人者（諮商員）運用專業知識與方法，協助求助者（當事人）認識自我及周遭的環境，促進其適應、成長及發展的一種專業。

美國職業輔導學者肯因與費斯汀（Klein & Feinstein）於一九八二

年的研究報告中指出：一個人在職業生涯的發展過程裡，若有下列九個「病況」，則須接受生涯諮商，特別是病況愈多時愈須及早處理，接受專業人員的輔導：1.興趣太廣，缺乏專業；2.興趣缺缺，人生無趣；3.經常跳槽，更換工作；4.發展無望，陷入瓶頸；5.自我封閉，不善表達；6.與人不和，頻遭解職；7.一事無成，缺乏成就；8.懷才不遇，欲振乏力；9.期望過高，未能實現。前述病徵可透過客觀的測量工具或自我檢視即早預防與診斷，以進行必要的企業諮商、心理治療或運用其他組織內外的資源加以處理。

　　當個人在工作過程中，面臨人生目標或個人興趣的改變；或工作缺乏挑戰性、變化性；或工作負荷過重，人力資源不足；或組織支持不夠，考核制度不合理；或待遇低、福利不佳，所謂「錢少事繁，離鄉背井」；或自覺有志難伸，現有職業生態與休閒不符合自我理想，嚮往其他工作領域；或情緒不穩、心性未定，經常與工作伙伴發生衝突；或面臨經濟不景氣，擔心慘遭裁員……等等。當個人面臨上述生涯困境時，除了加強個人心理衛生工作、自我調適壓力（參閱本書第十章「壓力管理」）之外，可適時的尋求組織內外的輔導機構及專業人員的協助。國內外許多學者的研究（Dollard & Winefield, 1994; Jin, 1993; Skidomre, 1988; Stranssner, 1988; Ozawa, 1985; 蕭文, 1994, 1992;林青青, 1987 等）皆已證實，企業的生涯諮商或員工輔導制度有助於提高生產品質，促進工作動力，達成組織目標及協助員工調適生活壓力。

　　現階段企業界運用生涯諮商的情形相當普遍，亦即「企業諮商」已是產業界在人事管理與人力開發上的一種新趨勢。生涯諮商乃是將諮商的理論與技術用以解決個人生涯發展或企業組織發展的問題，以增進個人的生涯成熟與企業的經營效能。生涯諮商重視當事人（即求助者、案主）全方位的發展，包括自我、工作、家庭、身心健康及人際關係等，促進當事人的成長、適應與發展；生涯諮商經常採用心理測驗、家庭訪視、工作訪談、潛能激發及生涯規劃等方法來協助當事人面對生活，解決困擾。茲舉二個案例說明生涯諮商的內容與方法。

案例一

(一)案主基本資料

姓　　名：李榮國（代名）

年　　齡：二十六歲

職　　業：某企業倉庫管理員

學　　歷：北部某公立高工電工科畢

家庭狀況：獨子、未婚。父從商，母家管。家境小康。姊一從商、已婚、能力強。

成長背景：案主長相斯文，曾有一女友，因故分手。案主從小個性依賴，凡事尊重父母的決定安排。喜歡運動、尤愛棒球與籃球。人際關係良好，無不良嗜好。求學期間，學業成績中等以上。畢業後，曾想報考四技二專，因準備不及加上服役，以致未能如願，但案主始終未曾放棄升學理想。

(二)案主求助問題

1. 工作壓力重，職司倉庫資料管理，責任重大。

2. 學非所用，工作無趣。

3. 想升學，但無心力、無時間準備。

4. 基於上述三者，面對未來深感迷惘。

(三)諮商過程摘要

1. 案主主動求助於企業內人事部之員工諮商服務中心。

2. 諮商員與之晤談四次，此外，提供心理測驗服務。諮商過程摘要如下：

(1)諮商員充分給予案主關懷、同理，但不替案主作生涯抉擇，也

不強迫案主自我抉擇。

(2)案主對自己不甚了解，對職業、就業市場也缺乏足夠認識，諮商員提供案主職業資料（包括職業分類辭典、職業簡介、職業資料專輯等），例如公司內電工人員的工作內容、陞遷進修及一般電子工程科的發展概況。

(3)諮商員為案主實施「生涯興趣量表」，結果顯示案主屬於「工理人」類型，亦即案主具有「工」類特質，並有「理類」、「人類」特質的生涯興趣。適合從事電子設計工程、航空工程、品管工程等職業。

(4)案主在「賴氏人格測驗」的測驗結果為「平均型」，亦即其人格特徵是中向（非內向非外向）、社會適應普通、情緒穩定度中等。

(5)在「我喜歡做的事」量表上顯示案主喜歡的職類歸於「工作」、「學習」、「休閒」三項。

(6)諮商員分析案主提及幾項有興趣職業的工作性質、條件、時間、環境、就業市場狀況等，供案主生涯抉擇參考。

(7)針對案主的工作壓力，協助其壓力調適，並協調人事單位及其主管（在尊重案主的意願下）探尋更換案主工作內容的可能性，使其發揮所長。

(8)鼓勵案主擬訂十年內之生涯規劃（格式、內容詳如表 14-7）包括升學計畫，並與之討論，鼓勵其實現計畫，或與之討論、修正計畫。

(9)激勵案主，增強其自信，協助案主在個人工作上發揮潛能，並適時的協調有關單位給予案主具體的表現機會或教育訓練。

(10)協助案主認識自我概念，並統整自我與外界環境的認知，建立前程規劃、人際規劃與生活效能規劃，平衡自我、工作與家庭的關係。

(四)諮商結果

1. 案主經員工諮商服務中心諮商員五個多月的輔導後，目前生活充實，人也較以往顯得開朗積極。

2. 案主在原單位主管及人事管理部門的協助下，目前已依其專長及興趣調派至工程部擔任電機修護員。若表現良好，一年後將有機會升任小組長。

3. 案主目前利用下班後時間，準備四技二專的考試並至補習班加強課業學習，打算考取學校後依公司規定申請在職進修。

4. 案主開始參加公司內外的社團班隊，拓展人際關係（結交異性朋友），增加休閒旅遊活動，舒暢身心。

5. 案主著手擬訂中、長程生涯規劃，並對未來充滿希望。

案例二

(一)案主基本資料

姓　　名：鄭堅志（代名）

年　　齡：十九歲

職　　業：無

學　　歷：南部某私立高工機工科畢

家庭狀況：案主在家排行老么，父母皆為勞動階層的工人；有一兄一姊，均已就業。案主畢業後便閒賦在家，後來隨兄長在工廠做過九個多月的電焊學徒工作。失業後四個月，案主求助於高雄區國民就業輔導中心。經會談後由諮商人員介紹至一家電子公司工作，三日後即離職。經追蹤鼓勵其參加中心舉辦的職業探索活動。

成長背景：案主中等身材，略顯得瘦弱，外表消沈，神情漠然，缺乏十九歲青年人應有的朝氣與活力。

(二)案主求助問題

案主因長久閒賦在家，整天無所事事，想找工作但提不起勁來，生活缺乏目標及動力，有時想找朋友聊聊，但常因懶得出門而作罷，家人亦皆忙於工作且缺乏溝通，沒有適當傾訴的對象，每天就是吃、睡、看電視，偶爾毫無目標地到處逛逛，日復一日，惡性循環的結果，生活圈愈加縮小，最後只能生活在自己的世界中，無法與外在環境融合，遂覺生活枯躁乏味，人生索然無趣。

(三)諮商診斷與分析

1.缺乏積極的人生態度

案主是屬於個性上較為消極、被動型的人，不會主動與人談話，有問題也不主動提出，常常是在腦子裡想想，尚未付諸行動時便作罷。

2.缺乏正確的就業觀念

在案主的求學及工作過程中較缺乏成就感及滿足感的經驗，使案主無法體會「工作即生活」的意義，另一方面也使案主面對新的工作或環境時缺乏自信心，潛意識地逃避工作。

3.缺乏正當的休閒及適當的溝通管道

案主沒有工作，又缺乏正當的休閒及嗜好，故覺生活索然無味，再加上缺乏適當的溝通管道，沒有傾訴苦楚煩惱的對象，漸漸將自己封閉起來。

(四)諮商過程摘要

1.關懷案主建立諮商關係

在諮商過程中案主較為被動，初次會談時，只以「生活枯躁乏味」、「不知道要做些什麼」、「感覺人生相當無趣」等語句陳述。經諮商員關心且深入會談後，方由一問一簡答的方式轉為較完整的說明，並且偶爾會主動提出自己的想法。共計諮商三次（此外，並進行

六次團體輔導）。

2. 肯定案主欲改善現況的努力

對案主的苦惱與無助予以同理心的回饋，並以接納的態度肯定案主對改善目前處境的努力，以增強案主的動機及信心。

3. 協助案主檢視目前的生活

請案主詳細描述目前的生活情形，並加以檢討「假使現在的生活病了，那麼病在那裡？」引導案主自己去發掘問題，並嘗試提出解決之道。

4. 協助案主對自我的認知

藉由「職業探索量表」及「我喜歡做的事——職業興趣量表」，協助案主進一步了解自我。

5. 協助案主對職業及生計的認知

透過職業探索活動，藉由團體輔導及互動的方式，協助案主從「人生有夢」、「性向測驗（職業興趣量表）」、「職業世界」、「工作態度與職業觀念」、「談話技巧」、「求職方法」到「美夢成真」等單元（皆爲輔導活動），引導案主自己做抉擇的方法。

6. 鼓勵案主培養正當的休閒及建立適當的溝通管道

鼓勵案主重拾對音樂欣賞及塗鴉的興趣，並藉由聽錄音帶或欣賞音樂會及參觀畫展等方式予以增強。另一方面多以體諒的態度和家人溝通，並主動和朋友聯繫，使生活中有個傾訴的對象，情感及情緒有適當的寄託及發洩的管道。

(五)諮商結果

1. 透過檢視生活的方式，案主了解其問題在於生活沒有目標，空閒時間太多，整天無所事事，才會覺得生活枯躁乏味，因此必須找份工作，移轉生活重心，擴大自己的生活圈，多交些朋友，才能改變目前的生活狀況。

2. 在測驗方面，案主填答「職業探索量表」的速度相當緩慢，在「能

力」及「興趣」各項得分為零分，總分也很低（R：3分，I：3分，A：7分，S：7分，E：4分，C：4分），在職業憧憬上則未填寫任何資料，測驗結果對案主幫助不大。

3. 經與案主以討論的方式，並透過櫃檯同仁就中心現有之工作機會，介紹案主到一家電子公司擔任作業員。案主工作三天即離職，經追蹤才知是由於對工作環境不適應，覺得無法打入同事間的小團體。案主容易受外在環境及事物的影響，一離開習慣生活的舒適圈，便覺缺乏安全感，甚而退回自己原有的世界中。案主在工作與生活的調適上尚須一段時間的磨練。

4. 藉由職業探索活動的參與，透過團體互動的方式，在成員的經驗分享及回饋、接納過程中，建立案主的自信心及對正確職業觀念與職業世界的了解。案主在整個活動中，由原先的「旁觀者」身分，慢慢地融入團體中，尤其在角色扮演活動中已能與其他學員說說笑笑並交換心得，在感想回饋時竟能主動提出看法，並以「充實自我能力，重新包裝再出擊」做為參加活動的感言。

5. 案主在「我喜歡做的事──職業興趣量表」的得分上有明顯地提高，其中以機械 11 分，工業生產 9 分，企業事務 9 分三項最高（其餘各項為藝術 6 分，科學 5 分，動植物 8 分，保全 7 分，銷售 8 分，個人服務 7 分，社會福利 7 分，領導 4 分，體能表演 5 分）。案主在受測的態度及反應上已轉為較積極及肯定的態度，較原先填答「職業探索量表」時，什麼都不喜歡的情況已有相當的改善。

6. 職業探索活動後，案主經由朋友的介紹，在百貨公司擔任驗收及點貨員的工作，由於案主的觀念及想法已有所改變，再加上工作上有相識朋友的支持，一個多月來案主對工作已持較肯定的態度，並覺目前工作情況相當不錯，生活上也不再那麼無聊。

(六)諮商評估

1. 個案輔導的順利與否與案主的配合、意願及態度有相當大的關係。本案在處理初期，由於案主消極及被動的態度，使諮商員在會談的過程中倍感吃力，甚至在得知個案工作三天即離職後，曾一度頗為灰心。諮商過程是一個諮商員與案主相互互動與回饋的歷程，案主是「求助者」，諮商員是「輔導者」，這種關係模式往往使得諮商員在輔導過程中的付出與回饋被視為當然，但諮商員也是凡人，亦有情緒起伏，也同樣需要案主適度的回饋，這點卻不容易在諮商過程中時常獲得滿足。

2. 不同的個案類型必須配合不同的諮商技巧及輔導方式，本案透過職業探索活動的團體互動方式，對案主而言，正可提供一個接納與包容的環境，減少案主的不安情緒。在學員的回饋與經驗分享過程中，引導案主對職業觀念、職業世界及求職方法、面談技巧等之認識，並進而學習抉擇的方法。

3. 就業諮詢的目的固為案主解決就業的困擾，但似乎不應以為案主找到一個好工作為唯一目的，而是應以協助案主發掘問題、認知自我、認知環境，並進而能夠在各種主、客觀環境及條件下，思索衡量，自己做出抉擇為原則。「職業無貴賤」，只要找到合適勝任的工作就是成功，也只有能真正享受工作的樂趣，才能擁有成就感，減少職業流動率，進而發展個人生涯。

三、生涯諮商的發展

今日，生涯諮商已深受各先進國家及其企業界的重視，惟有企業組織各部門與所有員工的支持，才能有效的推動生涯諮商的工作，增進員工的身心健康與工作效率。換句話說，生涯諮商應該是企業機構組織制度的一環，惟有全部員工皆能夠認清生涯諮商與企業發展的重

要性、效益性，才能夠積極支持之。

　　目前國內企業界推動生涯諮商多半是由單位主管或第一線角色的監督者來負責生涯諮商的工作，少有由專任諮商員來實施。前者職責重在督促員工提高生產效率，是否適宜幫助員工解決生活問題，促進其身心健康，值得商榷。蓋角色模糊與職能衝突，往往不易發揮諮商輔導的功能，是故專任諮商員的遴聘與其職位的設置，實有其必要；倘若企業機構考量本身的經濟成本與現實條件等限制，無法增設諮商人員的編制員額，不妨藉助於外界的專家學者及企業內有限的專業諮商員，督導、訓練義工人員（志願工作者）來協助推動生涯諮商，一則減少人力的限制困擾，二則有助於宣導諮商理念，「散播輔導種子」。

　　此外，企業內若已實施或即將實施生涯諮商，也必須透過組織內所有的管道宣傳，包括海報、傳單、布告、網路、視訊系統或舉辦座談會，使每一員工了解生涯管理與企業諮商的重要性。當然，無論是生涯管理制度或企業諮商系統，企業組織必須以「彈性」、「開明」的原則來掌握員工的身心需求，避免制度僵化與系統「運作失靈」，而損及員工權益。其他諸如環境設備的安排、諮商時間的設定、督導人員的遴聘、專業倫理的規定、社會資源的運用等因素也必須加以考量。

　　現階段的企業管理已從傳統「組織導向」的行政管理轉而為「員工導向」的人本管理。企業組織必須要有足夠的彈性、包容性與創造力來管理員工個人及團體的問題，故步自封的組織與個人並無法適應外在環境的變化。今日的工商繁榮、物阜民豐，不僅止於物質上國民生活水準的提高，更應健全社會大眾的身心健康與生涯發展。惟有洞察人性心理，擴大智能領域，創新決策品質，才能開拓人類行為的新境界，帶動國家經濟的發展。

摘　要

Notes

1. 生涯是一種生活方式，也是一個行為概念，更是一個人一生中所選擇或追求的行動方案。生涯是指一個人一生中所從事的工作，以及所擔任的職務角色，包括非工作（職業）性的活動、角色。易言之，生涯即是人生各方面的發展歷程。

2. 目前生涯理論深受各界人士的重視，主要的研究理論包括 Parsons & Williamson 的特質因素論、Patterson 的當事人中心論、Bordin 的心理動力論、Super 的生涯發展論、Holland 的類型論、Gelatt & Krumboltz 的生涯決定論及 Maslow 的超個人心理學等。與生涯有關的名詞有：生涯輔導、生涯管理、生涯諮商、生涯發展、生涯教育、生涯成熟與生涯抉擇等。

3. 生涯規劃是指一個人為達成人生目標所採取的方法或計畫，也就是一個人據以訂定前程目標及找出達成目標的手段。生涯規劃係以自我探索為基礎，內容包括前程規劃、人際規劃與自我效能規劃等三大部分，每一部分又各自包涵不同層面的規劃。

4. 一個人在訂定生涯目標時，必須考量下列條件：目標要有

Notes

　　足夠的吸引力、目標要明確而具體、目標要能心理預演及
　　影像化、目標必須可行且切合實際、目標必須衡量個人的
　　自我條件等。

5. 「諮商」是一種助人專業，由受過專業訓練的諮商員與求
　　助的案主透過面對面的關係，針對生活困擾與心理問題，
　　共同尋求解決方法，使案主獲得較佳的適應與發展。諮商
　　與輔導、心理治療是不同的助人專業。諮商技術乃是諮商
　　員為達成諮商目標所採取的一種手段或方法，包括同理心、
　　澄清、面質、引導、立即性等等。

6. 企業諮商始自一九一四年美國福特汽車公司的員工諮商計
　　畫。真正促成企業諮商發展的主力（基礎）為一九二七年
　　Mayo 所主持的霍桑研究。企業諮商乃是運用諮商的理論與
　　技術，以解決企業員工的問題，促進其身心發展的一項專
　　業。

7. 企業諮商的範圍包括人事諮商制度、工作建議制度、員工
　　意見調查、個人接觸計畫、領導才能訓練、員工士氣激勵、
　　人事考核評鑑、人事溝通管道及提高服務品質等方面。企
　　業諮商的工作內容主要有研究訓練、預防推廣及生涯諮商
　　等三大項目。

8. 「員工協助方案」係現代企業員工生涯管理制度的主軸，
　　員工協助方案簡稱 EAPs。EAPs 係指企業組織內依據員工

Notes

需要而由企業主所提供的一種協助性、服務性活動計畫。
其目的在於有效解決員工個人問題，促進其身心健康，以
協助其安心且專注的工作，提升員工向心力及生產力，增
進勞資和諧。

9. Schein 的「生涯之錨」係指個人知覺自己的天賦、能力、
動機、需求、態度與價值所建構而成的一種自我概念，其
功能在於引導、限制、穩定及統整個人生涯。

10.一個具體又完整的生涯規劃藍圖包括自我生涯（PI）藍圖、
職場生涯（TI）藍圖及家庭生涯（FI）藍圖。其目標各自
為：PI 的自我啓發、維持健康及休閒生活；TI 的增加收
入、提昇社會地位及工作有趣；FI 的融洽親子關係、增進
兩性情感及促進家庭效率。惟有腳踏實地的努力，完成規
劃的目標，才能促進自我發展與社會進步。

參考書目

一、中文部分

王政彥（民 80）。溝通恐懼。台北：遠流出版事業公司。

伊藤友八郎（民 80）。性格測驗（三版）。台北：吳氏圖書公司。

余　昭（民 70）。人格心理學。台北：三民書局。

李美枝（民 77）。兩性心理學。台北：大洋出版社。

林榮模（民 67）。工業心理學（二版）。台北：樂群出版公司。

林欽榮（民 77）。管理心理學（三版）。台北：五南圖書出版公司。

林欽榮（民 79）。工業心理學（四版）。台北：前程企業管理顧問公司。

林欽榮（民 82）。商業心理學（四版）。台北：前程企業管理顧問公司。

洪英正、錢玉芬等（民 81）。商業心理學。台北：桂冠圖書公司。

徐西森（民 86）。團體動力與團體輔導。台北：心理出版社。

游伯龍（民 76）。行為的新境界。台北：聯經出版事業公司。

凌建政（民 80）。成就與血型關係手冊。台北：世茂出版社。

高橋浩（民 77）。創造性思維 101 法則。台北：書泉出版社。

黃天中、洪英正（民 81）。心理學。台北：桂冠圖書公司。

黃天中（民 84）。生涯規劃概論。台北：桂冠圖書公司。

郭生玉（民 72）。心理與教育研究法（二版）。台北：東華書局。

郭生玉（民 80）。研究發展方法與技術。中國測驗學會：測驗年刊。第 28 輯。95-104 頁。

陳庚金（民78）。人群關係與管理（五版）。台北:五南圖書出版公司。

陳振隆、楊敏里（民89）。高雄地區行動電話消費行為之研究。高雄應用科技大學學報，30，頁281-298。

黃俊英（民86）。行銷研究概論（二版）。台北：華泰文化事業公司。

黃素菲（民80）。組織中人際關係訓練。台北：遠流出版事業公司。

黃國隆（民85）。台灣與大陸企業員工工作價值觀之比較。台灣大學商學研究所研究報告。

梁基岩（民75）。行銷學要義。台北：曉園出版社。

陳家聲（民82）。商業心理學（三版）。台北：東大圖書公司。

陳靖怡（民85）。改造你的運勢。台北：精美出版公司。

陳龍安（民78）。創造思考教學的理論與實際（三版）。台北：心理出版社。

野中郁次郎、清澤達夫（民78）。向創意挑戰：3M成功的管理要訣。台北：經濟與生活出版事業公司。

張世禎、陳錦華（民86）。解讀生命密碼：自性光。台北：元氣齋出版社。

張春興（民72）。心理學（十版）。台北：東華書局。

張春興（民78）。張氏心理學辭典（二十九版）。台北：東華書局。

湯淑貞（民80）。管理心理學（八版）。台北：三民書局。

楊榮森（民77）。新腦力激盪法。台北：創意力文化公司。

張清滄（民84）。企業人事管理方法論。台南：復文書局。

張澄（民78）。當頭棒喝（腦力激盪）。台北：世茂出版社。

鈴木芳正（民79）。血型與職業。台北：世茂出版社。

鈴木健二（民79）。人際關係趣談。台北：洪健全基金會。

鈴木健二（民79）。血型人際關係手冊。台北：世茂出版社。

葉重新（民78）。商業心理學。台北：五南圖書出版公司。

葛樹人（民80）。心理測驗學。台北：桂冠圖書公司。

蕭文等人（民83）。企業員工工作動力之調查研究。中國輔導學會：

中華輔導學報（第二期）。

蕭秀玲、莊慧秋等（民80）。環境心理學。台北：心理出版社。

蕭富峰（民80）。廣告行銷讀本。台北：遠流出版事業公司。

劉君業（民79）。管理心理學（五版）。台北：桂冠圖書公司。

鄭伯壎、謝光進（民69）。工業心理學（二版）。台北：大洋出版社。

鄭伯壎（民80）。消費者心理學（十一版）。台北：大洋出版社。

劉焜輝（民80）。企業諮商（二版）。台北：天馬文化事業公司。

鍾隆津（民73）。工業心理學。台北：五南圖書出版公司。

鍾隆津（民77）。商業心理學（七版）。台北：海島出版社。

魏正本（民67）。頭腦的突破。台北：國際文化事業公司。

二、英文部分

Abrahamson, P.（1972）. *Introduction to business.* Calif.: Good Year Publishing Company, Inc.

Ackoff, R. L.（1978）. *The art of problem solving.*（中譯本）. 台北：現代關係出版社.

Amastasi, A.（1988）. *Psychological testing*（*6th ed.*）. New York：Macmillan.

Bono, E. D.（1996）. *The 5-day course in thinking.*（中譯本）. 台北：桂冠圖書公司.

Callahan, C. M.（1978）. *Developing creativity in the gifted and talented.* Virginia：The Council for Exceptional Children.

Campbell, D.T.（1963）. Social attitudes and other acquired behavioral dispositions. In S.Koch（Ed.）. *Psychology：A Study of a Science.*（*Vol. 6*）. New York：McGraw-Hill.

Clarkson, p. (1999). *Gestalt Counseling in Action* (2nd ed.). Series editor: Windy Dryden.

Dollard, M. F., & Winefield, A.H.（1994）. Organizational response to re-commendations based on a study of stress among correctional officers. *International Journal of Stress Management*. 1, 81-102.

Glasser, W.（1960）. *Mental health or mental illness*. New York : Harper & Row.

Goleman, D.（1996）. *EQ : Emotional intelligence.* （中譯本）.台北：時報文化出版公司.

Greenberg, J. S.（1993）. *Comprehensive stress management.* （中譯本）.台北：心理出版社.

Herzberg, F.（1968）. One more time : How do you motivate employees. *Harrard Business Review*. Jan.-Feb.

Hilgard, E. R. & Atkinson, R. C.（1969）. *Introduction to psychology.*（中譯本）.台北：中央圖書出版社.

Holland, J. L.（1966）.*The psychology of vocational choice*. Waltham, MA : Blaisdell.

Jin, P.（1993）. Work motivation and productivity in voluntarily formed work teams : A field study in China. *Organization Behavior and Human Decision Processes*. 54, 133-155.

Joseph, W. M.（1963）. *Business and society.* New York : McGraw-Hill Book Company.

Knight, P. A., & Saal, F. E.（1995）. *Industrial / organizational psychology.* Calif. : Brooks / Cole Publishing Company.

Maier, N. R. F.（1965）. *Psychology in industry.*（*3rd ed.*）. New York : Houghton Mifflin.

Maier, N. R. F.（1973）. *Psychology in industrial organization*. Boston : Houghton Mifflin Company.

Maslow, A. H.（1970）. *Motivation and personality*. New York : Harper & Row.

Osgood, C. E., Suci, G. J., & Tannerbaum, P. H.（1957）. *The measurement of meaning.* Urbana, IL. : University of Illinois Press.

Oskamp, S.（1977）. *Attitudes and opinions.* Englewood Cliffs, N. J. : Prentice-Hall.

Peterson, R. C.（1931）. Scale for attitude toward war. In L. L. Thurston （Ed.）. *Scales for the Measurement of Social Attitudes.* Chicago : University of Chicago Press.

Prorier, G. W., & Lott, A. J.（1967）. Galvanic skin responses and prejudice. *Journal of Personality and Social Psychology.* 5, 253-259.

Ray, M. L., & Wikie, W. L.（1970）. Fear : The potential of an appeal neglected by marketing. *Journal of Marketing.* 34.

Rokeach, M.（1986）. *Beliefs, attitudes, and values : A theory of organization and change.* San Francisco : Jossey-Bass.

Saal, F. E., & Knight, P. A. （1995）*Industrial / organizational psychology: science and practice.* Calif.: Wadsworth, Inc.

Schutz, W.（1966）. *The interpersonal underworld.* Palo Alto, Calif. : Science and Behavior Books.

Shein, E. H.（1965）. *Organizational psychology.* Englewood Cliffs : Prentice-Hall, Inc.

Staats, A. W., & Staats, C. K.（1958）. Attitudes established by classical conditioning. *Journal of Abnormal and Social Psychology.* 57, 37-40.

Sharf, R. S. (2001). *Applying Career Development Theory to Counseling* (3nd ed.). Pacific Grove, CA: Brooks/Cole.

Super, D. E.（1953）. *A theory of vocational development.* American Psychologist, 8, 185-190.

Super, D. E.（1984）, Career and life development. In D. Brown, L. Brooks, *Associates Career Choice and Development.* San Francisco, Calif. : Jossey-Bass Publishers.

Thibaut, J. W., & Kelley, H. H.（1986）. *The social psychology of groups*（*2nd ed.*）. New Brunswick, N. J. : Transaction Books. 9-30.

Timberlake, P.（1982）. 15 ways to cultivate creativity in your classroom. *Childhood Education.* Sep./Oct., 19-21.

Torrance, E. P.（1965）. *Rewarding creative behavior*. Englewood Cliffs, N. J. : Prentice-Hall.

Williams, F. E.（1982）. *Developing children's creativity at home and in school*. G/C/T, Sep./Oct.,2-5.

Zakpnc, R. B.（1968）.Cognitive theories in social psychology., in Handbook of Social Psychology., ed. G. Lindzey & E. *Aronson Reading*. Mass : Addison-Wesley Publishing Company.

Zunker, V. G.（1996）. *Career counseling applied concepts of life planning.* Calif. : Brooks/Cole Publishing Company.

國家圖書館出版品預行編目資料

商業心理學／徐西森著.
--再版.--臺北市：心理, 2002（民 91）
面；　公分.--（心理學；11）
參考書目；面

ISBN 957-702-502-1（平裝）

1.商業心理學

490.14　　　　　　　　　　　　91004082

心理學 11　商業心理學

作　　　者：徐西森
總 編 輯：林敬堯
出 版 者：心理出版社股份有限公司
社　　　址：台北市和平東路一段 180 號 7 樓
總　　　機：(02) 23671490　　　傳　　真：(02) 23671457
郵　　　撥：19293172　心理出版社股份有限公司
電子信箱：psychoco@ms15.hinet.net
網　　　址：www.psy.com.tw
駐美代表：Lisa Wu　tel: 973 546-5845　fax: 973 546-7651
登 記 證：局版北市業字第 1372 號
電腦排版：臻圓打字印刷有限公司
印 刷 者：玖進印刷有限公司
初版一刷：1998 年 9 月
再版一刷：2002 年 4 月
再版三刷：2005 年 9 月

定價：新台幣 550 元　　■有著作權‧侵害必究■
ISBN 957-702-502-1

讀者意見回函卡

No. _____   填寫日期： 年 月 日

感謝您購買本公司出版品。為提升我們的服務品質，請惠填以下資料寄回本社【或傳真(02)2367-1457】提供我們出書、修訂及辦活動之參考。您將不定期收到本公司最新出版及活動訊息。謝謝您！

姓名：_____ 性別：1□男　2□女

職業：1□教師 2□學生 3□上班族 4□家庭主婦 5□自由業 6□其他____

學歷：1□博士 2□碩士 3□大學 4□專科 5□高中 6□國中 7□國中以下

服務單位：_____ 部門：_____ 職稱：_____

服務地址：_____ 電話：_____ 傳真：_____

住家地址：_____ 電話：_____ 傳真：_____

電子郵件地址：_____

書名：_____

一、您認為本書的優點：（可複選）

　　❶□內容 ❷□文筆 ❸□校對 ❹□編排 ❺□封面 ❻□其他____

二、您認為本書需再加強的地方：（可複選）

　　❶□內容 ❷□文筆 ❸□校對 ❹□編排 ❺□封面 ❻□其他____

三、您購買本書的消息來源：（請單選）

　　❶□本公司 ❷□逛書局⇨_____書局 ❸□老師或親友介紹

　　❹□書展⇨____書展 ❺□心理心雜誌 ❻□書評 ❼其他_____

四、您希望我們舉辦何種活動：（可複選）

　　❶□作者演講 ❷□研習會 ❸□研討會 ❹□書展 ❺□其他____

五、您購買本書的原因：（可複選）

　　❶□對主題感興趣 ❷□上課教材⇨課程名稱_____

　　❸□舉辦活動 ❹□其他_____   （請翻頁繼續）

廣　告　回　信
台 北 郵 局 登 記 證
台 北 廣 字 第 940 號

（免貼郵票）

心理出版社 股份有限公司

台北市 106 和平東路一段 180 號 7 樓

TEL: (02) 2367-1490
FAX: (02) 2367-1457
EMAIL:psychoco@ms15.hinet.net

沿線對折訂好後寄回

六、您希望我們多出版何種類型的書籍

❶□心理　❷□輔導　❸□教育　❹□社工　❺□測驗　❻□其他

七、如果您是老師，是否有撰寫教科書的計劃：□有□無

　書名／課程：_____

八、您教授／修習的課程：

上學期：_____

下學期：_____

進修班：_____

暑　假：_____

寒　假：_____

學分班：_____

九、您的其他意見

_____

謝謝您的指教！　　　　　　　　　　　　11011